装备作战概念研究方法

陈士涛　李大喜　赵保军　著

国防工业出版社

·北京·

内 容 简 介

本书主要针对装备作战概念研究方法开展研究，包括绪论、外军作战概念分析、装备作战概念设计方法、装备作战概念描述方法、装备作战概念评估方法、装备系统概念分析方法、装备系统概念评估方法，以及装备作战概念设计案例共 8 章。

本书可作为从事新型装备作战概念设计、发展论证、体系规划、作战使用研究等相关专业技术人员的参考书，也可作为高等院校军事装备学、管理科学与工程、军事智能等专业研究生的教材。

图书在版编目（CIP）数据

装备作战概念研究方法 / 陈士涛，李大喜，赵保军著. -- 北京：国防工业出版社，2025.6. -- ISBN 978-7-118-13698-2

Ⅰ.E92-3

中国国家版本馆 CIP 数据核字第 2025SP9717 号

※

国防工业出版社出版发行
（北京市海淀区紫竹院南路 23 号　邮政编码 100048）
北京凌奇印刷有限责任公司印刷
新华书店经售
*
开本 710×1000　1/16　插页 1　印张 13¾　字数 252 千字
2025 年 6 月第 1 版第 1 次印刷　印数 1—1300 册　定价 96.00 元

（本书如有印装错误，我社负责调换）

国防书店：（010）88540777　　书店传真：（010）88540776
发行业务：（010）88540717　　发行传真：（010）88540762

前　　言

随着国家科技和经济实力的增长，我军装备发展与国外先进水平相比从"步其后尘"逐步到"望其项背"，目前在某些领域已达到"同台竞技"的态势。随着我军与外军装备发展"同台竞技"态势的显现，也带来了制约发展的新问题。许多新型装备的发展没有模板可参照，缺少样机可借鉴，一切要自主创新。自主创新装备的发展对我军而言是一个新课题，依据科学研究的规律，对于新兴领域开展研究首先要回答"怎么研究"的问题。

我军装备由"跟随式"发展向"自主创新式"发展转型的基础和前提是需求生成方法的创新，而装备作战概念研究则是装备需求生成的逻辑起点，作战概念是牵引自主创新式装备发展的原动力。作战概念研究是面向未来装备体系及装备系统发展的探索性研究，更是面向新型装备体系及装备系统作战使用的前瞻性研究，作战概念研究方法是支撑开展装备作战概念研究的技术基础和必要手段。

面对"怎么研究"的问题，既需要"硬的"设备工具，更需要"软的"技术方法，一个新科学时代到来的前提就是在这两方面的突破和创新。在面对新兴问题时，"软的"技术方法的重要性更为凸显。在英文中，方法一词为"method"，来自于希腊文，是由希腊文"meta"和"hodos"合成的，"meta"的意思是"沿着"，"hodos"的意思是"道路"，因此"方法学"（methodology）往往被解释为"关于沿着某一道路正确行进的学问"。科学的本质是创造，方法则是创造的前提，是科学的生命所在。正所谓知识为体，方法为魂。

2019年，我们出版了《新型作战概念剖析》一书，针对美军提出的"分布式作战""多域战""穿透型制空""远距空中优势""OODA 2.0""混合战争"和"马赛克战"等作战概念进行了剖析，很多业内同行认为目前对新型作战概念的分析较多，如何结合我军实际构建作战概念研究方法是一个亟待解决的基本问题。作战概念研究方法体系是一个军事理论、系统工程、战术战法、装备技术、数学方法、军事运筹、作战实验等多学科高度综合和融合的研究任务，研究结果是一个面向体系、多维耦合、权衡取舍、实验验证、综合评估的输出。通过多年的研究探索，我们对作战概念研究方法有了一些初步的认识，面向研究任务，提出和构建了一些有效的研究方法，并在实践中得以运用，获得了一些明显的效果。但总体而言，探索和尝试是初步的，认识尚不深入、不到位，还须在今后的研究工作中进一步修改完善。

本书主要由空军工程大学陈士涛、李大喜、赵保军结合前期研究工作总结完成，第4章由肖吉阳和陈士涛共同完成，第6章由李大喜和赵子俊共同完成。本书得到综合研究计划"×××推演与作战效能评估研究"项目支持。

受作者水平和认识的局限，全书从内容上还不足以覆盖或还不能称为一套装备作战概念研究理论方法，一些提法和模型也还存在不够精准的情况，期待有关专家、同行和读者的不吝赐教。

作　者
2025年于西安长乐坡

目 录

第1章 绪论 ·· 1
 1.1 基本概念 ··· 1
  1.1.1 装备发展论证 ··· 1
  1.1.2 装备作战需求论证 ·· 2
  1.1.3 作战概念的理解 ··· 4
  1.1.4 几个概念间的关系 ·· 6
 1.2 作战概念内涵分析 ·· 9
  1.2.1 美军作战概念内涵 ·· 9
  1.2.2 我军作战概念内涵 ·· 11
  1.2.3 作战概念内涵差异对比 ·· 11
 1.3 作战概念研究特点 ·· 12
  1.3.1 作战概念研究方法运用 ·· 12
  1.3.2 作战概念是基础的装备创新研究 ·· 15
  1.3.3 作战概念研究应注意的问题 ·· 18

第2章 外军作战概念分析 ·· 21
 2.1 美军作战概念研究方法 ··· 21
  2.1.1 美军作战概念分类 ·· 21
  2.1.2 美军装备需求开发机制的特点 ··· 22
  2.1.3 中美在装备需求开发上的差异 ··· 27
 2.2 美军典型作战概念 ·· 29
  2.2.1 分布式作战概念 ··· 30
  2.2.2 "多域战"作战概念 ··· 31
  2.2.3 "网络中心战"作战概念 ··· 32
  2.2.4 "马赛克战"作战概念 ·· 33
  2.2.5 "穿透性制空"作战概念 ··· 35

2.3　美军作战概念间的联系 ……………………………………………… 37
　　2.4　作战概念对装备发展的牵引作用 …………………………………… 39
　　　　2.4.1　牵引阶段的划分 ………………………………………………… 39
　　　　2.4.2　案例分析 ………………………………………………………… 41

第3章　装备作战概念设计方法 ………………………………………… 49
　　3.1　概述 …………………………………………………………………… 49
　　　　3.1.1　"基于威胁"的装备作战概念设计方法 ……………………… 49
　　　　3.1.2　"基于能力"的装备作战概念设计方法 ……………………… 50
　　　　3.1.3　装备作战概念设计的基本流程 ………………………………… 51
　　　　3.1.4　装备作战概念设计的理念 ……………………………………… 52
　　3.2　装备作战概念设计总体架构 ………………………………………… 54
　　　　3.2.1　分段设计总体架构 ……………………………………………… 54
　　　　3.2.2　闭环设计总体架构 ……………………………………………… 55
　　　　3.2.3　分层设计总体架构 ……………………………………………… 56
　　3.3　装备作战概念设计要素 ……………………………………………… 58
　　　　3.3.1　装备作战概念设计原则 ………………………………………… 58
　　　　3.3.2　装备作战概念基本要素 ………………………………………… 59
　　　　3.3.3　装备作战概念设计要素 ………………………………………… 59
　　3.4　装备作战概念设计应注意的问题 …………………………………… 62

第4章　装备作战概念描述方法 ………………………………………… 64
　　4.1　概念建模基本方法 …………………………………………………… 64
　　　　4.1.1　IDEF 建模方法 ………………………………………………… 64
　　　　4.1.2　UML 建模方法 ………………………………………………… 66
　　　　4.1.3　IDEF 与 UML 结合的建模方法 ……………………………… 68
　　　　4.1.4　SysML 建模方法 ……………………………………………… 69
　　4.2　体系架构视图描述方法 ……………………………………………… 72
　　　　4.2.1　企业体系架构框架的发展 ……………………………………… 72
　　　　4.2.2　DoDAF ………………………………………………………… 74
　　　　4.2.3　DoDAF2.0 的多视图产品 ……………………………………… 76
　　4.3　DoDAF2.0 体系结构的描述过程和方法 …………………………… 79
　　　　4.3.1　体系结构模型的开发流程 ……………………………………… 79
　　　　4.3.2　体系结构模型的建模过程 ……………………………………… 79

　　　　4.3.3　体系结构模型的描述过程 ································· 87
　4.4　装备作战概念描述应注意的问题 ································· 88
第5章　装备作战概念评估方法 ·· 90
　5.1　装备作战概念评估基本方法 ······································ 90
　　　5.1.1　概念评估基本方法 ······································· 90
　　　5.1.2　装备作战概念评估难点 ··································· 96
　　　5.1.3　装备作战概念评估基本步骤 ······························· 96
　5.2　基于时间-资源约束的作战概念评估方法 ························· 97
　　　5.2.1　作战概念评估准则 ······································· 98
　　　5.2.2　作战概念评估指标体系构建 ······························ 100
　　　5.2.3　作战概念评估模型构建 ·································· 101
　5.3　装备作战概念推演评估方法 ····································· 102
　　　5.3.1　基于仿真的验证评估方法 ································ 102
　　　5.3.2　基于可执行模型的评估方法 ······························ 105
第6章　装备系统概念分析方法 ······································· 106
　6.1　装备系统概念特点 ··· 106
　6.2　四线耦合分析方法 ··· 107
　　　6.2.1　四线耦合分析方法的内涵 ································ 107
　　　6.2.2　四线耦合分析基本步骤 ·································· 109
　　　6.2.3　四线耦合分析方法应注意的问题 ·························· 114
　6.3　MOTE装备系统概念描述方法 ··································· 115
第7章　装备系统概念评估方法 ······································· 118
　7.1　装备系统概念评估特点 ··· 118
　　　7.1.1　装备系统概念评估要点 ·································· 118
　　　7.1.2　装备系统概念评估难点 ·································· 119
　　　7.1.3　装备系统概念评估准则 ·································· 121
　7.2　装备系统概念评估的内容和步骤 ································· 124
　　　7.2.1　装备系统概念评估内容 ·································· 124
　　　7.2.2　装备系统概念评估步骤 ·································· 126
　7.3　典型评估方法分析 ··· 127
　　　7.3.1　三层五项评估方法 ······································ 127
　　　7.3.2　基于能力需求的概念评估方法 ···························· 127

		7.3.3	基于技术风险的概念评估方法	128
		7.3.4	基于 CR/TRR 的综合评估方法	128
	7.4	装备系统概念评估应注意的问题		129
第 8 章	装备作战概念设计案例			133
	8.1	有无协同态势感知作战概念设计		133
		8.1.1	协同态势感知作战任务分析	133
		8.1.2	协同态势感知顶层作战概念	137
		8.1.3	作战概念必要性与可行性分析	144
	8.2	有无协同反舰作战概念设计		145
		8.2.1	协同反舰作战模式	146
		8.2.2	协同反舰作战交互关系	149
		8.2.3	协同反舰作战系统研究	149
		8.2.4	协同反舰作战数据与信息模型研究	155
	8.3	无人机信息支援作战概念设计		158
		8.3.1	无人机信息支援作战需求	158
		8.3.2	无人机信息支援装备作战概念	160
	8.4	基于 DoDAF 的空基反导作战概念设计		165
		8.4.1	空基反导任务概念描述	165
		8.4.2	空基反导装备体系总体结构	166
		8.4.3	基于活动的作战体系需求建模	168
		8.4.4	面向对象的装备体系需求建模	171
		8.4.5	空基反导技术概念描述	176
		8.4.6	空基反导装备系统概念描述	177
	8.5	基于 IDEF0 和 UML 的空基反导作战概念设计		178
		8.5.1	空基反导概念模型格式化描述	178
		8.5.2	空基反导作战的 IDEF0 建模	181
		8.5.3	空基反导作战的 UML 建模	182
		8.5.4	基于 Petri 网的概念模型验证评估	186
	8.6	基于 MOTE 的智能无人机装备作战概念设计		189
		8.6.1	智能无人机任务概念	189
		8.6.2	智能无人机装备作战概念	190
		8.6.3	智能无人机技术概念	192

8.6.4 智能无人机装备系统概念设计 …………………………………194
8.7 基于边缘指控的蜂群作战概念设计 ……………………………195
　　8.7.1 作战过程模型 ……………………………………………………195
　　8.7.2 指挥控制模式与关系 ……………………………………………199
　　8.7.3 信息流程模型研究 ………………………………………………199

参考文献 …………………………………………………………………203

第1章 绪 论

长期以来,我国对装备发展论证、装备作战需求论证的内涵还存在一定的理解模糊和混用,对作战概念、作战样式、作战想定的概念、内涵和应用时机还存在不同的理解。本章主要是明确不同概念的定义、内涵和外延,为介绍装备作战概念研究方法打下基础。

1.1 基 本 概 念

1.1.1 装备发展论证

装备发展是一个十分复杂、高度综合性的系统问题。随着高新科技在装备上的广泛应用,装备发展所涉及的领域越来越广泛,所使用的方法越来越多样,所需要的经费越来越多,所面临的风险越来越高,所经历的时间相对漫长。在装备发展中,要较为充分地掌握以上因素,就需要进行详细的前期论证。

装备发展论证是为装备建设与发展决策服务的决策咨询研究活动,主要任务是为决策者或决策机关提供实施决策的科学依据,发挥决策支持和参谋咨询作用。一旦装备发展论证研究的结论为决策者或决策机关采用,则论证研究的结论就成为执行决策、实施工程研制和定型考核的科学依据。

装备发展论证是装备建设与发展的前期工作。一般而言,装备的发展历程可分为规划决策、组织实施和使用管理三个主要阶段。

规划决策阶段主要解决发展方向、目标和程度的问题,这一阶段的主要工作是需求分析和论证决策。分析论证发展什么装备、发展到什么程度,并将作战需求转化为具体装备的战术技术指标。需求分析以定性分析为主,确定发展方向和目标;论证决策以定量分析为主,确定发展程度和指标。规划决策是在国家安全需求、国民经济实力和科技发展水平三维空间中进行的,该阶段的输入是初始的作战需求以及相应的国家安全需求、国民经济实力和科技发展水平约束，该阶段的输出为具体装备的战术技术指标和相应的配套要求。

组织实施阶段的主要工作是具体组织实施装备发展工作，以最小的资源消耗实现规划决策的目标，将决策目标转化为具体的装备。组织实施是在性能、时间和费用三维空间中进行的，该阶段的输入是规划决策阶段的输出以及相应的经费、时间、科技水平约束，该阶段的输出为定型的装备。

使用管理阶段的主要工作是通过有效的管理，使装备始终处于良好状态，充分发挥装备的效能，使装备系统发挥应有的战斗力，并在使用过程中通过对操作、维修、保障、人员等方面状况的研究改进，逐步提高装备的作战效能，逐渐改进和完善装备的使用操作、维修保障性能。使用管理是在装备保障（使用操作、日常保养）、技术保障（维修、备件、战场抢修）和人员保障（编制、人员素质、训练水平）三维空间中进行的，该阶段的输入是组织实施阶段输出的具体装备以及相应的作战要求、保障能力约束，该阶段的输出为抽象化的装备作战效能。使用管理阶段通过对装备结构、编配和使用操作方法的改进研究，对装备的改进、改型提出建议，从而对规划决策阶段形成反馈。

在装备发展的三个阶段中，规划决策阶段是整个工作的起始点，论证为规划决策提供决策依据和参考方案，是这一阶段的主要工作。在装备发展论证中，对组织实施阶段和使用管理阶段装备所处的状态必须加以充分的考虑，前期的详细考虑对于后期的工作实施具有重要的导向和保证作用。在全寿命、全系统的概念框架下，先期的论证更显现出对后期发展的决定性作用。

装备发展论证涉及范围广、内容多。装备发展论证工作可用阶段-逻辑-知识三维结构描述，论证工作中的任一状态均可由三维结构空间中的一个状态点描述，如图 1.1 所示。

1.1.2 装备作战需求论证

装备的作战需求是指在一定时期，为完成可能担负的作战任务，对装备建设的基本要求，包括对装备性能、质量、数量、体系、保障等多方面的需求。更具体的描述为，通过为装备系统添加硬件、软件或运用某种方法，可提高该武器系统的效能，从而满足新的作战任务的需要。这些硬件、软件或运用的方法及其隐含的新的作战能力称为装备的作战需求。

装备作战需求论证突出的是作战任务牵引装备发展的理念，并着重从系统整体结构优化角度审视装备发展问题。装备作战需求论证所研究的问题错综复杂，所获得的结论影响深远。

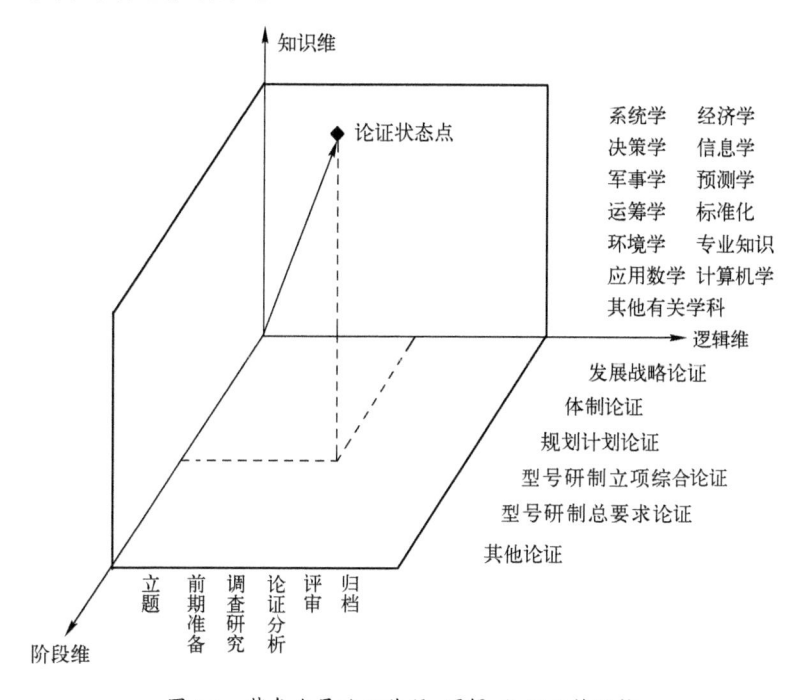

图 1.1 装备发展论证阶段-逻辑-知识三维结构

装备作战需求论证是一个动态的、滚动式推进的连续研究和决策过程。装备作战需求论证必须以国家的军事战略方针为总指导,紧密结合军队建设实际,深入研究军兵种发展战略、作战理论、体制编制、军事训练、国家的经济基础、相关的技术基础等对装备发展的影响,在此基础上方可完成装备作战需求论证。

作战需求论证是指为准确地提出装备的发展要求,而对战争威胁、作战任务、作战能力及我军装备现状等所进行的综合分析。作战需求论证主要以未来装备所应完成的作战任务为依据,通过评价装备的现有作战能力,明确现有作战能力在完成未来作战任务时存在的差距,提出装备作战能力有待充实和提高的各个方面。作战需求论证的核心是装备作战能力的评估,它包括了对现有装备作战能力的评价、对未来能力需求的预测和估计,以及这两种能力之间的差距分析。

作战需求论证的主要内容通常包括对未来作战样式、作战规模、作战对象的预测和分析,作战威胁分析,作战环境分析,作战任务分析,作战能力分析,差距分析，其核心是进行作战能力的需求分析和现有能力与需求能力之间的差距分析，最终提出科学、合理且能有效地弥补这一差距的构想或方案。作战需求论证的基本过程如图 1.2 所示。

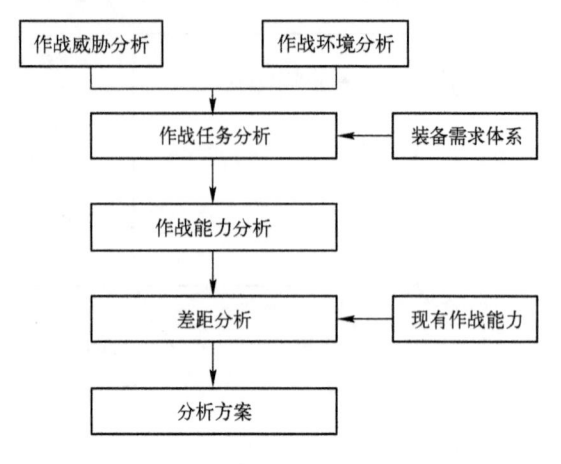

图 1.2 作战需求论证过程

1.1.3 作战概念的理解

作战概念是从美军借鉴来的一个舶来词。与作战概念较易混淆的是"作战样式"和"作战想定"两个概念，本质上来说，三者区别还是比较大的。

（1）作战概念。人类在认识事物的过程中，把所感觉到的事物的共同特点抽象出来，加以概括，从感性认识上升到理性认识，称为概念。概念是思维的基本形式之一，是思想的表达，反映客观事物一般的、本质的特征。因此，作战概念是指对未来作战行动的整体概括性描述，是对未来作战可理解化和可视化的表达。作战概念描述的是对整体作战场景的设想，是从联合作战角度对装备体系运用的设想。

（2）作战样式。依据《中国人民解放军军语》定义，作战样式是按敌情、战场环境等不同情况，对作战类型的具体划分。如对阵地防御之敌、立足未稳之敌、运动之敌的进攻作战，以及联合火力打击、封锁、登陆、空降、空袭、进攻敌海上兵力集团、核反击等作战；阵地、运动、机动、仓促等防御作战，以及反封锁、抗登陆、防空等作战；城市、山地、江河、荒漠草原、水网稻田、热带山岳丛林、高寒山地、严寒地区等特殊条件下的作战。

（3）作战想定。作战想定是指对作战双方基本态势、作战企图和作战发展情况的假定和设想，是未来作战的一个假设行动方案，是决策人员及其他军事人员评估或规划未来作战和装备性能的依据。作战想定是作战仿真中作战与技术沟通的桥梁。作战想定是对作战行动更为细致的描述，包括时间进程、空间位置、交互关系等要素。在作战想定研究阶段，装备形态明确，装备战技指标条目基本明确，装备战技指标可以不固化，但需求范围基本明确。

三者的主要区别如下。

1）作战概念和作战样式的区别

从某种角度看，作战样式可以理解为作战概念所提出的实施作战的典型模式，用于表明作战概念提出的作战问题如何得到解决。作战样式可以认为是装备作战概念在具体作战环境中的体现和细化，是融合了战场环境、作战体系、战术战法、武器装备及其运用方式等不同情况而描述的作战行动方式。一个作战概念可以对应多种作战样式，作战样式可以直观地体现作战概念的内涵要义。因此，作战样式在本节的研究中，可以视为是装备作战概念在典型环境下的一种特定表现形式。

2）作战概念和作战想定的区别

作战想定是基于作战概念设计的遂行作战任务的场景化、可视化表达。一般作战想定包括想定背景、想定条件和交战场景等，作战想定在内容要素、文档格式上类似于作战计划，可理解为"剧本""脚本"，作战想定和作战计划都是对作战场景的可视化描述，都要求立足实战、贴近战场、强调对抗。区别在于用途不同，前者侧重于"想"，是完成特定作战任务或者未来战争模式的设想，主要用于作战方案研究和推演验证，具有"构想"的属性，强调完整性和全局性；后者侧重于"做"，主要为作战行动提供指导和规划谋划，具有"计划"的属性，强调可操作性和可实施性。

3）中美"作战概念"区别

美军认为，"概念是思想的表达，作战概念是未来作战的可视化表达。""通过开发作战概念，一体化作战思想可得到详细说明，然后通过试验和其他评估手段对作战概念进行进一步的探索，作战概念用来探索组织和使用联合部队的新方式。"通俗地讲，美军的作战概念是"指挥官针对某一行动或一系列行动的想定或意图而做出的语言或图表形式的说明"。

我军对作战概念的理解可简单表述为：作战指挥人员在概念装备未来执行典型作战任务时，对其作战对抗细节构想及典型能力指标期望的一种描述。在本书中，将作战概念的研究分为顶层作战概念和装备作战概念两个研究阶段。在顶层作战概念研究阶段，装备类型明确，装备形态可以不固化，能力需求条目明确；在装备作战概念研究阶段，装备形态明确，能力需求基本明确，装备战技指标条目和需求范围可以不固化。装备作战概念研究对装备发展的重要性在近些年逐步被认识和重视，装备作战概念的研究还处于起步和方法探索阶段。在缺乏完善的装备需求生成机制约束下，装备作战概念的研究同样处于无约束的无序发展状态。

4）装备作战概念和装备系统概念的区别

与作战概念容易混淆的是装备系统概念。装备系统概念是在装备作战概念研究的基础上，依据装备能力需求描述满足装备能力需求的装备形态。依据装备作战概念设计装备系统概念，回答什么样的装备形态可以提供所需的能力，实现相应的装备作战概念问题，是对装备作战概念的深化研究。

总体来看，作战概念、作战样式、作战想定三者既有顺序传承关系，又在交界处相互交叉、融合、叠加。三者的研究对象基本一致，但关注的视角不同，研究的细致程度不同。作战概念从战争研究视角、整体视角、战略决策视角、联合作战视角研究作战；作战样式从战役运用视角、局部战场视角、战役指挥视角研究作战；作战想定则从战术应用视角、时间进程和空间位置视角、战术指控视角研究作战。

1.1.4 几个概念间的关系

装备发展论证是对装备发展、使用和管理中的重大事项提出解决方案，并证明其必要性、可行性和优越性，论证的目的在于达到人力、物力和时间的最大节约，并获得相应的最佳效果。论证的目的也可以简述为寻求以最小的作战资源消耗达到最佳预期效果的行动方案。

装备作战需求论证是从未来作战需要、军队作战能力和部队装备状况出发，对装备发展战略和应解决的主要问题及有关的发展需求进行分析，从而确定装备建设目标与要求的一系列逻辑推理和分析过程。装备作战需求论证的模式就是对上述分析和推理过程的客观规律的表述，是经过长期、大量的论证实践和研究之后所获得的在经验和理论方面的概括和抽象，是对装备作战需求论证活动从感性认识到理性认识的升华。

装备作战概念研究是装备需求开发与生成的原始起点。作战概念开发处于装备需求开发过程的前端,作战概念的修改与完善贯穿于装备需求开发全过程。作战概念在装备需求开发过程中得到优化、确认、评估,通过开发过程反复迭代、不断完善。

因此,装备发展论证的概念内涵要大于装备作战需求论证的概念内涵,作战概念研究是装备作战需求论证的一部分工作,三者之间的关系如图 1.3 所示。

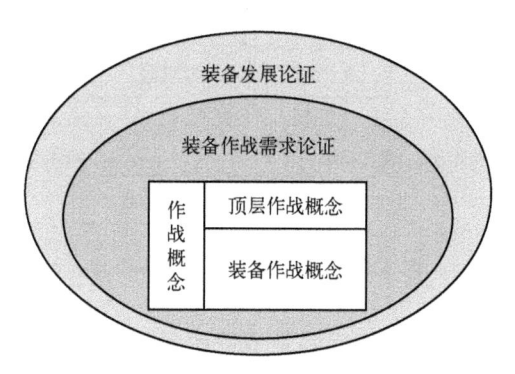

图 1.3 不同概念间的关系图

作战概念研究提取装备能力特征,作战样式研究细化装备能力需求,作战想定研究描述装备具体战技指标。

作战概念研究的三对主要变量分别是敌我双方装备性能变量、敌我双方体系能力变量和敌我双方战术应用变量,这三对变量通过战场环境变量综合在一起。

作战概念应分层次描述。一般分为三个层次,即组织架构层、作战活动流程层、作战行为逻辑层。组织架构层主要描述装备的作战组织架构,主要回答装备的作战概念"是什么";作战活动流程层主要描述装备的作战活动流程,沿时间轴描述装备的作战流程,主要回答装备"如何用",实际上就是任务剖面;作战行为逻辑层主要采用美国国防部体系架构方法描述装备的作战行为逻辑,沿时间轴描述在作战空间中装备资源的分布以及与敌、我装备的交互关系,主要回答武器系统作战的效果"怎么样"。这一层面的描述依据研究目的的不同,其粒度可在较大范围内变化,粗糙的描述只描述对外信号包络即可,细致的描述则要达到内部的信号级交互。

由此可见,作战概念研究是一个反复迭代、逐步深化的过程,可划分为顶层作战概念研究、装备作战概念研究和作战想定研究三个阶段。作战概念研究步骤和阶段如图 1.4 所示。

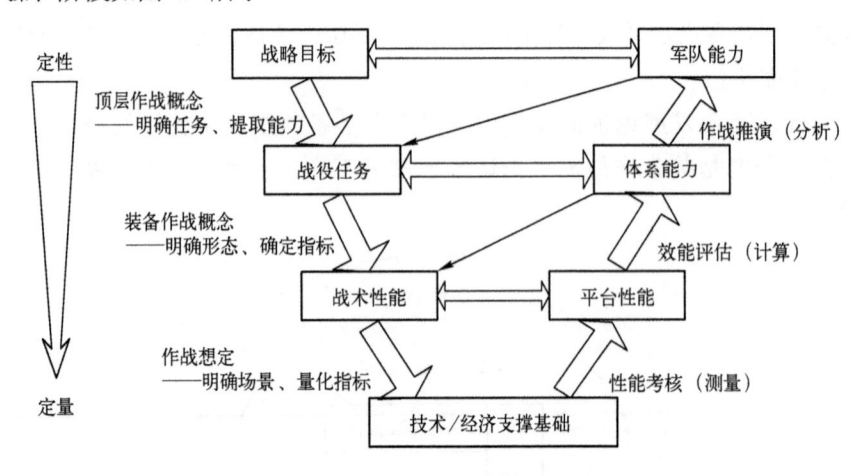

```
定性
  ↑
  |   顶层作战概念
  |    ——明确任务、提取能力
  |
  |   装备作战概念
  |    ——明确形态、确定指标
  |
  |   作战想定
  |    ——明确场景、量化指标
  ↓
定量
```

战略目标 ⇄ 军队能力
战役任务 ⇄ 体系能力 作战推演（分析）
战术性能 ⇄ 平台性能 效能评估（计算）
技术/经济支撑基础   性能考核（测量）

图 1.4　作战概念研究步骤和阶段

顶层作战概念研究的实质内容是战争研究。研究依据国家战略赋予军队的使命任务，设计未来战争，提出军队顶层作战概念；重点回答军队在未来战争中执行什么任务，执行到什么程度等问题。依据顶层作战概念可以提取军队作战能力需求，回答军队执行所要求的任务需要什么样的作战能力等问题。

装备作战概念研究依据作战能力需求描述满足作战能力需求的装备能力需求，设计装备作战概念，回答装备具备哪些能力方可满足作战能力需求等问题；依据装备能力需求描述满足装备能力需求的装备形态，依据装备作战概念设计装备系统概念，回答什么样的装备形态可以提供所需的能力等问题（结构决定功能）。

作战想定研究依据装备作战概念设计装备的典型作战样式，依据装备形态和典型作战样式设计装备作战想定，提取装备能力需求，回答该型装备能力需求的程度等问题，形成装备研制作战需求文件（ORD）和能力目录。

最后，依据能力需求和技术支撑展开装备战技指标研究。依据装备作战想定，映射装备性能参数，回答该型装备研制的要求，提出研制总要求。

装备作战概念研究是一项军事理论、战术战法、装备技术、数学方法、计算机仿真、运筹学等多学科高度综合和融合的研究任务，研究结果是一个基于综合、耦合、权衡、平衡、取舍、验证、评估基础的输出。

装备作战概念研究的各个阶段相互交叉，有时并没有明显的界限。有清晰的思路和阶段，但不必受困于具体细节。如在装备作战概念研究中，可以使用不具备具体形态的概念装备，在条件成熟的情况下，也可以使用形态固化的具体装备。

1.2 作战概念内涵分析

关于作战概念的具体内涵，目前还缺乏统一的定义。由于装备发展模式的不同，我军和美军对作战概念内涵及作用的认识存在较大差异。

1.2.1 美军作战概念内涵

在美国空军《空军作战概念开发》中对作战概念给出了较为清晰的定义："空军作战概念是空军最高层面的概念描述，是指通过对作战能力和作战任务的有序组织，实现既定的作战构想和意图。"

从近几年美军正式颁布的各种文件和相关资料可以看出，美军针对联合作战需求，依据联合作战的不同层次和领域，对作战概念进行了分层细化的系列化描述。

美军主要在四个层面上进行作战概念的开发：①《2020联合构想》中提出的作战概念是美军最顶层的作战概念；②联合作战概念系列；③军兵种转型作战概念；④装备作战使用概念。

四个层面作战概念从上至下顺序指导，逐渐具体化；由下至上顺序支撑，逐级集成；作战概念之间相辅相成，形成了较为完善的作战概念体系。美军作战概念体系如图 1.5 所示。

图 1.5 所示的四个层面作战概念中，"联合作战概念系列"是支撑美军转型的作战概念的核心，主要包括联合作战顶层概念、联合行动概念、联合功能概念、联合集成概念。

美军十分重视对新型作战概念的研究，经过长期的探索和实践，对作战概念已形成了一个相对完善的闭环研究回路。

根据对相关资料的研究分析，美军对作战概念的研究流程如图 1.6 所示。

装备作战概念研究方法

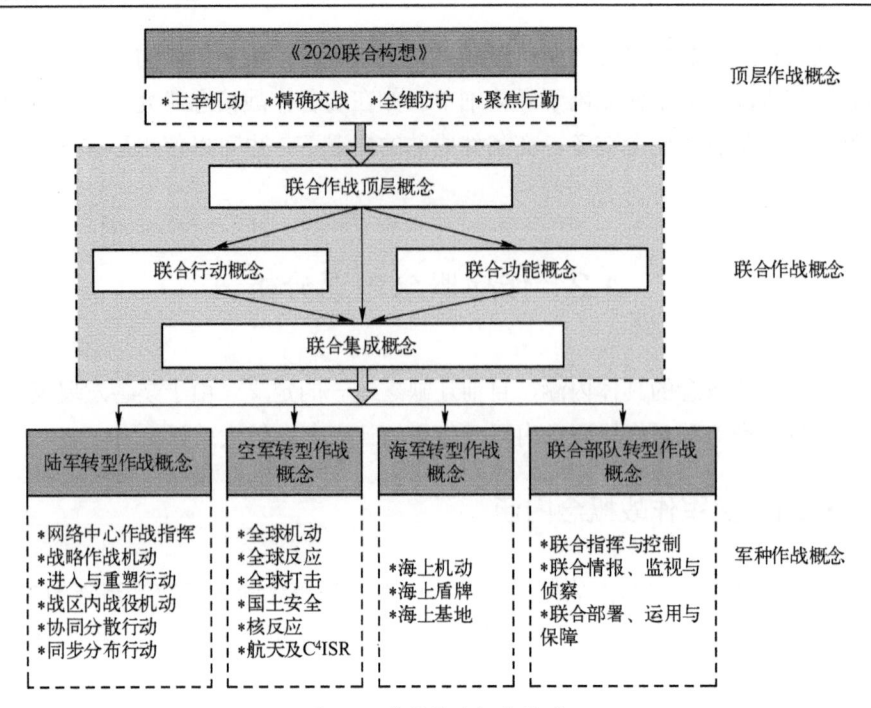

```
                《2020联合构想》
         *主宰机动  *精确交战  *全维防护  *聚焦后勤      顶层作战概念

              ┌─────────────────────┐
              │   联合作战顶层概念   │
              └─────────────────────┘
              ┌──────────┐  ┌──────────┐
              │联合行动概念│  │联合功能概念│           联合作战概念
              └──────────┘  └──────────┘
                   ┌─────────────┐
                   │  联合集成概念 │
                   └─────────────┘

  ┌──────────┐  ┌──────────┐  ┌──────────┐  ┌──────────────┐
  │陆军转型作战│  │空军转型作战│  │海军转型作战│  │联合部队转型作战│
  │   概念    │  │   概念    │  │   概念    │  │     概念      │
  └──────────┘  └──────────┘  └──────────┘  └──────────────┘
  *网络中心作战指挥  *全球机动    *海上机动   *联合指挥与控制    军种作战概念
  *战略作战机动    *全球反应    *海上盾牌   *联合情报、监视与
  *进入与重塑行动  *全球打击    *海上基地    侦察
  *战区内战役机动  *国土安全              *联合部署、运用与
  *协同分散行动    *核反应                 保障
  *同步分布行动    *航天及C⁴ISR
```

图 1.5　美军作战概念体系

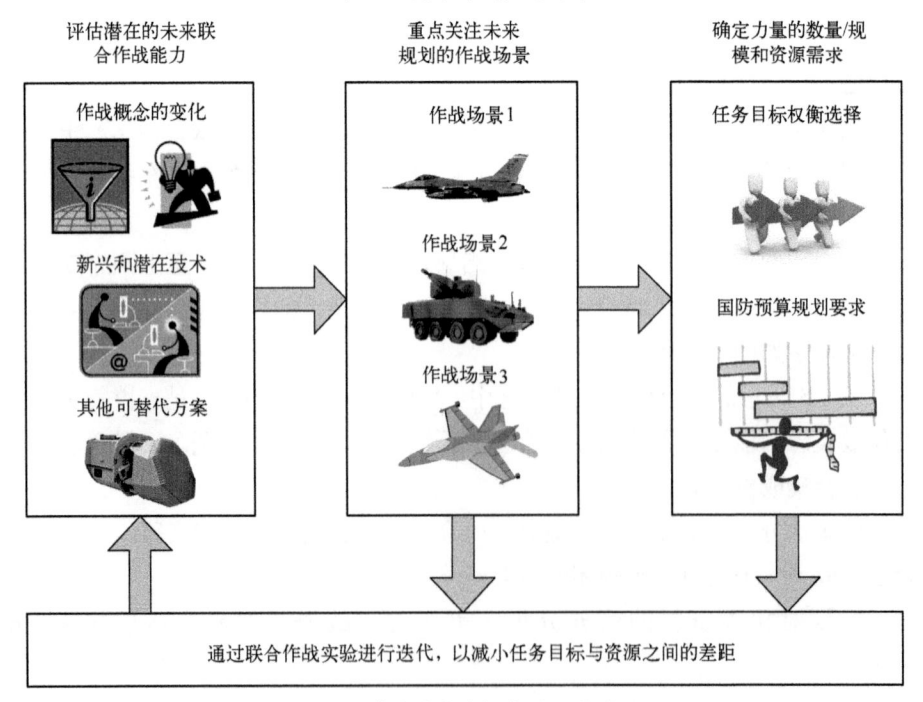

评估潜在的未来联合作战能力 → 重点关注未来规划的作战场景 → 确定力量的数量/规模和资源需求

- 作战概念的变化
- 新兴和潜在技术
- 其他可替代方案

- 作战场景1
- 作战场景2
- 作战场景3

- 任务目标权衡选择
- 国防预算规划要求

通过联合作战实验进行迭代，以减小任务目标与资源之间的差距

图 1.6　美军对作战概念的研究流程

美军对作战概念的研究是在联合作战环境下，在设定的作战场景下，通过联合作战试验对新型作战概念进行研究迭代，在技术、任务目标（需求）、资源、预算等要素之间寻求平衡。冷战结束后，美军的发展建设更多地受国防预算的制约，因此，美军在确定国防战略支撑能力前，很重视对那些有潜力维持美军竞争优势的作战概念与新兴的潜在技术能力进行评估，以保证有限国防投入的有效性。

1.2.2 我军作战概念内涵

《现代汉语词典》中对"概念"的定义是指思维的基本形式之一，反映客观事物一般的、本质的特征。在《道德经》开篇说的"道可道，非常道，名可名，非常名"中，"名"就是指概念。"作战概念"是对某种作战形态的抽象概括。近几十年来，在对"作战概念"的研究上，美军新成果层出不穷。

对比美军的认识，可以看出两国对作战概念的认识不在一个层面，关注点和关注角度存在较大差异。

我军对作战概念的内涵、设计要素、描述内容及其作用等方面的理解，大体上与美军需求文件中要求强制执行的体系结构模型描述的内容相似，即对作战概念的描述更加过程化、详细化和参数化。

美军对作战概念的描述侧重于全局性、战略性问题（如美空军的全球打击作战概念、全球持续攻击作战概念），关注点在于能力的提升方法；而我军对作战概念的认识倾向于描述某型装备执行某些典型作战任务的详细对抗过程与作战细节，如具体到某一高度、某一速度等，关注点在于通过作战活动直接牵引出某些具体技术指标，而对于这些具体技术指标要求，美军是在其需求开发文件中提出的。

但我军和美军对作战概念的认识又不是完全割裂的，都是对作战构想和作战过程的一种系统性认识，是对作战形态、作战行动不同层级的反映和概括。

1.2.3 作战概念内涵差异对比

美军作战概念都是基于"联合"背景提出的，如网络中心战、空海一体战等作战概念，主要针对联合作战问题，站在联合作战角度看装备发展需求与作战使用，首先明确各军种在联合作战中的职能分工。

我军的作战概念基本是基于"型号"背景提出的，主要针对型号研制问题，属于站在型号发展角度看装备的作战使用。我军对作战概念的认识更为具体、偏向局部，作战概念倾向于描述装备执行某些典型作战任务的战术运用，针对性强，内容上主要针对作战对抗过程、作战环节与作战细节。

综合上述分析可以看出，中美对作战概念内涵及作用的理解和认识存在较大差异，如图1.7所示。

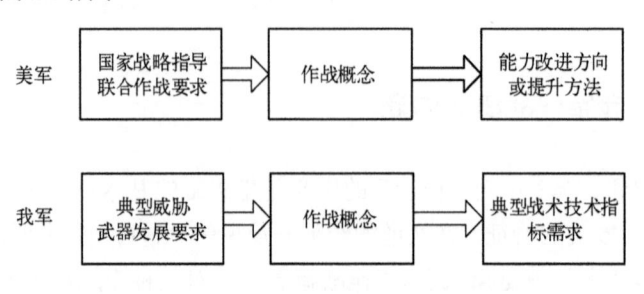

美军：国家战略指导联合作战要求 → 作战概念 → 能力改进方向或提升方法

我军：典型威胁武器发展要求 → 作战概念 → 典型战术技术指标需求

图1.7 我军与美军作战概念认识差异对比

剖析造成我军与美军对作战概念内涵及作用认识存在巨大差异的主要原因，是长期以来我军与美军在装备发展模式上存在差异，美军遵从"基于能力"的装备发展模式，而我军长期以来遵从"基于威胁"的装备发展模式。

1.3 作战概念研究特点

1.3.1 作战概念研究方法运用

设计装备就是设计未来战争。只有深入研究未来信息化战争的特点规律，创新超前性作战概念，才能牵引装备的发展，适应未来战争需求，达到打什么仗就发展什么装备的目的。

一流军队设计战争，二流军队应付战争，三流军队尾随战争。打赢信息化战争的需要，迫切要求认真研究信息化条件下局部战争的特点和规律，研究新军事革命带来的战争领域的深刻变革，从立足现实中着眼发展，从继承传统中大胆创新，加速发展符合我军使命任务的创新作战概念。只有通过创新研究适用于未来军事斗争准备的超前性作战概念，预先自主设计未来的作战样式，从中推导出符合空军未来作战能力需求的装备发展原始输入——作战需求，才能科学牵引装备的发展，使装备的发展适应未来战争的需求，达到打什么仗就发展什么装备的目的。

1. 作战概念与科学技术有机融合

科学技术是装备发展的基础,科技进步是推动作战概念发展的重要原动力:一是技术发展创造出新的作战手段;二是技术发展创造出新的作战空间;三是技术发展创造出新的作战样式。未来信息化战争在某种意义上来说是科学技术的较量,作战概念研究人员应提升科技素养,敏锐把握科技发展的脉络趋势,深入研究科学技术发展所能提供的潜在和新质作战能力,超前提出创新性作战概念,牵引装备建设发展。

装备发展需求和作战使用研究是在国家战略指导下进行的,因此,其研究内容比纯战略研究要具体,比纯理论研究更需要以装备技术性能为基础支撑。因此,装备发展需求和作战使用研究比战略研究更具体、比战术研究更宏观、比纯技术研究更需要作战概念的牵引。

"没有技术就没有战术,没有算法就没有战法",这是美俄军队信奉的宗旨。美军是一个崇尚技术、强调技术制胜的军队,为了追求军事科技上的领先地位,多年来投入了大量资金,使装备的作战效能产生了革命性的跃升,并引发了战术和作战概念的进步。如美军的精确制导武器可以从千米之外实现米级的打击精度,新型钻地弹可以穿透多层混凝土结构在掩体内部爆炸。这种远程精确打击能力对传统作战观念提出了挑战,衍生出"精确打击"和"超视距打击"作战概念。再如美国海军登陆装备的发展促进了登陆样式的更新,催生了"超地平线登陆"概念。近年来,美国国防部更加强调"科学技术的发展对美国军队的长期作战能力有重要影响",决心在科学技术领域"至少长期保持固定的实际投资水平",并为此制定了《国防科技战略》《基础研究计划》《国防技术领域计划》和《联合作战科技计划》等发展军事科技的规划。美国在以微电子技术和信息技术为核心的高新技术方面的飞速发展,使美军装备的性能发生了革命性的变化,同时也给其战略战术带来了极大的挑战。使美军"有资本"去探索和寻求适合高技术装备的作战样式,发动作战概念方面的变革。

技术研究人员要自觉进行作战概念研究,用工程化方法研究战争,用技术化方法研究作战。

2. 利用作战实验初步验证作战概念合理性

作战概念的合理性需要通过作战实践去验证,但这往往是很难的。目前可接受的折衷手段就是利用作战实验手段初步验证作战概念的合理性。

作战实验是装备论证、验证的基本途径，也是可以初步验证作战概念的重要手段。应积极倡导以工程化方法研究作战概念问题，加强作战实验手段建设，提高作战仿真水平，为作战概念创新与装备发展提供搭建理论与实践的桥梁。

作战实验不是一般意义上理解的仿真，仿真只是作战实验的技术基础。仿真并不能创新理论、概念和技术，只能通过合理的设计对研究人员创新的理论、概念和技术进行验证。作战实验逻辑流程如图 1.8 所示。

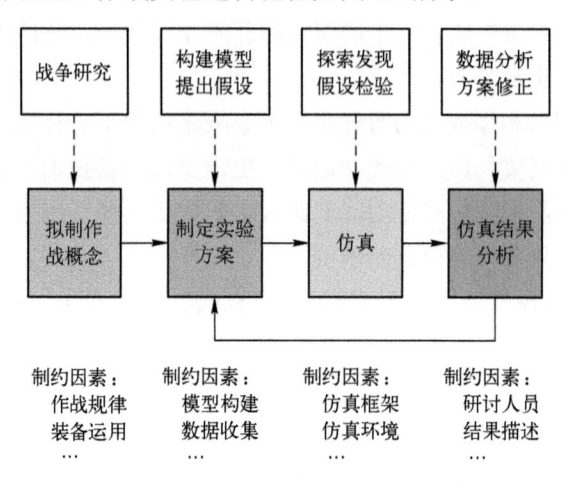

图 1.8 作战实验逻辑流程

拟制作战概念是作战实验的源头。作战概念是战争研究的成果，它包含军事理论、装备体系、关键技术、战术运用等一系列内容。作战概念的质量决定着作战实验的质量。

制定实验方案体现了作战实验的目的、方法和步骤，它将作战问题转化为用模型描述的数学问题。实验方案通过效能函数体现实验的目的，通过提出假设体现实验的方法和步骤。模型的合理和准确程度、数据来源的可靠性以及效能函数的有效性等因素都将影响作战实验的有效性。

仿真是作战实验的技术基础，是一种手段，只是利用仿真方法实现作战的过程。而目前存在的误区就是将仿真等同于作战实验。

由于拟制作战概念和制定实验方案的不足，从而造成一般意义上的仿真对作战描述的认可程度低、研究结果的操作性差等缺陷，形成了决策人员无法实现的仿真也实现不了，仿真能够实现的已在决策人员的意料之中，形成"你仿你的，我干我的"的局面。

这种局面的形成主要是由于研究人员对作战和装备使用的内在规律把握不充分，与作战、装备没有有机融合，要么是研究过于定性化，没创新，难以指导实践；要么是研究过于数学化，指导实践不适用，与实际脱节。同时，模型的构建、数据的收集等技术因素也严重制约着作战实验方法的发展。

仿真结果分析是理论研究、作战、装备、技术、仿真等多领域研究人员一起对作战实验结果进行综合分析的过程，该分析过程是一个逐渐迭代的渐进过程。分析的结果一是可以指导修正实验方案，二是可以对研究内容给出决策建议。

在作战实验的四项内容中，只有仿真是一项纯技术任务，有硬件投入，因此得到高度重视，但单纯的仿真是无法实现作战实验目的的。

3. 交流碰撞激发创新活力

思路决定出路，思想观念的落后是最根本的落后。作战概念创新需要交流、碰撞、争鸣的宽松学术环境，需要大胆假设、小心求证的研究进程，需要一套科学顺畅的作战概念交流机制和平台。

在研究中，可以针对具体问题组织各种不同层次的相关研讨，积极开展没有预设框框的思想碰撞，今天的碰撞、争辩、批判、否定，必将是明天装备发展的福音。

1.3.2 作战概念是基础的装备创新研究

装备发展研究是一项军事理论研究、作战体系研究、装备体系研究、装备平台研究、技术支撑研究交融度非常高的研究任务。

一般情况下，自主创新装备发展研究应遵循以下 8 个步骤，如图 1.9 所示。

第 1 步：顶层作战概念研究（战争研究）。依据国家战略赋予军队的使命任务，设计未来战争，提出军队顶层作战概念。回答军队在未来战争中执行什么任务，执行到什么程度。

第 2 步：作战能力需求研究。依据顶层作战概念，提取军队作战能力需求。回答军队执行所要求的任务需要什么样的作战能力。

第 3 步：装备作战概念研究。依据作战能力需求描述满足作战能力需求的装备能力需求，设计装备作战概念。回答装备具备什么样的能力方可满足作战能力需求。

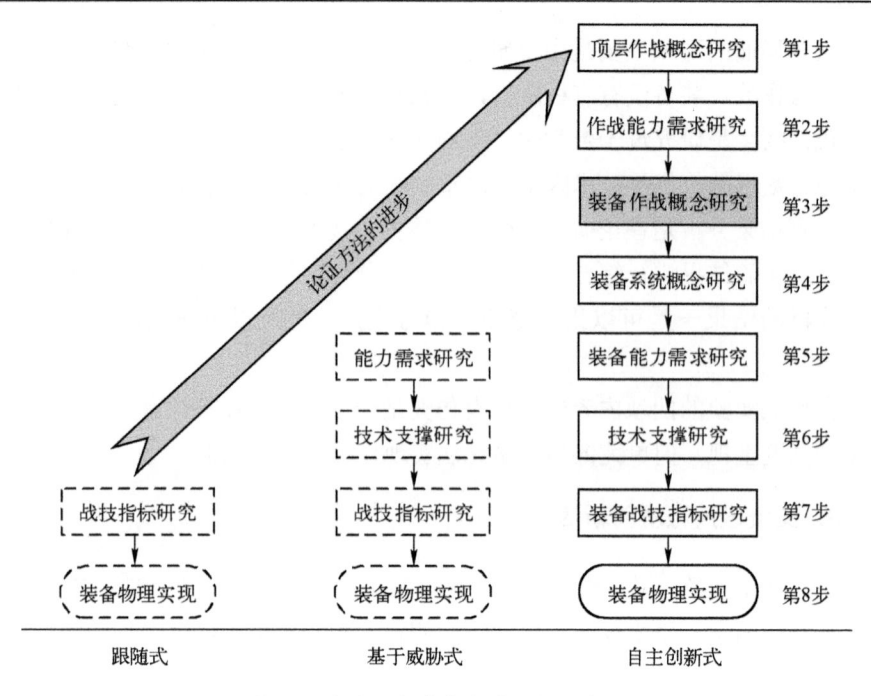

图 1.9 自主创新装备发展研究八步法

第 4 步：装备系统概念研究。依据装备能力需求描述满足装备能力需求的装备形态，依据装备作战概念设计装备系统概念。回答什么样的装备形态可以提供所需的能力，结构决定功能。

第 5 步：装备能力需求研究。依据装备作战概念设计装备的典型作战样式，依据装备形态和典型作战样式，设计装备作战想定，提取装备能力需求。回答该型装备能力需求的程度，形成作战需求文件和能力目录。

第 6 步：技术支撑研究。依据装备能力需求，辨识支撑能力的技术体系和关键技术需求。回答对支撑该型装备的技术需求方向和程度，牵引技术发展。

第 7 步：装备战技指标研究。依据能力需求和技术支撑，依据装备作战想定，映射装备性能参数。回答该型装备研制的要求，提出研制总要求。

第 8 步：装备物理实现（装备研制）。回答管控该型装备研制过程的技术管理方法、验证评估方法。

以上是装备发展应遵循的一般规律，各步骤迭代循环，逐步推进，下一步的研究需要上一步的研究结果作为输入。

过去，受我国军事战略方针、经济发展水平、科学技术水平等的影响，装备的发展主要遵循"应对威胁"的发展模式,加之装备的发展处于"跟随式"状态,因此,我国的装备发展往往是从第 7 步(装备战技指标研究)开始的,即以美俄的某型装备为蓝本,在适度适应性改造的基础上,依据技术支撑能力,提出相应战术指标和技术指标,形成装备研制总要求。

由于缺乏对未来战争的设计,我军对军队未来的军事能力需求难以准确描述,因此对自主创新发展的装备未来需求的能力也难以准确描述,从而难以清晰提出自主创新发展的装备系统概念。新一代装备发展中所遇到的困难,很大部分体现在这一方面。

由此可见,实现装备自主创新发展理念的基础是主动设计未来战争。基于设计未来战争理念描述我军装备系统概念在以前是办不到的,因为我国以前所处的国际环境没有给我军这样做的机会,只能被动地应对战争。"应对"是在敌人"设计"的制约下跟进发展,只可能跟随,顶多是追赶,不可能超越。

随着国家综合实力的提升、国际环境的变化,实现基于设计未来战争描述我军装备系统概念的机遇出现了,从"基于威胁"的"应对式"装备发展模式,向"基于能力"的"设计式"装备发展模式转变的条件逐渐成熟。时代的发展要求我军从源头的战争设计出发,依据能力需求设计装备。

"设计战争"与对手的能力密切相关。对于弱敌,可以通过战争设计去主导战争的形式和进程,让敌人按照我们的节奏走;对于强敌,则是"设计"与"设计"的博弈,是最高层次上的对抗,没有战争设计,就只能按照敌人的节奏走,完全被动应对。

实现"设计战争"理念的基本内容是设计"作战概念",其核心是对需求的优化选择。"设计"随之带来的问题是选择问题。在"应对式"模式下装备发展没有太多的选择余地,而在"设计式"模式下装备发展则面临着多种选择。但资源是有限的,如何使有限的资源发挥最大的效益是装备发展所要面对的主要选择问题。

需求的优化选择需要站在全局角度,按照装备发展的 8 个步骤"自上而下"审视选择问题,这是一个高度复杂和顶层的科学决策过程。要站在作战能力角度看装备体系,站在战斗力生成角度看装备集成。

前面所描述的 8 个步骤是装备自主创新发展的一般规律,是规律就必须遵循。对于自主创新发展装备,相关研究需要从第 1 步源头开始,逐步扎实推进。

对于开展研究而言,每一步研究都离不开相应的研究方法支撑。例如:第 1 步需要作战概念研究和设计方法;第 2 步需要作战任务与能力需求的映射关联方法；第 3 步需要作战能力与装备能力的映射方法（也可理解为作战效果与装备能力之间的映射关系）；第 4 步需要装备系统概念描述与优选方法；第 5 步需要装备作战概念描述与装备能力映射方法等。

1.3.3 作战概念研究应注意的问题

作战概念研究是大多技术研究人员不太熟悉的研究领域，然而随着装备发展需求研究的深入，尤其是总体层面研究的深入，对于作战概念研究的需求日益凸显。

对于技术研究人员而言，掌握作战概念研究的方法不是难事，由于技术研究人员一般具有较好的技术理论功底，因此掌握和运用作战概念研究的方法较为容易，只要思想重视，思维和观念进行适当调整，看问题的视角适当转变即可。

运用作战概念研究方法需要注意以下几点。

1）转换研究视角

研究装备发展问题可以从不同的视角着眼，从不同视角进行研究会产生不同认识。在研究中要善于转换研究视角，尤其要注重从指挥员和敌人的视角进行研究。

通常研究装备发展问题的视角有四个。

（1）设计师的视角，这是我们最熟悉的视角，我们经常会无意识地从这一视角看问题，这和技术研究人员受教育的过程密切相关。

（2）战斗员的视角，这是军人审视装备的视角，但目前我们缺乏这种视角。这是由于受教育的过程所致，而且难度大，很多知识需要自己补充。现在存在两种趋势：一是技术人员重技术而不研究作战，熟悉技术原理不熟悉技术在装备的应用，或虽熟悉装备的技术性能却不熟悉装备的作战过程；二是作战概念研究人员技术功底较差，难以深入掌握技术的应用。军方研究人员要深化装备需求研究一定要从作战高度看技术，从技术层面看作战。

（3）指挥员的视角，这也是军人审视装备的视角，作为指挥员，尤其是信息化作战条件下的指挥员，要学会从系统和体系层面看作战、看装备、看技术。

（4）敌人的视角，这是研究装备发展和使用问题的最高境界。将研究结果放在敌人的视角看会是什么样，这是检验研究结果是否有效的最好方法。

不同视角进行的研究会有不同看法。从设计师角度的研究是装备性能怎实现，从战斗员角度的研究是装备作战怎么操作，从指挥员角度的研究是作战训练怎么用、怎么融入体系，从敌人角度的研究则是怎么使你最难受，使你的装备发挥不出作用。

2）从作战角度出发

军方是装备的使用方，装备是用来作战的，因此一定要从作战角度、需求和使用角度出发进行研究。回答要什么样的装备、怎么使用这种装备的问题。

过去的研究过于技术化，主要是静态技术参数对比，没有真正从作战角度进行研究。由于我军的装备发展长期处于"跟随式"状态，基本借鉴别人的作战概念，缺乏自己的牵引装备发展的创新作战概念。我军装备发展的许多深层次问题均源于此。

3）从牵引角度出发研究

相关研究要从牵引角度进行，给工业部门明确提出要什么样的装备性能以及为什么要。具体如何实现让工业部门回答，而不是为工业部门解决如何实现的问题。

作战需求是装备发展的牵引，也是军方发挥装备建设主导作用的重要体现。从一些新型装备发展的经验教训看，最缺乏的是装备研制的原始输入，缺乏对战争的透彻研究，许多困惑均始于原始输入的不合理、不科学、不全面、不确定。

4）从体系角度出发研究

体系的事只有军方能解决。现有装备的发展多数是基于独立作战、单项装备、既定条件研制的。因此作战概念研究要从体系效能、效费比方面考虑，基于联合作战、装备体系、对抗条件。

5）作战和装备研究要与技术紧密结合

了解作战，熟悉装备是进行有效研究的基础，在装备发展需求研究中，技术不融入作战没有出路，上不了层次；在现代作战环境中，战法不结合技术无法应用。战术与技术的有机融合，是研究装备发展需求的必由之路。要充分解决技术、装备、作战的结合问题，要熟悉装备，面向实际研究问题，要会"纸上谈兵"，要将技术研究与作战和装备紧密联系起来。

"没有算法就没有战法"（俄军），"没有技术就没有战术"（美军），而我军的作战概念研究由于缺乏技术支撑，研究与实践应用脱节的"两张皮"现象严重存在，导致研究结果的可信度较低，难以形成像美国兰德公司的研究报告对政府决策和军事部署那样的影响力。技术研究由于缺乏作战应用背景，难以推动新型和新质作战能力的形成。目前，我军虽装备了许多新型装备，但作战理念仍停留在机械化作战时代。

因此，作战概念研究一定要在坚实的技术基础上展开，否则其研究的有效性将大打折扣，对技术掌握程度较低、对装备的性能不太熟悉是目前制约我军作战概念研究有效性的"瓶颈"之一。作战概念研究人员要对技术的发展趋势具有高度的敏感性、良好的方向感，对新兴技术潜在的军事能力具有敏锐的判断力和鉴别力，对现有技术的能力范围和使用约束条件熟悉掌握。对技术的深刻把握是作战概念研究有效性的基本保障。

6）善于交流碰撞

作战概念研究是一项"头脑风暴"式的研究，经常会遇到认识不一致、认识不深刻、认识不到位的问题，这就需要充分地研讨、争论、辨识。

随着学科门类的增长，现代科技发展呈现从个体研究向群体研究的趋势。不同专业人员之间的交流会产生意外的效果，"墙内开花墙外香""他山之石，可以攻玉"描述的都是这种现象，不同学术思想的碰撞才可能产生创造性的火花。

创新思维需要民主的环境，需要自由讨论的风气，需要交流与合作，要善于倾听不同的观点，善于听完别人的观点。

现代科研的特色体现在个体作坊式的研究已经越来越不适应现代科研的要求。尺有所短，寸有所长，你中有我，我中有你，协同合作，团结就是力量，才是现代科学精神的体现。因此在研究中要善于同其他人合作，有效地、合理地运用他人的研究成果。

第 2 章　外军作战概念分析

美军装备能够在较长时间内引领世界装备发展的方向,其根本原因在于,美军建立起了一套完善的装备需求开发机制。美军认为,作战概念是指挥官针对某一行动或一系列行动的想定或意图而做出的语言或图表形式的说明,作战概念通常探索组织和使用联合部队的新方式。美军将作战概念开发与验证作为美军转型建设的四大支柱之一,足以看出作战概念开发在美军转型建设中的重要地位和作用。

2.1　美军作战概念研究方法

2.1.1　美军作战概念分类

从近几年美军正式颁布的各种文件以及相关资料可以看出,美军针对联合作战需求,依据联合作战的不同层次和领域,主要在三个层面上进行作战概念的开发。《2020 联合构想》中提出的作战概念是美军最顶层的作战概念,其次是联合作战概念系列,最底层是军兵种转型作战概念。从上至下顺序指导,渐进具体化;由下至上顺序支撑,逐级集成,作战概念之间相辅相成。

其中,"联合作战概念系列"是支撑美军转型的作战概念的核心,主要包括联合作战顶层概念、联合行动概念、联合功能概念、联合集成概念。其中,联合行动概念、联合功能概念和联合集成概念是联合作战顶层概念的进一步细化。

联合作战顶层概念,其实质是明确各军种在联合作战中的职能分工,即干什么。联合作战顶层概念的内容类似于我军的战略规划,文件风格上类似于我军的军事理论研究。

联合行动概念,其实质是明确各军种在联合作战中的战术运用,即怎么干。类似于我军的战役行动计划,文件风格上也类似于我军的军事理论研究。美军已开发了 4 个联合行动概念。

联合功能概念,其实质是明确各军种在联合作战中的装备运用,即怎么实现。文件内容、风格上类似于我军的作战训练计划。美军已开发了 8 个联合功能概念。

联合集成概念,实际上是对联合行动概念和联合功能概念的有效集成和综合,既包括联合部队训练内容,也包括武器装备发展的技术基础、条件和有关技术标准等方面内容。美军已开发了 8 个联合集成概念。

通过上述简要分析可知:美军联合作战顶层概念,站在联合作战角度看装备发展需求与作战使用,首先明确各军种在联合作战中的职能分工。美军通过联合作战顶层概念开发,从源头上避免了后续作战能力和装备发展中可能出现的重复或军种利益冲突的问题,从顶层明确分工,从根源促进联合。这也就不难理解为何美军将联合作战概念开发与验证作为转型的四大支柱之一了。

2.1.2 美军装备需求开发机制的特点

美军装备发展是世界各国学习的榜样,更是我军长期以来研究、学习的潜在对手。美军武器装备为何能够持续、高质量发展?除了雄厚的技术实力外,主要归因于科学的装备需求开发机制。作战概念研究是美军武器装备需求开发与生成的原始起点。作战概念开发处于装备需求开发过程的前端,作战概念的修改与完善贯穿于装备需求开发全过程。作战概念在武器装备需求开发过程中得到优化、确认、评估,反复迭代,不断完善。实际上,美军装备需求开发也经历与目前我军类似的过程,遇到过诸多问题,走过了一个由军兵种自发探索到有计划地联合开发的过程,美军作战概念也是如此。

美军早在 20 世纪 60 年代初就建立了"规划-计划-预算制度"(Planning, Programming and Budgeting System,PPBS)。美军在对未来联合作战的理论构想强调以作战需求为牵引,为实现全面、统一的产生、描述各军兵种的作战需求,美国国防部于 2001 年 4 月颁布了 CJCSI 3710.01B "需求产生制度" (Requirements Generation System,RGS),将其与"规划-计划-预算制度""国防采办管理制度"(DAS)作为美军三大决策支持制度。它为美军在冷战时期"基于威胁"下的武器装备发展需求管理提供了强有力的制度保障。RGS 确定到底需要什么武器装备,DAS 保证这样的武器装备可以被设计出来,PPBS 则要把设计这样的武器装备所需的资源限定在一定范围之内。

随着冷战的结束,世界格局发生变化,美军的直接作战对象已不复存在,因而作战理念也随之转变为"基于能力"的对全球化不确定的对手的作战。为适应调整的需要，2003年8月，美国国防部"联合能力集成与开发制度"（Joint Capabilities Integration and Development System, JCIDS）开始运行，取代原来的"需求产生制度"，通过一体化、协作的过程指导军事需求活动。JCIDS更加强调以联合作战为核心的能力建设，其核心是基于能力的评估（Capabilities-Based Assessment, CBA）。实现了在联合作战构想框架下依托各种作战概念"自上而下"管理需求的目标，改变了过去自下而上的"烟囱型"需求管理模式，如图2.1所示。

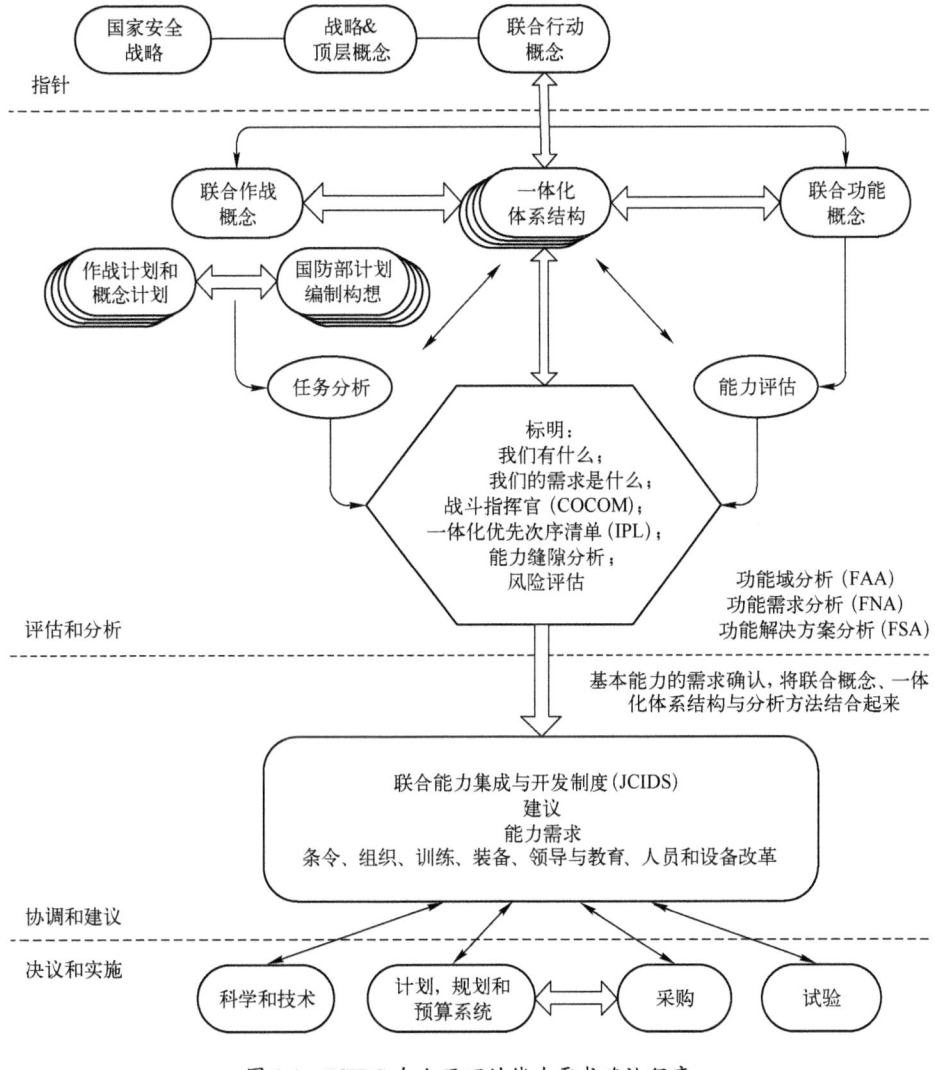

图2.1 JCIDS自上而下的能力需求确认程序

美空军在联合能力集成与开发系统的指导下，结合空军特点，细化形成了空军的"基于能力的需求开发"模式（CBRD）。美军作战概念开发机制如图 2.2 所示。

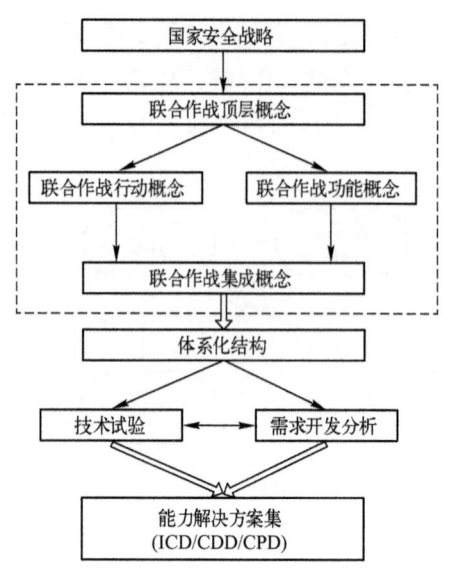

图 2.2 美军作战概念开发机制

JCIDS 以国家战略和顶层政策为指导，以联合作战概念系列为输入，研究输出初始能力文件（ICD）、能力开发文件（CDD）、能力生成文件（CPD）三大需求文件。初始能力文件侧重于能力需求分析，描述现有能力的不足；能力开发文件以初始能力文件为输入，从作战使用角度提出对装备能力的需求；能力生成文件以能力开发文件为输入，提出可测试的能力需求程度。

美空军的 CBRD 以 JCIDS 为指导，以联合作战概念系列、空军作战概念为输入，以需求策略开发与评审为核心，以联合能力文件、初始能力文件、能力开发文件、能力生成文件，以及条例、机构、训练、人员与设施等变更建议五大需求文件为主要输出。初始能力文件侧重于能力需求分析，描述现有能力的不足；能力开发文件以 ICD 为输入，从作战使用角度提出对装备能力的需求；能力生成文件以 CDD 为输入，提出可测试的能力需求程度。

通过对资料中美军初始能力文件、能力开发文件、能力生成文件的内容和格式的解读，ICD 和 CDD 对应于我军现在的作战需求文件，CDD 和 CPD 则对应于能力目录。

通过对美军装备需求开发机制的深入分析，其装备需求开发机制可以归纳为"1+2+1"模式。

第一个"1"代表"自上而下"规划理念。

与"需求革命"前采用的 RGS 相比，JCIDS 强调顶层设计和总体规划，遵循从作战概念到装备实体的演化程序，由传统的以各军种为主导、以武器平台为核心的"自下而上"需求生成模式，转变为以国防部为主导、以能力为核心的"自上而下"需求生成模式。从而保证能以"顶层联合作战概念"提出的能力要求为依据，从联合作战需求出发，而不是仅从各军种的需求出发，确定能力发展方案，更好地指导装备建设。如在前期需求论证时，曾遭到美空军抵制的"全球鹰""捕食者"无人机，即是"自上而下"规划的成功典范。

"自上而下"需求生成模式以国家安全战略为指南，根据联合作战概念确定作战环境和能力需求，并在跨军种范围内探索能力的实现途径，使得装备需求生成始终置于联合作战的总要求之下，从源头上保证了所发展的武器装备具有"与生俱来"的联合作战能力，F-35 战斗机便是跨军种范围内探索能力实现途径的成功范例。

"2"代表审查制度和审查机构。

（1）严格的需求审查制度。美军为需求职能机构制定了严格的审查、确认、审批权限及时间要求，形成了严密的需求开发流程，为装备需求及时提出、审查、批准等提供了制度保障。美军所有的重大采办项目，都必须得到联合参谋部联合需求监督委员会的审查、确认和批准，对不符合联合作战要求的研究计划，坚决要求修改或予以终止。例如，美海军 DD-21 驱逐舰计划、CVNX 下一代航母计划，由于审查小组认为其"不够转型"，使命任务及需求不明确，而被国防部勒令终止；美陆军有史以来最庞大的装备研制计划——未来战斗系统（FCS）计划（即 18+1+1 系统项目），在立项研制 9 年之后，同样由于需求审查，而被迫于 2010 年终止。

（2）独立的需求职能机构。美军为了避免军种、部门利益特征明显的武器装备的出现，确保客观地依据联合作战能力需求来发展各型武器装备，联合参谋部成立了与采办系统在职能上独立而在人员上又有一定交叉的联合需求监督委员会、联合能力委员会等装备需求职能机构。空军成立了空军使用能力需求委员会、高级性能小组等需求开发与审查职能机构。独立运行的需求开发、审查职能机构，有效地确保了武器装备需求开发过程，在统一的规划下有效运行，为装备需求及时提出、审查、批准等提供了机构保障。

在推行"需求革命"之初，时任国防部长的拉姆斯菲尔德还成立了约 20

个审查小组，对美军不符合国防转型的各种计划进行需求审查，一大批研究计划在审查小组严格的审查下被迫终止或被大幅消减采办数量，如陆军的"惩罚者"火炮计划、空军的 B-1 轰炸机、C-5A 货机升级计划等。

第二个"1"代表规范的描述方法。

为了规范装备系统的开发，确保各装备系统之间的互联、互通、互操作，美国国防部研究制定了美国国防部体系结构框架（DoDAF），即体系结构方法，该体系结构方法是指导美军军事系统体系结构设计的顶层规范，也是实现三军诸多军事系统综合集成的标准，该方法在国防部系统以及所有军工企业被强制执行，美军装备需求开发也不例外。

目前，美军体系结构方法的最新发展为 DoDAF2.0 版。DoDAF2.0 版体系结构开发以数据为中心，定义了 8 类共 52 个体系结构描述模型。

美军这种"1+2+1"的装备需求开发机制，为 F-22、F-35 等先进武器装备的需求开发提供了可靠的保障，推进了美军先进武器装备的持续、高效发展。

在这种装备开发机制下，F-22 作战概念与需求开发过程可简要归纳为以下三个阶段。

第一阶段，作战概念提出与能力分析。首先，依据国家顶层政策指南和联合作战概念，开展基于能力的评估，寻求非装备解决方案；在非装备解决方案无效情况下，开展装备方案分析，初步提出 F-22 全球打击、全球持续攻击等作战概念，形成初始能力文件。

第二阶段，作战概念选择与确认。基于 ICD 进行概念决策，开展备选方案分析，明确 F-22 作战概念和系统概念，为里程碑 A 决策提供输入。

第三阶段，作战概念试验与评估。进入技术开发阶段，通过技术螺旋开展 F-22 作战概念和关键技术的演示验证，开发 F-22 能力开发文件，为里程碑 B 提供输入和决策参考。

之后，进入工程与制造开发阶段，采取能力增量方式实施渐进式采办。在 F-22 作战概念牵引下，通过实施 F-22 信息支援计划，即 4~5 个增量改进计划，逐步提升 F-22 作战能力；每个增量过程，开发能力生成文件为里程碑 C 提供输入和决策参考；能力开发文件和能力生成文件依据体系结构方法开发相关的作战概念描述模型。

从 F-22 作战概念三大需求文件中，可以看到在不同时期各版本体系结构方法的具体应用。这些体系结构描述模型是深化认识 F-22 作战概念的最可靠手段，也为更客观地研究 F-22 的后续发展及作战使用提供了很好的参考。

2.1.3 中美在装备需求开发上的差异

美军在装备形成联合作战能力方面也经历了多年的坎坷。在2003年以前，美军装备发展的军事需求的提出缺乏从概念到能力的顶层设计指导，装备需求是由各军兵种根据自身的作战需求提出的，没有充分考虑一体化联合作战的要求，各军兵种的军事需求存在重复、重叠现象，并且忽略了非装备因素对一体化联合作战能力的影响。基于这种状况，美军自2003年7月开始实施"需求革命"，以参联会联合需求监督委员会为主导，"自上而下"地制定装备需求，确保装备"生而联合"。参联会联合需求监督委员会的职能从过去被动监督审查各军兵种需求以防止各军兵种装备重复建设，转变为从美军联合作战高度制定政策和规划，主动管理和审查装备发展需求。美军的发展经验是可以借鉴的。要向美军学习，首先要弄清楚与美军存在哪些差异？为什么会存在这些差异？

对于武器装备需求开发，我军与美军的差异主要体现在作战概念认识和装备发展模式两个方面。

从与美军的对比可以看出，美军前段需求开发的若干阶段在我军这里用一个军事理论研究全面覆盖，而我军军事理论研究的现状并不能令人满意，对装备发展的牵引作用差强人意。此外，我军目前尚缺乏类似的规范化作战概念描述方法。方法的缺失使目前作战概念的研究处于无约束的自由探索状态，相互的认可程度、共享程度较低。

中美在需求生成机制上的差异如图2.3所示。

通过对美军作战概念的内涵及作用的初步解读，其所开发的作战概念与我们通常理解的作战概念存在较大差异，主要体现在以下三点。

（1）出发点不同。美军作战概念都是基于"联合"背景下提出的，如"空海一体战"等作战概念，主要针对联合作战问题，站在顶层、联合作战角度明确各军种在联合作战中的职能分工，规划装备发展需求与作战使用。相比之下，我军在这一方面差距较大。国内的作战概念基本是基于"型号"背景提出，主要针对型号研制问题，还属于站在型号发展角度看装备的作战使用。

（2）关注点不同。美军提出的作战概念侧重于描述全局性、战略性问题（如美空军"全球打击"作战概念），系统性强，内容上主要关注联合部队兵力综合运用，特情资料中F-35B作战概念即是印证；而国内对作战概念的认识更为具体、偏向局部，作战概念倾向于描述武器装备执行某些典型作战任务的战术运用，针对性强，内容上主要针对作战对抗过程、作战环节与作战细节。

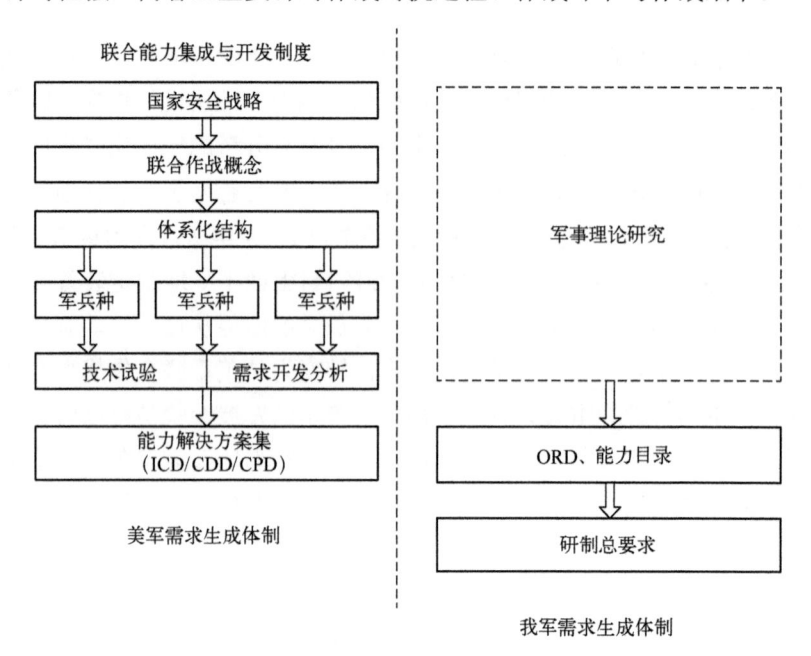

```
联合能力集成与开发制度
        ┌─────────────┐
        │  国家安全战略  │
        └──────┬──────┘
               ↓
        ┌─────────────┐                    ┌ ─ ─ ─ ─ ─ ─ ─ ┐
        │  联合作战概念  │                    
        └──────┬──────┘                    │               │
               ↓                            
        ┌─────────────┐                    │  军事理论研究   │
        │   体系化结构   │                    
        └──┬───┬───┬──┘                    │               │
           ↓   ↓   ↓                        
        ┌───┐┌───┐┌───┐                    └ ─ ─ ─ ─ ─ ─ ─ ┘
        │军兵种││军兵种││军兵种│                          │
        └─┬─┘└───┘└─┬─┘                               │
          ↓         ↓                                 ↓
        ┌─────┐ ┌─────────┐                   ┌─────────────┐
        │技术试验│ │需求开发分析│                   │  ORD、能力目录 │
        └──┬──┘ └────┬────┘                   └──────┬──────┘
           └────┬────┘                                ↓
                ↓                              ┌─────────────┐
        ┌─────────────┐                        │   研制总要求   │
        │  能力解决方案集 │                        └─────────────┘
        │ (ICD/CDD/CPD) │
        └─────────────┘
          美军需求生成体制                        我军需求生成体制
```

图 2.3 中美在需求生成机制上的差异

（3）落脚点不同。美军作战概念的落脚点主要是针对能力差距或能力缺陷，聚焦在提出能力改进的方向或提升方法上，首先是非装备解决方案，其次才是装备解决方案，如空海一体战作战概念，落脚点在空、海军装备运用与作战配合上，F-22 全球打击作战概念，落脚点在 F-22 的作战能力提升"增量"计划上；而国内对作战概念的落脚点倾向于通过作战活动描述，直接牵引出对武器系统某些具体战技指标的需求，如机动过载、速度等。而美军对于具体的战技指标要求，则是在三个需求开发文件（ICD、CDD、CPD）中提出的，但也不是一步到位的，而是反复迭代形成的。

对作战概念内涵认识的差异，自然就决定了对开发作战概念重要性认识的巨大差异。剖析造成这些差异的原因，主要是长期以来我军与美军在装备发展模式上存在差异，美军遵从"基于能力"的装备发展模式，而我军长期以来遵从"基于威胁"的装备发展模式。

过去，由于我国长期处于防御状态，武器装备的发展主要遵循"基于威胁"的发展模式，加之武器装备的发展处于"跟随式"状态，因此，参照装备发展的 8 个步骤，我军的装备发展往往是从第 7 步（装备战技指标研究）开始的，即以美俄的某型装备为蓝本，在适度适应性改造的基础上，提出战技指标，形成研制总要求，缺乏作战概念研究的实践。在装备形态唯一或基本确定的情况下，即使要开展作战概念研究，我军也只能从第 5 步（装备能力需求研究）开始，这样，我军研究的落脚点就很容易落到了第 7 步（装备战技指标研究）——战技指标上来。而美军武器装备发展，大多不受既定装备形态的限制，如美军提出"全球快速打击作战概念"后，依据军事能力差距与需求，在空天领域就先后推出了 X-37B、HTV-2、X-51A 等多种装备形态供选择。从逻辑顺序看，美军是由作战概念研究，牵引出众多装备形态来选择；而我军是在装备形态已基本确定的情况下，来开展作战使用研究。研究问题思维方式、逻辑顺序的不同，自然就引起了对作战概念内涵理解的差异：一个是面向未来的设计；一个是面向已有的优化。面向未来的设计可以选择适用的手段，而面向已有的优化则只能在约束限制下选择方式。

我军现在的作战概念研究，从某些方面讲，过分强调了定量化，过分强调技术性而缺乏军事性，从而使指导装备发展源头的理论研究十分弱化，装备发展缺乏理论牵引。从中美两国对作战概念认识的差异分析可见，美军指导作战能力建设和装备发展的顶层作战概念我军基本没有；我军的研究更底层，这是由我军长期以来装备"跟随式"发展模式所限定的。

前期作战飞机需求论证过程中，虽然我们是从第 5 步（装备能力需求研究）开始的，但探索了"1+3+1"的需求论证模式，引入了作战需求文件、能力目录等新形式的需求文件，对作战飞机研制起到了很好的牵引作用。但与美军相比，我军缺乏明确的作战概念，作战飞机在体系中如何使用、如何实施隐身空战、如何在网络环境下进行隐身空战等一系列问题出现；同样，由于缺乏作战概念的牵引，作战飞机后续发展缺乏明确的方向牵引，后续能力需求也不清晰。

2.2　美军典型作战概念

美军作战概念研究处于世界领先地位。美军认为，作战概念是武器装备发展的逻辑起点，是探索组织和使用联合部队的新方式。作战概念研究与开发已经成为美军武器装备需求开发的龙头。

2.2.1 分布式作战概念

分布式作战概念的核心思想是：将高价值大型装备的功能分解到大量小型平台上，小型平台的功能相对简单，成本较低，多样化的小型平台组合使用形成综合功能，由具有综合功能的大型平台与多个具有不同功能的小型平台联合组成分布式作战系统。在高危、复杂的战场环境中，相比高价值平台组成的作战系统而言，分布式作战系统可以获得更高的整体作战效能。

对于分布式作战概念，美国各军兵种提出了适用于本军兵种的分布式作战概念。包括空中分布式作战、航空航天战斗云、海上分布式杀伤、空间分散体系结构、分布式防御等。

空中分布式作战概念在作战体系上包括少量有人平台和大量无人平台。其中，有人平台的驾驶员作为战斗管理员和决策者，负责任务的分配和实施；无人平台则用于执行相对危险或相对简单的单项任务（如投送武器、电子战或侦察等）。

分布式作战概念实现了由"通过兵力集中实现火力集中"向"通过兵力分散实现火力集中"的转变，是"集中"这一经典军事原则在新的作战条件下的创新发展。在分布式作战概念下，作战协同的方式将发生重大变化，交互的内容将存在很大不同，主要体现在以下几点。

（1）协同层次发生变化。从单一的编队协同向单机分布资源协同、编队协同、体系协同等多层次协同转变。

（2）协同功能发生变化。从同平台、同类型、同型号传感器、单一功能协同，向多平台、多类型、多种类传感器、综合功能、同时多功能协同转变。

（3）协同模式发生变化。从固定模式、预先规划的协同，向以任务为驱动的资源动态组织、灵活多变、按需集成方面转变。不仅限于 2 机、3 机的单一功能协同，而是以满足任务需求为原则，灵活定制出适合任务需求的协同模式。

为实现空中分布式作战，美国国防高级研究计划局（DARPA）启动了多项技术支撑研究项目，如"分布式作战管理"（主要研究分布式战场管理）、"拒止环境中的协同作战"（主要研究分布式无人机自主协同）、"体系综合技术和试验"（主要研究分布式体系架构和技术集成工具）、"对抗环境中的通信"（主要研究数据链路）等项目，并安排了"小精灵""郊狼""山鹑"和"蝉"等装备项目（主要开发分布式装备）的研发。

2.2.2 "多域战"作战概念

2016年以来,美军相继提出了多域战(Multi-Domain Battle,MDB)、多域作战(Multi-Domain Operation,MDO)、全域作战(All-Domain Operation,ADO)、联合全域作战(Joint All-Domain Operation,JADO)等多个作战概念。虽然这些概念令人眼花缭乱,但其发展脉络和主线却清晰无比——美军将立足所有作战领域、融合所有作战领域并整合所有作战领域的力量,实施联合作战。"多域战"是美军继"空海一体战"概念后,用来应对"反介入/区域拒止"的又一次理论创新。自2016年10月提出以来,"多域战"概念就得到美国各军种的共鸣和积极响应。

2016年11月,"多域战"概念已被正式纳入美陆军顶层作战条令。"多域战"概念的实质可以理解为更高层次的一体化联合作战,是一种全谱作战样式。"多域战"作战概念中的联合作战不再局限于传统的军兵种编制序列域,将拓展至物理域、时间域、地理域和认知域。"多域战"作战概念将现有各军兵种力量在各自优势空间域的联合一体化运用,拓展至各军兵种力量在陆、海、空、天、电"五维"空间的融合一体化运用。"多域战"概念将牵引美军向更高层次的"跨域联合"一体化作战形态发展。

"多域战"概念的核心是打破军兵种编制、传统作战领域之间的界限,最大限度利用空中、海洋、陆地、太空、网络、电磁频谱等领域的联合作战能力,以实现同步跨域协同、跨域火力和全域机动,夺取物理域、认知域和时间域方面的优势。目前的研究实践探索主要集中在指挥控制层面。美空军对"多域战"的实践探索称为"多域指挥与控制"。

"多域指挥与控制"就是要确保美空军网络中的每一个节点都与其他节点无缝互联,使整个军种能持续快速决策。为此,美空军开展了可支持持续快速决策的多域一体化战场网络架构的研究。从作战层面看,空军指挥控制力量围绕多域指挥与控制这一提供实施动态指挥控制的必要工具,进行组织编成。多域指挥与控制类似以往空中作战中心的作用,是空军致力于实现作战筹划、任务部署、作战实施和作战效果评估任务的重要节点,拥有必要的指挥设施和专家用来指导多域作战。

"多域战"作战概念提出了明确的战略目标、行动原则和运用构想,具有全域运用、多维联合、体系对抗的特点。但未来在具体推进落实过程中,可能面临军种利益矛盾、经费投入限制、盟友协调困难等掣肘因素。美军为使"多域战"作战概念取得实效，将在理论研究、条令制定、编制调整、装备研发、概念验证等方面采取针对性措施，推动"多域战"作战概念走深走实。

2.2.3 "网络中心战"作战概念

"网络中心战"作战概念由美国海军首先提出，后来逐渐发展成为陆、海、空三军普遍接受的作战理论。"网络中心战"是指通过全球信息网格，将分散配置的作战要素集成为网络化的作战指挥体系、作战力量体系和作战保障体系，实现各作战要素间战场态势感知共享，最大限度地把信息优势转变为决策优势和行动优势，充分发挥整体作战效能。

"网络中心战"通过有效连接战场己方部队、提供更好的态势感知共享、在各种军事作战行动中做出更为迅速有效的决策，以及加快执行速度等举措，将信息优势转化为行动优势。"网络中心战"理论适用于战略、战役和战术三个作战层次，并且贯穿于从大规模作战行动到维和行动的所有军事行动。

网络中心战体系是一个规模庞大的巨系统，从信息化作战中信息的获取、传递、处理、利用等环节来看，其核心系统主要由战场感知、数据链、信息传输、敌我识别、导航定位、电视会议、数字地理、模拟仿真、数据库等九大系统构成。

（1）战场感知系统。主要由传感器网络组成，担负着在信息化战场获取信息优势的任务。美军战场感知系统大体分为外太空、高空、中空、低空、陆地、海上六个层次。感知对象除敌情之外，还包括我情、友情、地理环境和气象水文等。

（2）数据链系统。美军先后研发了多种不同用途的通用数据链和专用数据链，除了 Link-11 和 Link-16 等数据链外，还有公共数据链、多平台通用数据链、高整合数据链、防空导弹专用数据链、精确制导武器系统专用数据链、联合监视目标攻击雷达系统、增强型定位报告系统、态势感知数据链、协同作战能力系统等。

（3）信息传输系统。美国国防信息系统局负责全球指挥控制系统、全球战斗支援系统、国防文电系统、国防信息系统等四大支柱性系统。这些网络系统既是美军实施信息传输、信息处理和战略指挥的主要依托，也是联接各种战术信息系统的骨干网络。

（4）敌我识别系统。在信息化作战中，准确可靠地识别战场目标的敌我属性，既是获取整个战场态势感知的重要内容，也是实施信息化作战和精确打击的前提。目前，美军所有作战平台的信息系统都具有敌我识别的功能。

（5）导航定位系统。美军全球定位系统在全球卫星导航领域中处于绝对统治地位，已普遍用于美军各种作战平台、精确制导武器、信息化弹药和单兵，是美军实施机动控制和精确打击的核心支柱之一。

（6）电视会议系统。美军电视会议系统是从远程教学和远程医疗的基础上发展起来的，已成为美军实现面对面指挥控制的重要手段，在科索沃战争、阿富汗战争和伊拉克战争中应用广泛。

（7）数字地理系统。该系统把地球上每一个点的所有信息，按地球的地理坐标加以整理，构成数字化地球，即全球地理信息模型。

（8）模拟仿真系统。美军较典型的联合作战训练仿真系统包括联合战区级模拟系统、模拟战场、扩展型防空模拟系统及联合建模与模拟系统。

（9）数据库系统。美军用于信息化作战的数据库，规模庞大。目前已建立了各种大型数据库1000多个。在伊拉克战争中，美军所应用的数据库存储了多达70万亿字节的数据信息，其数据量是当今世界最大的图书馆——美国国会图书馆的3倍。

2.2.4 "马赛克战"作战概念

"马赛克战"是DARPA下属的战略技术办公室（STO）于2017年8月提出的新型概念。作为全新的作战概念，"马赛克战"是对既有技术和概念，特别是当前广泛使用的"系统之系统"的传承与创新。"马赛克战"与"系统之系统"都使用了许多传统技术，例如将弹性通信、指挥与控制等作为基本组成部分，且都不需要全新的材料或装备来实现。两类作战概念都基于将系统分解为各类子系统，再进行分布式集成。

综合目前面临的现实约束和挑战，"马赛克战"概念基于一种技术愿景，利用动态、协调和高度自治的可组合系统的力量。各类系统就如同简便灵活的积木，相关人员在建设一个"马赛克"系统时，就如同艺术家创建马赛克艺术品，将低成本、低复杂度的系统以多种方式连接在一起。并且，即使"马赛克"系统中部分组合被敌方摧毁或中和，仍能作出快速响应，创造适应于任何场景的、实时响应需求的理想期望。

从"马赛克战"相关作战概念的发展历程来看，其经历了链条式杀伤链、系统之系统、适应性杀伤网等阶段，不同作战概念的特点、优势和限制如表 2.1 所列。

表 2.1　不同作战概念的特点、优势和限制

作战概念 属性	链条式杀伤链	系统之系统	适应性杀伤网	马赛克战
概念举例	一体化火控防空	系统之系统	—	—
特点	现有系统的手动一体化	为多种战斗配置准备的系统	在任务开始前选择预定义效能网的半自主能力	在战役中构建新的效能网的能力
优势	(1) 拓展有效作战范围； (2) 增加交战机会	实现更快速的一体化和更多元的杀伤链	(1) 允许任务前调整； (2) 更具杀伤性，使敌方面临复杂性增加	可适应动态变化的威胁
限制	(1) 静态系统； (2) 构建时间长； (3) 运行和拓展难	(1) 架构的适应能力有限； (2) 无法动态增加新功能； (3) 运行和拓展难	(1) 静态的"行动规则"； (2) 杀伤链数量有限； (3) 无法很好拓展	拓展受决策者限制

"马赛克战"作战概念经历了多个变革的阶段，从比传统作战先进的"海军综合防空火控"系统（NIFC-CA）到"系统之系统"（SoSITE），再从"适应性杀伤网"（ACK）到马赛克战，在概念、能力和挑战三个方面都有着变革和进步，经历了人为选择、预先配置、半自动决策、动态适应的智能演变阶段。

"马赛克战"以任务完成率为目标，依托信息共享、快速接入、智能武器平台、分布式指挥/控制等技术，以传统作战单元为基础，融合大量低成本、单功能的武器系统和无人系统，形成海、陆、空、天、网络的跨域协同、分布式、开放式、可动态协作和高度自主的可组合作战体系，形成多重网络化杀伤链。

传统空战中，主要以战斗机、预警机、轰炸机等组成编队执行任务，是一种以平台为中心的作战模式，在交战时，作战平台容易遭受来自空中和地面的攻击，战损成本大，且新型平台研发周期长。而"马赛克战"中，使用功能分散、成本低廉的无人机组成分布式的作战网络和有人机共同执行作战任务，不

仅战场生存力强,还能大大提升任务完成的效果。

2.2.5 "穿透性制空"作战概念

美空军在 2016 年 5 月发布的研究报告《2030 年空中优势飞行规划》中,提出了"穿透性制空"的作战概念,计划在 2028 年左右获得某种"穿透性制空"作战能力。

空中优势一直被美军视为取得作战胜利的重要先决条件。传统制空主要利用战机远程打击敌方防空阵地、雷达、机场等重要目标以取得制空权。海湾战争以来的几次局部战争都是以空制胜的范例,空军优势的获得使得美军迅速取得战争胜利。但随着其他军事强国的崛起及其远程打击武器系统和一体化防空系统等"反介入/区域拒止"能力的不断提升,其他国家第五代先进战斗机研制工作的推进,使得美国的传统制空面临新的问题。

"穿透性制空"概念的核心思想是:利用高隐身的飞行平台,深入敌方防区纵深实施情报、侦察与监视(ISR)任务,为防区外的作战平台提供信息支援。在这一点上,"穿透性制空"概念与"远距空中优势"概念有密切的联系。在新一代技术发展的支持下,超高隐身和超强电子战能力的作战平台,可以依托技术优势,深入到敌方防区内,将敌方的空中作战力量击毁在地面、起飞线上或自认为安全的空域中。由此可见,"穿透性制空"概念的实质内涵,正是杜黑的制空权理论的精髓。

"穿透性制空"作战的穿透能力体现为"软穿"和"硬穿","软穿"是指"穿透性制空"平台凭借其强隐身特性,穿透敌对空防御系统,为在敌方联合防空系统内作战的其他部队提供空中掩护与信息感知,并对指挥控制中心、机场、飞机、武器库、燃油库和其他类似设施实施打击,从而摧毁敌"反介入/区域拒止"能力。"硬穿"是指具备诱饵、电子战、反辐射等能力的飞机或者集群强行突破敌方防线,通过低成本诱饵的饱和攻击和反辐射导弹的硬杀伤摧毁敌防空体系。不管"软穿"还是"硬穿",其核心作战要义都是穿透敌方预警探测系统和防空武器系统,摧毁高价值目标。

在"穿透性制空"概念的牵引下,美军又提出了"穿透性电子战""观察攻击飞机"和"多疆域指挥与控制"等概念,并正在推动适用于未来"穿透性制空"作战的战斗机、轰炸机、机载弹药等新型武器的发展,如"小型先进能力导弹"(SACM),以及此前未透露过的"防区内攻击武器"(SiAW)。美空军在证词中表示,上述武器"对于实现美国下一代飞机的全部潜力至关重要"。SACM将用于"穿透性制空"项目发展出的未来战斗机。SiAW则将武装洛克希德·马丁公司的F-35、诺斯罗普·格鲁曼公司的B-21"突袭者"轰炸机,以及PCA/F-X未来战斗机。

在"穿透性制空"概念中,还提出了"武库机"概念,即采用对现有轰炸机、运输机等大型空中平台加以改造的方式,使之成为"空中弹药库"、武器发射平台,与其他作战飞机组成作战网络。大型"武库机"携带防区外武器在目标区域外围飞行,为深入敌防区的作战平台提供火力支援;小型"武库机"使用"防区内进攻性防空作战"模式,为F-22和F-35等平台提供额外武器。

以上各类不同作战概念的能力层、物理层、技术层及相互联系如图 2.4 所示。

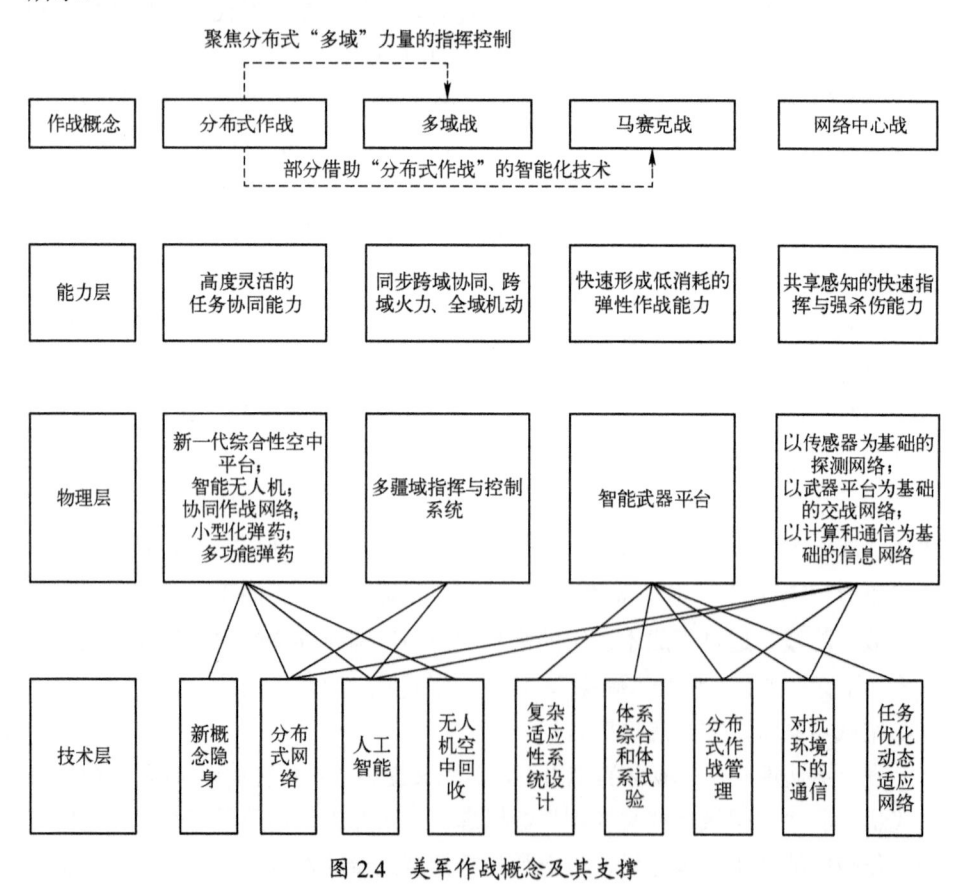

图 2.4 美军作战概念及其支撑

新概念隐身技术、分布式网络技术、人工智能技术、无人机空中回收技术、复杂适应性系统设计、体系综合技术、体系试验技术、分布式作战管理技术、对抗环境下的通信技术、任务优化动态适应网络技术共同或部分作为美军各类作战概念的技术支撑。

2.3 美军作战概念间的联系

美军提出的这些作战概念相互之间并不是完全独立的,而是密切关联的。美军的新型作战理论层出不穷,但每个作战概念并不是别出心裁、另起炉灶,而是在对作战、装备和技术发展清晰认识的基础上,对战争原理和军事理论的继承和发展。

美军作战概念间的联系如图 2.5 所示。

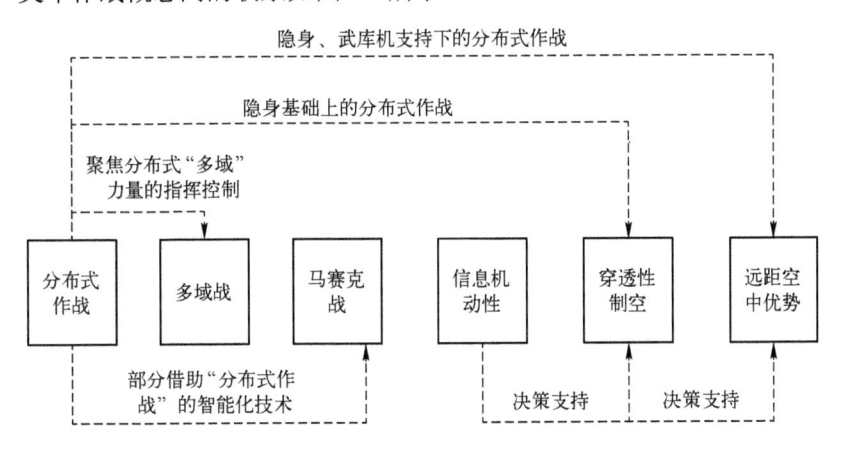

图 2.5 美军作战概念间的联系

"分布式作战"概念聚焦于作战力量的"多域"分布式部署,聚焦于装备的运用和组织形式;"多域战"概念的实质是"分布式作战",但聚焦于分布式部署的"多域"作战力量的指挥控制。"多域战"概念是一种更高层次的联合作战,联合程度高到模糊了军兵种界限,模糊了作战空间的划分,突出军兵种融合、作战空间融合。

"穿透性制空""远距空中优势"仍可以认为是"分布式作战"的一种形式,其技术和装备基础是隐身,"信息机动性"理论则是又上了一个层面的信息作战理论,强调信息的快速、敏捷使用,是机械化、信息化、智能化条件下新的信息作战理念。如兰德公司 2012 年 3 月在《F-22 作战使用研究》报告中提出了

"远距空中优势"的概念。"远距空中优势"概念并不是一个可以独立执行的作战概念，从前面的讨论可知，"远距空中优势"概念是配合"空中分布式作战"和"穿透性制空"作战概念的子概念。

各个作战概念相互支撑、相互借鉴，在统一的框架下，各自解决各自的问题。从资料看，这些新型作战概念的研究不是美军高层统一规划的，而是各军兵种各自而战、独立提出的，其研究获得的认识趋势却不谋而合，走向基本一致。由此可见，美军对联合作战的理解是深入骨髓的，这些新型的联合作战样式不仅仅局限于军兵种之间的力量联合一体化融合运用，还涉及陆、海、空、天、电五维战场空间的一体化融合利用。在陆、海、空、天、电五维战场空间范围一体化运用联合作战力量，可以更高效地释放美军的作战能力。

美军作战概念所牵引的技术领域和关键技术如表 2.2 所列。

表 2.2 美军作战概念所牵引的技术领域和关键技术

作战概念	牵引的典型装备形态	牵引的技术领域	牵引的关键技术
分布式作战	新一代综合性空中平台； 智能无人机； 协同作战网络； 小型化弹药、多功能弹药	分布式协同作战网络； 指挥控制； 智能无人机； 无人机投放与回收	新概念隐身； 分布式网络； 人工智能； 无人机空中回收
多域战	多疆域指挥与控制系统	分布式协同作战网络； 指挥控制	分布式网络； 人工智能
穿透型制空	新一代战斗机、轰炸机； 小型化弹药	协同作战网络； 远程导弹动力、制导	新概念隐身； 导弹小型化； 分布式网络
远距空中优势	大型空中平台； 协同作战网络； 远程攻击弹药	协同作战网络； 指挥控制	分布式网络； 导弹动力、制导
马赛克战	智能武器平台	指挥/控制/管理； 自主、协同、感知与规避； 网络通信	复杂适应性系统设计； 体系综合技术和试验； "分布式作战"管理； 对抗环境下的通信； 任务优化动态适应网络

从本质上讲，美军提出的这些作战概念并不是全新的概念，而是在原有概

念基础上的深化和升级,是对原有概念的继承和创新,这一点与美军的装备发展模式很类似。渐进式升级是一种效费比很高的研究和发展思路,随着认识的深化和技术的进步,逐步升级产品和思路较为稳妥。美军提出的这些作战概念在未来的作战中是否适用,所牵引的技术和装备能否成为现实,从目前的状况看,还尚待观察,许多问题还须进一步分析和研究。

2.4 作战概念对装备发展的牵引作用

以往的装备发展研究已有现成的发展模板,因此相关的研究总是一头扎入装备的战技指标和技术细节里。在自主创新装备的发展过程中,经常会遇到一些难以回答或十分模糊的问题,追根溯源,这些问题的产生总是或多或少地缺乏作战概念的指导。许多新装备发展论证中遇到的问题,如未来打什么仗、怎么打、在什么条件下打、有什么样的体系支撑等,是很难依靠单纯的技术研究回答的。

缺乏有力的理论牵引成为制约我军装备创新建设的"瓶颈",目前装备发展中所遇到的深层次问题、源头性问题基本可视为是缺乏相应军事理论研究成果牵引的问题。

作战概念是技术和装备跨越式发展的"导向器"。随着以信息技术为核心的高新技术装备的大量出现和广泛使用,我军未来面临的作战对手、作战空间、作战环境、作战模式已经发生根本性的变化,催生了大量新的作战样式、作战手段,未来作战迫切需要创新理论的牵引。没有科学的理论牵引,在装备发展上就会出现军方无法提出明确指标、工业部门缺乏明确发展方向的局面。反观世界头号军事强国的美国,其借助先进的作战概念,已经形成了与其他国家军事实力上的"时代差"和"代内差"。

纵观历史和外军的经验,作战概念创新是军队转型建设的关键所在。作战概念导引于现实需求,甚至胜过了技术和装备本身的进步,其牵引着装备、军队编成、作战方法的发展与变革,而且这种需求牵引现象也将随着现代军事理论的发展越来越明显。

2.4.1 牵引阶段的划分

纵观武器装备发展的历史,作战概念对装备发展的牵引大体经历了无明显牵引、同期牵引和超前性牵引三个阶段。

1）无明显牵引阶段

这一阶段装备的发展大多没有作战概念的牵引，呈现分散、孤立，甚至是盲目发展的现象，表现在作战方面则是"有什么武器打什么仗"。

2）同期牵引阶段

第一次世界大战后，一些国家开始由政府出面组建较大规模的、综合性的军事技术研究机构，组织专门的人员、购置设备、拨出资金、制订发展规划，有目的地进行研究。在该阶段装备的发展已经明显摆脱了自发式状态，在总体发展上受到作战需求牵引。但是，这种牵引与当时的战争形态基本同步，仍是从适应作战需求角度出发，短期效应显著，尽快研制，尽快改进，尽快定型，尽快生产，尽快使用。这个阶段的装备发展不是着眼于长远，技术的进步多表现为渐进式，很少产生大跨度或飞跃式的变化。新研制的武器与原有武器相比，性能的改进不是很显著。

3）超前性牵引阶段

理论牵引从设计未来战争角度出发，着眼未来 10~20 年后的战争需求，关注高新技术发展可能提供的新质作战能力，在军事需求和技术进步"双引擎"的推动下，提出相适应的装备发展需求。该阶段的牵引与装备的发展周期基本同步，是从设计未来战争需求的角度出发，该阶段的需求不是立足于眼前，而是着眼于未来。

同期牵引相对无明显牵引而言具有一定的进步性，但是随着装备的进一步发展，弊端也很多。同期牵引注重于使装备的发展满足当前战争态势的需要，从而制约了装备与军事思想两者的大跨度发展，难以形成装备的跨代式发展态势。由于装备的发展周期平均为 15 年，在同期牵引模式下，有的装备发展项目很可能在研制阶段就已经落后了，不得不下马；有的发展项目在研制阶段还算先进，但是定型列装后，就显得落后过时；有些刚列装的装备在当时看来不错，但是 5~10 年之后就会有被淘汰的可能。装备的发展难以适应技术进步和战争形态变化的节奏，频繁地、短周期地淘汰和更新装备，既不利于战斗力保持，也缺乏经济性。因此，同期牵引不利于装备的长远发展。

超前性牵引可以避免上述弊端。超前性牵引主要来自作战概念的超前发展和对某些技术装备性能提升效果的预测。历史证明，提出超前的作战概念是完全可能的，而且是可行的。提出超前的作战概念。首先，应该对军事技术进步，特别是军事高技术的发展远景有全面深入的掌握和预测；其次，准确把握未来战争的发展趋势，尤其是技术发展对战争形态和作战样式的改变。凭借对军事高新技术和未来战争发展趋势的把握，创新提出超前的军事思想。考虑到装备的研制、生产、装备、战斗力形成等周期，超前性牵引的超前时间应为15~20年以上。

现代国防科技发展表明，创新作战概念对装备发展的超前性牵引主要体现在以下四个方面。

（1）牵引装备的整体发展方向。正确把握整体发展方向是装备发展首先需明确的战略性问题，战略性错误是无法用战术手段修正的。作战概念通过对未来作战环境、规模、层次、强度和对象的研究预测，明确主要的威胁来源、最可能的战争形态、最宜采用的作战样式、主战装备的形态等问题，从而明晰装备的整体发展方向。正确把握牵引方向可以避免发生方向性战略错误，以免造成极大的失误、浪费和被动。

（2）牵引装备的战技术性能。通过研究未来作战对装备能力的需求，明确提出装备战技术指标。装备作战能力的实现既包括应用高新技术研制新型装备，也包括应用高新技术改造现有装备，实现按能力目标发展装备、"打什么样的仗发展什么样的武器"的目的。

（3）牵引装备发展的重点技术和领域。通过研究未来作战装备能力特征和需求，明晰未来装备发展涉及的关键技术和领域，以明确的军事需求清晰地描绘未来装备发展的重点技术和重点领域，牵引军事高新技术领域的发展方向和程度。

（4）牵引装备发展的规模与结构。装备发展规模结构关系到国防和军队建设的有效性和持续性，是能力需求和资源需求之间的权衡。通过创新作战概念指导，使两者形成优化权衡，实现既降低威胁程度，又减少资源消耗；既降低发展风险，又提升安全效益的理性发展模式。

2.4.2 案例分析

美军和俄军一直十分重视作战概念对装备发展与军队建设的超前性牵引作用。如苏军的"大纵深突击"作战概念；美军从20世纪80年代初的"空地一体战"到"一体化联合作战""快速决定性作战""网络中心战"等作战概念，从克林顿政府"同时打赢两场地区战争"的理论，到重点建设打赢反恐战争的军事转型理论，从"基于威胁"战略，到"基于能力"战略，从"消耗战思想"

到"战略瘫痪战思想",美军作战概念和相关军事理论的创建与实验周期越来越短。在先进作战概念的牵引下,美军不断研发出新型"主战武器",从而为美军在近几次局部战争中屡屡获胜奠定了基础。

1. "大纵深突击"及"空地一体战"作战概念对装备发展的影响

第二次世界大战以后,苏联军事专家在积累的大规模坦克作战使用经验的基础上,提出了以地面装甲突击为主的"大纵深突击"作战概念。这一作战概念简单来说,就是撕破敌人前沿的坚固防线,然后通过这一突破口,投入大量的具有高速机动性的装甲部队向敌人深远纵深发动进攻,从而摧毁敌人整个防御体系。

"大纵深突击"作战概念对苏联的坦克和战斗机的发展产生了深远的影响。在"大纵深突击"这一作战概念指导框架下,为适应深远纵深高速突击作战,要求坦克必须具备较远的道路行程、较强的道路适应性、较轻的后勤负担,综合起来即应具备较高的战略机动性,这也就是苏制坦克严格控制重量和体积的主要原因。如苏联的T80系列坦克,其设计重量是美军的M-1系列坦克的3/4左右。俄罗斯的T系列坦克正是针对"大纵深突击"作战概念设计的,其主要用于平原进攻作战,承担向敌人深远纵深发动进攻的作战任务,同时它也是一种应对像第二次世界大战一样的长期消耗性大规模战争的设计储备。为适应"大纵深突击"作战概念纵深部署的需求,苏联在战斗机设计上出现了苏-27外线制空战斗机和米格-29内线制空战斗机"远近搭配"的模式。

冷战时期,苏军在针对欧洲战场的"大纵深作战"作战概念牵引下,在坦克数量和质量上对北约形成了2:1的绝对优势。为了对抗苏联"大纵深突击"作战的威胁,弥补北约与华约在装甲力量对比上的巨大差距,北约开始推行"灵活反应"核战略,在欧洲大陆部署战区核武器。华约则将其纵深的第二、第三梯队部署得更加分散,避免因过分集中而在战时遭到北约战区核武器的毁灭性打击。比如在北约部署战区核武器前,苏军一个坦克师的集结范围是3千米×3千米(宽×深),一个集团军、方面军分别为10千米×20千米、100千米×40千米;北约部署战区核武器后,集团军的集结范围分别增加到20千米×30千米、75千米×100千米,一个师的编制人数也由原来的5000人增加到12000人。同时,华约将集中到前沿的打击力量比例减少到约20%,而其余80%都部署在离前线500千米以内的纵深。

北约使用核武器的计划遭到德国的强烈反对,在此态势下,20世纪70年代中后期，美陆军提出了"空地一体战"作战概念，利用空中优势对抗华约优势的装甲洪流。简单来说，"空地一体战"作战概念就是利用地面部队遏制华约集团的强大地面突击，然后利用空中优势对对手实施全纵深打击，从而逐渐削弱苏联大纵深进攻的强度，遏制苏联的进攻。"空地一体战"作战概念对美军发展的 M-1"艾布拉姆"坦克、"十字军战士"火炮、"阿帕奇"直升机、"科曼奇"直升机、F-22 战斗机等装备产生了深远影响。

F-22 是美国先进战术战斗机（Advanced Tactical Fighter，ATF）计划的产物，不过该计划并不是很多人认为的那样，是针对苏联苏-27 和米格-29 飞机的威胁提出的。早在 1971 年美国战术空军司令部便提出了 ATF 概念，在整个 20 世纪 70 年代 ATF 都被定义为一种先进攻击机，并且将制空作为它的一项作战任务考虑，逐步明确了该机应具有超声速巡航、高机动性、综合化航电系统、大航程、低可探测性和改善的可保障性等特点。

在欧洲战场，北约若要在与华约的常规战争中确保实施"前沿防御"战略，就必须具备对华约分散部署的纵深目标进行常规打击的能力，因此便导致了对能够穿透华约前线和纵深防空火力、具备纵深攻击能力的先进攻击飞机的需求，对 ATF 的技术要求便来自在纵深打击中保持效率和高生存力的需要。F-22 飞机研制的初始目标就是响应"空地一体战"作战概念，攻击苏军位于纵深的 A-50 预警机。

ATF 通过结合隐身和有效远程空空攻击能力，成为首架具备压制苏联预警机潜力的飞机。在苏-27 和米格-29 飞机出现后，美空军于 1980 年才将制空列入 ATF 的任务考虑。此后美空军进行了一系列评估，认为此前确定的 ATF 攻击机应具备的特征同样适用于未来空战环境。1982 年 8 月，美空军首次明确将争夺制空权列为 ATF 最优先的任务。

自第二次世界大战以来至 20 世纪 70 年代，美国在坦克设计上与苏联相比长期处于劣势，特别是 1973 年 10 月在中东爆发的赎罪日战争中，发生了自第二次世界大战以来最大的坦克战，其中美制坦克表现不佳，在火力、防护和战术机动性等性能上与苏制坦克相比差距较大。美陆军在对这次阿以战争认真调研分析的基础上认为，兵力对比是决定战役结果的决定性因素之一，并且强调了装甲作战和多兵种合成作战的优点。这一注重多兵种合成作战的思想在 1976 年以"空地联合作战"的概念提出，并且在 1982 年形成了"空地一体战"作战概念。可以看出，最初的"空地一体战"是一种基于防御的战略思想，其关键在于地面力量能否抵挡华约部队的强大地面攻势。在"空地一体战"这一作战概念框架下，美国及其北约盟国开展了对高性能主战坦克的研制，大量的新技术在 M-1 系列主战坦克上得到了发展和使用，使得西方坦克在质量上获得了迅速的提高。以美国的 M-1 系列主战坦克和西德的"豹"-2 系列为代表，其设计思想极为相似，均是为了在"空地一体战"中担任阻挡遏制数量优势的华约集团坦克进攻而发展的一型地面主战装备，其在火力、防护以及战术机动性三大性能方面均获得了质的提高。

同样，美军发展的"十字军战士"火炮计划以及"科曼奇"直升机也是"空地一体战"作战概念牵引的结果。"十字军战士"火炮是美国联合防务公司研制的面向 21 世纪的美陆军地面火力支援武器，原计划设计成为世界上杀伤力最强、战术机动性最强的火炮。"科曼奇"直升机原本是波音公司为美军研制的攻击侦察直升机，原计划于 2001 年交付使用，作为美国陆军的主力机种，执行武装侦察、反坦克和空战等任务。然而，这两型装备均是在"空地一体战"作战概念牵引下，针对欧洲战场设计的用于对地打击侦察的主战装备。但是，随着冷战的结束，苏联的大规模装甲集群威胁的消失，美军的作战重心开始由对付华约的大规模"空地一体战"转移到打赢恐怖分子的"不对称战争"上，作战概念的改变对装备的发展产生了不同的需求。"科曼奇"直升机的所有需求都是针对欧洲战场环境下的战争而设定的，其设计思想已经落后于时代，无人机的优势也胜过了"科曼奇"直升机，因此美军认同放弃了"科曼奇"直升机。同样，"十字军战士"这种原本针对机械化战争设计的地面火力支援武器，虽然火力强大，但机动性、灵活性较差，已经不适应信息化战争作战的需要。最终导致美军中止了耗资 10 亿美元的"十字军战士"火炮计划，将原计划购买 480 门"十字军战士"榴弹炮的 90 亿美元经费，转向加速研制精确制导弹药。

2. "网络中心战"作战概念对装备发展的影响

"网络中心战"的概念是 1997 年 4 月美国海军作战部长约翰逊在海军学会第 123 次年会上首先提出的。他说："网络中心战是 200 年来军事领域最重要的革命，从平台中心战转变为网络中心战是一个根本性的转变。"

对装备发展来说，从以平台为中心的作战样式转变为以网络为中心的作战样式，是一个根本性的转变。1998 年底，美空军通过 1.2 万架次和 1.9 万小时的飞行实验得出结论：F-15C 战斗机装备 Link-16 数据链后，平均杀伤效率提高了 2.6 倍。从此之后，以网络为中心的作战思想得到美国国防部及陆、海、空三军的广泛接受并积极实施。

所谓"网络中心战",是利用计算机系统和通信系统所组成的信息网络,把分散部署在陆、海、空、天的各种侦察探测系统、指挥控制系统和武器系统有机地综合集成起来,形成统一、快速、高效的作战体系,通过信息网络实现战场态势感知的高度共享,从而利用信息优势极大地提高联合作战效能,赢得战争的主动权。"网络中心战"的主要特征是:以全方位获取作战空间信息为条件,实现战场态势的"透明化";以互联互通、无缝链接的网络化平台为基础,实现作战效能的"一体化";以不间断的战场态势监视和传输系统为手段,实现指挥决策的"实时化";以技术信息和科学决策为牵引,实现作战能力的"精确化"。"网络中心战"被美国政府提升为信息时代的战争形态,将"网络中心战"能力视为军队转型的重点和未来联合作战的核心。

在"网络中心战"作战概念的指导下,美军加速发展信息化装备和网络系统集成建设,使得战场感知、指挥控制和火力打击融合为一个整体,从发现目标到实施攻击的时间越来越短,近乎实时,"发现即摧毁"。指挥员不仅根据所拥有的战场感知优势,及时判明对方的作战企图和计划,选择和优先打击最有价值的目标,同时还可以根据战场态势的变化,随时对部队的任务进行动态调整和重新分配,及时将己方决心和意志产生的震撼力传递给敌人,从而最大限度地发挥作战部队的作战潜能。围绕"网络中心战"作战能力要求,美军积极开发先进的信息传输、处理和共享手段。

(1)加强网络化信息基础设施建设,美军增加投资以推进全球信息栅格、陆军"陆战网"、海军"部队网"和空军"星座网"等一体化网络的建设,并开发新的带宽需求模型,以确定最佳的网络规模和能力。

(2)加快数据链的一体化发展。美空军实施"多平台通用数据链"计划,改进通用数据链的互操作能力,建立机载与地面情报监视侦察平台间的网络中心数据链路。

(3)建立适应"网络中心战"的信息共享、处理和利用环境。美军将变革信息生成、处理和利用流程,创建网络化的信息环境,从过去的"先处理后分发"转变为"先分发后处理"的模式,确保各种授权用户都能直接、及时获取和利用所需的信息。美军实施了网络中心数据管理策略,以实现所有数据资源的标准化、可视化、可访问性、可理解、可信任、可互操作和灵活响应;建设分布式通用地面站系统(DCGS),使前线部队可根据需要,对不同信源信息进行自动融合和处理,实现实时信息共享;实施"横向融合"计划,使所有作战单元具备随时随地从全球信息栅格中获取数据,并对数据进行融合和理解数据资源的能力;加快分布式数据库的建设,将不同功能、不同类型、不同任务域的众多异构数据库通过网络相联,使作战人员可以随时随地查询相关信息。

3."空海一体战"作战概念对装备发展的影响

"空海一体战"作战概念的基本构想是:将美空军、海军的传感器系统、打击力量、防御力量和支援力量更加紧密地融合在一起,密切协同,提供一个安全的作战区域,抵消对手日益增强的"反介入/区域拒止"能力,确保美军力量投送能力,使后续部队安全进入作战区域,开展大范围的作战行动。在"空海一体战"作战概念中,美军非常重视夺取战场制信息权和远程打击能力。

2015年1月8日,美国国防部联合参谋部主任、美空军中将大卫·高德费恩签发备忘录,正式将"空海一体战"作战概念更名为"进入全球公域并在其中机动的联合概念"。虽然"空海一体战"作战概念更名,但其实质并没有发生变化。

与传统的空海一体联合作战相比,美军的"空海一体战"特别强调不同作战平台之间的信息共享,以及阻止作战对象在这方面的能力。因此,美军非常重视夺取制信息权的能力,以期在战争初期就摧毁作战对象的预警侦察系统、通信设施和指挥中心等重要信息节点,达到"致盲"探测系统和"孤立"作战平台的目的,使作战对象丧失组织自卫反击的能力。美军之所以将这一作战概念称为"空海一体战",是因为主要的作战打击行动将由空海作战平台,以及具备高突防能力的精确打击武器,从作战对象防御区域外发动攻击。

在"空海一体战"作战概念牵引下,美军发展"致盲"对手反舰弹道导弹信息链的手段,发展 X-51、HTV 等高超武器对远程打击武器发射平台实施快速打击,改装"俄亥俄"级核潜艇具备防区外常规巡航导弹远程饱和打击能力,发展"远程反舰导弹"(射程约 900 千米,不依赖 GPS 导航,无需其他平台提供指控信息)实施远程自主攻击。

防区外精确打击是空海一体战构想中的主要武器投送方式。美军认为,区域崛起大国日益增强的"反介入/区域拒止"能力将使美军在战争初期无法进入作战对象的防区实施攻击。因此,"空海一体战"强调要依靠其空天优势,在作战对象的防区外,对作战对象的预警侦察系统、通信设施和指挥中心等重要信息节点进行攻击,达到"致盲"作战对象的目的。高超声速精确打击武器和巡航导弹以其射程远、精度高、突防能力强等优点,在美军的历次对外战争中,一直被作为防区外精确打击武器的首选。因此,在"空海一体战"这一作战理论的牵引下,美军发展和改进了具备支持远程打击能力的高超声速武器和武器平台,如 X-51、HTV、X-37B、LRASM,以及"俄亥俄"级巡航导弹核潜艇等。

X-37B 是由美国波音公司研制的无人且可重复使用的太空飞机,不仅具有滞空时间长、发射费用低等特点,还拥有强大的侦察及攻击潜力,被认为是未来空天战机的雏形。从 X-37B 强大的变轨能力可见,一旦接到攻击指令,X-37B 完全可以随机调整自己的轨道高度和角度,向别国卫星发起攻击。同样,它也完全有能力通过变轨来填补美军现有卫星侦察能力的不足,对未来战场的实时情报需求做到"应急响应",具备全球精确侦察打击能力。

"俄亥俄"级巡航导弹核潜艇是美军第一型按照巡航导弹攻击和特种作战能力计划改装的核动力潜艇。随着冷战结束后削减战略武器条约的签订,美国将不得不削减 4 艘弹道导弹核潜艇,美国海军于 2002 年着手将 4 艘"俄亥俄"级弹道导弹核潜艇改装为巡航导弹核潜艇。"俄亥俄"级巡航导弹核潜艇可携带 154 枚"战斧"巡航导弹,构成了最强的单舰打击能力,堪称水下武器舰。4 艘"俄亥俄"级核潜艇上所携带的 616 枚"战斧"巡航导弹,已接近美军在伊拉克战争中的"战斧"导弹使用量。

另外,美军启动称为"游戏规则改变者"的远程反舰导弹(Long Range Anti-Ship Missile,LRASM)项目。远程反舰导弹可由 B-1B、F-18 空基发射,也可由海军舰艇上的 MK41 型垂直发射系统发射,射程超过 900 千米。LRASM 可在无先期精确的情报、全球定位导航和数据链系统的支撑服务情况下,单独使用机载瞄准系统获取目标信息。此外,导弹还将具备自主规避敌方主动防御系统的能力。

4. "航空航天战斗云"作战概念对装备发展的影响

美空军的"航空航天战斗云"概念,提出以信息传输、隐身、精确打击和下一代传感器等先进技术为依托,融合情报、监视与侦察,以及打击、机动、战力维持四大功能,形成类似"云计算"环境的分布式空中作战体系。F-22 和 F-35 飞机将作为未来"航空航天战斗云"的核心,并计划将侦察机、无人机等各型新旧战机纳入"航空航天战斗云",形成由一系列能力互补武器平台组成的空中作战体系。

在这一理论牵引下，美军推出分布式作战管理、拒止环境中的合作式作战、体系集成技术与实验等项目，牵引了 F-15C/D 的 Talon H.A.T.E.吊舱、海军一体化火控-防空系统的发展。

　　F-15C/D 的 Talon H.A.T.E.吊舱是实现隐身飞机与非隐身飞机之间信息交互的通信网关，以在体系框架下充分利用隐身飞机前出的信息优势，提升整体的作战能力。

　　从 F-22 的发展路线可以清晰地看出，美空军网络化作战能力逐步提升的发展脉络。初始状态 F-22 装有 Link-16，只收不发；2008 年 F-22 加装 IFDL 数据链，实现 F-22 编队协同；2011 年 F-22 飞机加装 TTNT 数据链，实现体系指挥协同；2013 年后 F-22 配备 MADL 数据链，实现体系火力协同。

第 3 章 装备作战概念设计方法

对比国内外有关装备作战概念的资料可以看出，目前我军对装备作战概念的认识与美军存在较大差距，对装备作战概念的内涵、设计要素、描述内容及其作用等方面的理解基本上与美军需求文件中强制要求的体系结构模型相似，即装备作战概念更具体化、详细化、参数化，期望能够在一定程度上反映装备在执行某项作战活动的全部作战过程细节以及对具体战术技术指标的要求。面对新型装备发展概念研究，要在我军已有基础上，融入美军作战概念开发的先进机制，创建具有中国特色的装备作战概念设计方法。

3.1 概　　述

装备作战概念是装备发展和军事应用的顶层设计，装备作战概念设计涉及众多不确定因素，构建时需要重点考虑装备未来的作战任务、作战对手、对手的作战能力、战场环境、体系支持能力、技术支持能力、联合作战需求和经济可承受能力等众多因素的发展变化以及各因素之间的影响关系，这些因素之间的相互作用和耦合关系复杂，并呈现高度的非线性特征，且多数因素的变化趋势不明确，对装备未来作战使用的深度分析与详细设计构成了障碍，如何科学构建装备作战概念成为装备发展中需要重点突破的一项关键技术。

3.1.1 "基于威胁"的装备作战概念设计方法

长期以来，"基于威胁"的装备作战概念设计方法占据主导，主要针对现实的作战对象或潜在对手来设计装备作战概念，具有较强的针对性。

"基于威胁"的装备作战概念设计方法主要依据明确的作战对象或主要威胁来设计。在该设计方法中，作战概念设计的重点始终随着作战对手的改变而改变，呈现出被动应对的属性。一旦对手或主要威胁发生变化，装备作战概念的设计就不得不随之发生相应的调整和变化。因此该方法是一种以作战客体为中心的"被动式"和"跟随式"装备作战概念设计方法。

"基于威胁"的装备作战概念设计方法基本思路如图 3.1 所示。

```
        敌方作战威胁分析
        ↓           ↓
当前我方装备体系分析   当前敌方装备体系分析
        ↓           ↓
        我方装备体系能力需求分析
                ↓
        装备形态与作战任务综合
                ↓
        初始作战概念集生成
```

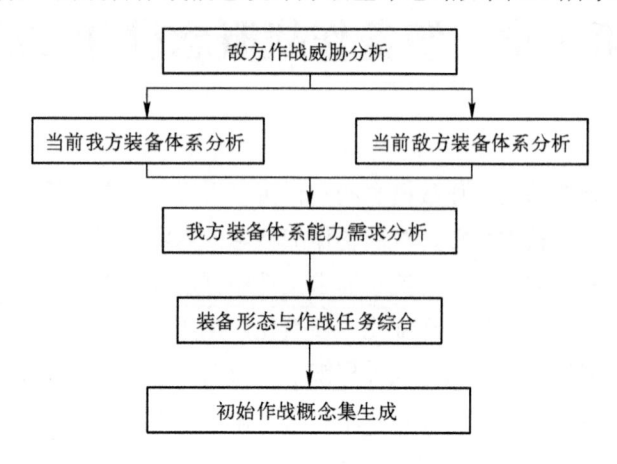

图 3.1 "基于威胁"的装备作战概念设计方法

（1）分析作战威胁。分析我方在相关战场空间面临的作战威胁，依据对敌方装备体系能力的分析，以及对我方装备体系能力的理解和预判，形成装备体系能力需求目录。

（2）形成装备目标图像。采用目标分解、功能分解、维度分解及优先原则，借鉴世界范围内同类型装备发展情况，明确新型装备的形态，将装备作战使命分解为若干项具体的作战任务，提出装备的任务模型，构建任务谱，编制装备作战任务清单，生成作战样式集。

（3）生成初始作战概念集。从装备未来面临的主要战场环境、作战规模、作战原则和敌方作战能力特点进行分析。利用多视图分析法，从高层作战概念图、组织机构关系图、作战行动模型、作战规则模型、状态转换模型、事件追踪描述等视角，描述装备的作战概念集。

3.1.2 "基于能力"的装备作战概念设计方法

随着作战任务的多元化，发现威胁并采取应对手段的被动模式难以适应日趋复杂的国际环境，必须通过能力提升来应对敌方威胁的不确定性。与"基于威胁"的装备作战概念设计方法相比，"基于能力"的装备作战概念设计方法强调以能力应对战略，即以装备及装备体系综合能力的提高来应对多变的作战威胁，在满足应对当前作战威胁需要的同时，注重长远作战能力的建设，突出能力需求在装备作战概念设计中的牵引作用。

"基于能力"的装备作战概念设计方法基本思路如图 3.2 所示。

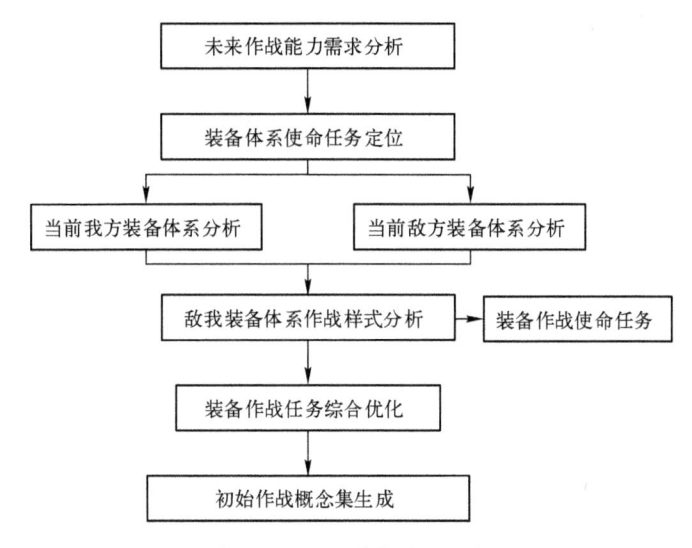

图 3.2 "基于能力"的装备作战概念设计方法

（1）定位作战使命。分析相关战场空间作战的能力差距，依据未来信息化战争的战场环境、作战样式，以及体系作战的要求，通过与相近打击力量的对比分析，论证装备作战使命，明确装备在体系对抗中的角色定位。

（2）提取作战样式。采用目标分解、功能分解、维度分解及优先原则，借鉴结构化建模方法，将装备作战使命分解为若干项具体的作战任务，提出装备的任务模型，构建任务谱，编制装备作战任务清单，生成作战样式集。

（3）生成初始作战概念集。从不同层面对装备的战场环境、作战规模、作战原则和敌方作战能力特点进行分析。利用多视图分析法，从高层作战概念图、组织机构关系图、作战行动模型、作战规则模型、状态转换模型、事件追踪描述模型等多个视角，描述装备的作战概念集。

3.1.3 装备作战概念设计的基本流程

流程体现了作战概念设计的主要过程、基本环节和要素，及其先后顺序和衔接关系。装备作战概念设计是在对未来战争发展和作战样式认知的前提下，以支撑装备需求论证为目的，在对使命任务、主要威胁、作战对象、战场环境、作战条件等因素（约束条件）分析的基础上提取作战需求，通过作战样式、作战逻辑、作战流程、装备系统构成等文档和视图产品设计装备作战概念，最后对作战概念进行推演验证。流程保证了作战概念设计活动的规范性和操作性。而流程的完整性不但可保证装备作战概念设计活动的有组织、高效率、有规则和有秩序，而且对于设计过程的可实施、可优化、可管理、可持续都大有裨益。

一般来说，作战概念的设计流程包括提取作战需求、设计作战概念、评估作战概念三个阶段，如图 3.3 所示。

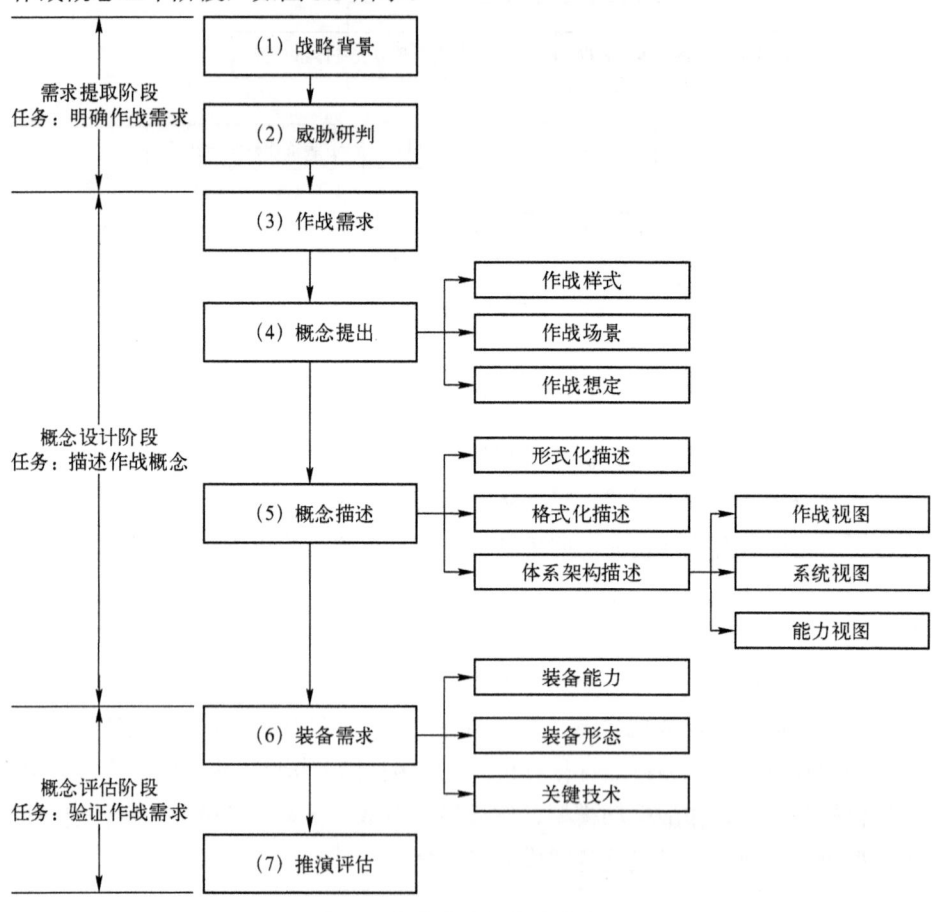

图 3.3 装备作战概念设计流程

3.1.4 装备作战概念设计的理念

装备作战概念设计涉及军队的使命任务、能力需求、技术经济支持能力等

第3章 装备作战概念设计方法

顶层要素,也涉及敌我双方的对抗装备、战场环境、体系依赖等多方面具体要素与关系,要想把装备作战概念描述清楚非常困难。对于装备作战概念,在不同的阶段存在着不同的认识和理解,可以有不同的描述。依据不同的需要,装备作战概念描述的程度存在一定差别,有的描述到战略级,有的描述到战役级,有的要描述到战术级。

装备作战概念设计是一项军事科学与体系工程深度交叉的复杂领域,需要将军事理论创新与系统工程技术运用相融合,通过战术与技术的相互驱动,促进装备作战概念的设计描述和迭代优化。在装备作战概念设计过程中,首要的是为军事专家、部队人员和工程人员进行思想碰撞和技术交流提供标准化语言体系,即采取系统工程的思维和方法对作战概念设计方法进行基本规范,形成用于描述作战概念一致、无歧义、规范化的思想框架和设计规范。

当前的装备作战概念设计主要采用定性分析+视图化描述的方法,以多视图方法为指导,采用图形、图像、文本、表格和矩阵等直观形式,生成装备作战概念的主要活动和基本要素,描绘作战能力需求、任务分配、结构组成、性能参数、信息交换和其他相互关系等,实现装备作战概念每个细节层次的设计与描述。因作战概念设计对象、敌我双方作战体系、设计人员思维习惯、概念设计工具手段等方面的差异,不同工程技术人员对装备作战概念的设计体现出较大差异和一定局限性。

(1)主要基于自然语言描述的装备作战概念设计文档一致性差、准确性不高,难以高效用于军方、工业部门等不同单位、部门人员沟通且容易产生歧义。

(2)无法实现针对文本描述的装备作战概念各设计要素之间的追溯分析,不易实现对要素内容变化的跟踪和评估。

(3)难以准确描述装备体系各种动态的作战活动,以及作战活动之间的信息交互(作战活动输入/输出关系)。

(4)难以实现对装备作战概念的合理性验证,作战过程中各类需求、设计、检验等无法有效关联,需要进行工程转化,且转化质量难以保证。

为实现装备作战概念要素和关联关系的一致性描述和追溯分析,首先需要解决装备作战概念设计思路和方法问题。通过多年的研究实践,我们对装备作战概念研究方法有了深入的认识,概括提出了"三段四环三层"的分段闭环分层装备作战概念设计总体架构。

3.2 装备作战概念设计总体架构

3.2.1 分段设计总体架构

分段设计总体架构简称"三段",是指装备作战概念的设计需分三个阶段进行,即顶层装备作战概念、装备系统概念和作战想定。三个阶段反复迭代,渐进完善,逐步细化。具体过程如图 3.4 所示。

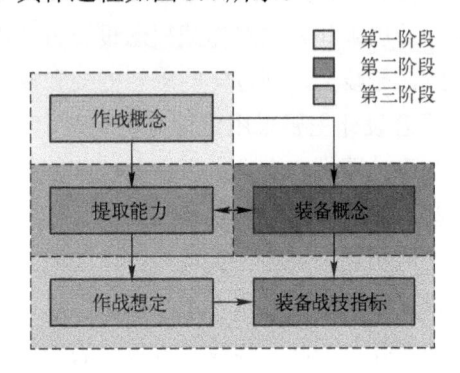

图 3.4 装备作战概念设计方法——三段(彩图见插页)

第一阶段:顶层装备作战概念。从联合作战角度出发,设计作战样式,从中提取军队履行使命任务的作战能力需求,即完成确定的作战任务需要什么样的能力。

第二阶段:装备系统概念。依据能力需求映射装备形态,设计装备系统概念,即什么样的装备可提供所需的能力,结构确定功能(如石墨和金刚石),在能力需求+装备形态的约束下,确定典型战技指标及指标重要度排序。需要注意的是,在进行装备系统概念映射时,能力只有取舍,指标可以权衡。

第三阶段:作战想定。依据典型作战场景,对装备的典型战技指标进行敏感度分析,确定典型战技指标的取值范围。

拟制作战想定是论证装备战技指标的源头,作战想定是作战研究的成果,它包含军事理论、装备体系、关键技术和战术运用等一系列内容。作战想定的质量从源头上决定着装备战技指标论证的质量。

仿真是依据作战想定进行装备作战实验的基本手段,仿真的实质是假设检验，即对作战想定所设定的战技指标进行合理性验证和敏感性分析。

"三段"装备作战概念设计方法具体内容如表 3.1 所列。

表 3.1 "三段"装备作战概念设计方法

"三段"	主要描述内容	说明
顶层装备作战概念	从联合作战角度出发，设计作战样式，提取军队履行使命任务的作战能力需求	完成确定的作战任务需要什么样的能力
装备系统概念	依据能力需求映射装备形态，设计装备系统概念；在能力需求+装备形态的约束下，确定典型战技指标及指标重要度排序	什么样的装备可提供所需的能力
作战想定	对装备的典型战技指标进行敏感度分析，确定典型战技指标的取值范围	依据四环三层的方法逐步递进

3.2.2 闭环设计总体架构

闭环设计总体架构简称"四环"，是指装备作战概念的设计要做到四个闭环，即与任务闭环、与敌人闭环、与己方体系闭环、与敌方体系闭环。"四环"同时也是作战概念的检验和完善过程，它通过闭环运行过程的反复迭代，作战概念模型越来越接近真实情况下的体系对抗，具体过程如图 3.5 所示。

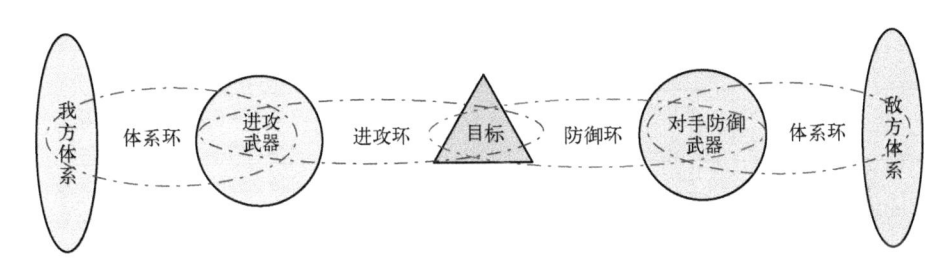

图 3.5 装备作战概念设计方法——四环

装备作战概念至少需要同时把三个问题描述清楚，即我方装备如何作战、敌方装备如何对抗，以及敌我双方如何交互。此外，敌我双方在作战时不是以单一的武器装备进行对抗，而是以一个强大的、完善的作战体系在对抗。因此，装备作战概念的设计需要考虑与体系的闭环，即做到四个闭环。

Ⅰ环：与任务闭环。主要描述我方装备依靠自身能力完成特定作战任务的作战环节和要素，以及沿时间轴的资源分布与作战行动，我方装备自身与目标一起构成一个准静态的作战任务闭环。与任务闭环的描述实际上就是我们熟知的任务剖面。

Ⅱ环：与敌人闭环。在Ⅰ环描述的基础上，进一步叠加敌方装备依靠自身能力与我方对抗的作战环节和要素，我方装备与敌方装备构成交互对抗闭环。

Ⅲ环：与己方体系闭环。在Ⅱ环描述的基础上，叠加我方装备在我方体系支持下完成作战任务的作战环节和要素，我方装备与支持体系构成一个体系作战闭环。

Ⅳ环：与敌方体系闭环。在Ⅲ环描述的基础上，进一步叠加敌方装备在其体系支持下与我方对抗的作战环节和要素，敌方装备与其支持体系构成一个体系作战闭环，并与我方装备和体系构成体系对抗交互闭环。

需要强调的是，在装备作战概念描述过程中，这四个闭环不是一步能达到的，而是需要多次循环迭代，在每一次迭代过程中逐步深化认识。"四环"装备作战概念设计方法具体内容如表 3.2 所列。

表 3.2 "四环"装备作战概念设计方法

"四环"	主要描述内容	说　明
与任务闭环	描述我方装备依靠自身能力完成特定作战任务的作战环节和要素，以及沿时间轴的资源分布与作战行动	我方装备自身与目标一起构成一个准静态的作战任务闭环、任务剖面
与敌人闭环	叠加敌方装备依靠自身能力与我方对抗的作战环节和要素，沿时间轴描述	我方装备与敌方装备构成交互对抗闭环
与己方体系闭环	叠加我方装备在我方体系支持下完成作战任务的作战环节和要素	我方装备与支持体系构成一个体系作战闭环
与敌方体系闭环	叠加敌方装备在其体系支持下与我方对抗的作战环节和要素	敌方装备与其支持体系构成一个体系作战闭环，并与我方装备和体系构成体系对抗交互闭环

3.2.3　分层设计总体架构

分层设计总体架构简称"三层"，是指装备作战概念应分层次描述，即组织架构层、作战流程层和行为逻辑层。具体过程如图 3.6 所示。

在"三段四环"设计架构下，装备作战概念应分层次描述，不同的阶段对应不同的描述层次。

第一层——组织架构层，主要描述参加作战的要素有哪些，主要回答装备作战概念"是什么"。

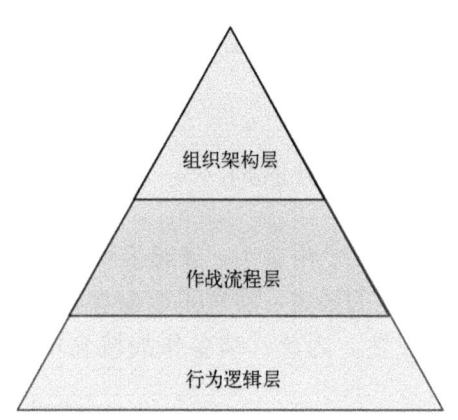

图 3.6 装备作战概念设计方法——三层

第二层——作战流程层,主要沿时间轴描述装备的作战流程,实际上就是任务剖面,主要回答装备"如何用"。

第三层——行为逻辑层,主要沿时间轴描述在作战空间中装备资源的分布以及与敌、我装备的交互关系,主要回答武器系统作战的效果"怎么样"。这一层面的描述依据研究目的的不同,其粒度可在较大范围内变化,粗糙的描述只描述对外信号包络,即装备平台间的信息交互即可,细致的描述则要达到装备平台间的信号交互。

"三段四环三层"装备作战概念设计方法是一个综合体,并不是段、环、层单独使用的,而是在研究过程中相互交叉、相互融合、反复迭代的。"三层"装备作战概念设计方法具体内容如表 3.3 所列。

表 3.3 "三层"装备作战概念设计方法

"三层"	主要描述内容	说明
组织架构层	描述参加作战的要素有哪些	主要回答装备的作战概念"是什么"
作战流程层	沿时间轴描述装备的作战流程	主要回答装备"如何用"
行为逻辑层	沿时间轴描述在作战空间中装备资源的分布以及与敌、我装备的交互关系,依据研究目的的不同,描述粒度可在较大范围内变化,粗糙的描述只描述对外信号包络即可,细致的描述则要达到内部的信号级交互	主要回答武器系统作战的效果"怎么样"

3.3 装备作战概念设计要素

3.3.1 装备作战概念设计原则

装备作战概念模型主要是用文字、表格及图形的形式对描述对象（装备作战概念）给出规范化的描述，实现军事概念开发人员和技术开发人员对军事问题理解的一致性。为此，装备作战概念模型的设计应遵循以下原则。

（1）装备作战概念模型的描述粒度应与装备系统应用目标保持一致，描述范围应覆盖装备需求的主要内容，不同层次、不同军兵种（专业）系统间，应做到纵横关系清晰、系统边界清楚，在不同应用形式下，各类概念模型间能达成实质的互操作。

（2）装备作战概念模型对军事问题的抽象应能反映交战各方作战、指挥、体系、装备等的特点和规律；装备作战概念模型的描述应符合相应军兵种的战役战术原则、作战指挥关系、作战条令条例和军事术语规范。

（3）装备作战概念模型描述应采用标准的描述方法和建模规则，模型应具有通用性。要能适应不同作战想定的需求，应确保实际装备系统在作战样式、作战规模、装备运用的选择上具有充分的灵活性。

（4）装备作战概念模型的规则应尽可能定量化，对定性规则的描述应具有权威性；描述的内容应具有适当的前瞻性，必须对已经出现或可能出现的新的指挥体系结构、新战法、新装备、新环境等因素加以考虑。

（5）装备作战概念模型应成为军事概念开发人员和技术开发人员沟通的桥梁。通过装备作战概念模型将军事概念开发人员对作战概念、装备体系的理解以标准化视图产品的形式向作战仿真和技术开发人员展示，从而为理解、比较、集成和互操作提供共同的架构基础；概念模型描述结果应便于技术开发人员转化为数学模型、逻辑模型和程序模型。

（6）装备作战概念模型应有明确的作战想定背景、军事边界条件和适用范围。同时，为保证模型系统的正确、逼真，装备作战概念模型应能够体现出交战各方不同的作战理念、装备特点、作战原则和习惯。

3.3.2 装备作战概念基本要素

装备作战概念的基本要素包括作战背景和问题的描述、解决作战问题的方案和方法、作战和装备能力需求。

1）作战背景和问题的描述

从美军作战概念的发展和近年来提出的主要作战概念来看，装备作战概念都是基于一定的作战背景提出的，主要面向某一具体领域或地域的作战问题，具有鲜明的军事意图，体现了军事活动的针对性和对抗性，虽然作战概念的级别不同，但一般来说不存在"包打天下"的通用作战概念。

作战概念的首要任务是描述作战问题，这也是研发作战概念的前提，作战问题描述应基于未来的特定作战场景、作战和任务需求、装备和能力需求，以及时空条件进行。具体应包括作战概念的军事背景以及目标、威胁、对手、任务、时间、空间（地域）、环境（自然和军事环境等）、条件（支撑和约束）、能力等。

2）解决作战问题的方案和方法

细品美军提出的形形色色的作战概念，其设计作战概念的目的便是通过设计战争解决作战问题。因此，作战概念需要给出某一具体作战问题的解决方案或方法，要具有较强的指导性、技术性和可操作性。从解决作战问题的角度来看，作战概念与作战计划、作战想定、作战样式和作战推演等有一定的相似性。作战问题的解决方案具体包括作战概念的指导、原则、样式、方法、内容和场景等。

3）作战和装备能力需求

解决作战问题往往需要建设新的作战或装备能力才能实现，这是在作战概念研发中必须提出的。因此，对于作战概念中提出的作战问题解决方案和方法，最终须转化为作战和装备能力需求，这也是作战概念设计的目标。针对提出的作战和装备能力需求应具备高度的科学性和可行性，具体来说又包括作战和装备能力的需求目标、内容、途径等。

3.3.3 装备作战概念设计要素

运用"三段四环三层"装备作战概念设计方法，可以通过设计新型装备的作战背景、作战任务、作战对象、作战区域、任务实体、体系支持条件、作战流程、应用时机和程度、任务可替代性、应用制约条件、概念特点，对新型装备有一个相对清晰的图像认识，应用过程中可适应性裁剪。下面具体介绍装备作战概念设计要素。

1）作战背景

作战背景是装备作战概念设计第一阶段的主要任务，作战背景是装备作战概念设计的源头输入，需要明确作战时间、地点、对象、手段、目的等装备作战概念设计的基本要素。作战背景分析中军事理论研究的成分很高，要在国家的战略方针、军队的使命任务、主要作战方向和对手等一系列顶层理论的牵引下进行。此外，作战背景分析还要紧密结合敌我装备体系和作战体系的架构，以及作战使用流程和指挥控制流程进行，同时还要充分考虑敌我双方装备的技战术性能、作战使用原则和作战使用特点。在作战背景分析过程中，要有四环融合的初步考虑，要对三层中的组织架构和作战流程有初步的构想，要对作战对象和战场环境有深入的了解。

2）作战任务

作战任务是设计装备作战概念的基本输入，是装备作战概念研究的起点。作战任务是由国家赋予军队的使命任务所确定的。作战任务分析需要明确作战的对象、作战所要达成的目标和作战的基本过程等要素。

3）作战对象

作战对象分析要深入进行，一般需要单独形成研究报告。研究内容包括作战对象的技战术性能、作战使用方式、体系支持条件、规模结构、平时与作战部署、机动部署能力、持续能力和战场环境等。作战对象分析是与目标闭环、与敌人体系闭环的重要步骤，需要逐步渐进，反复迭代，随着资料的掌握和分析认识的深化而不断完善。

4）作战区域

作战区域包括地理、气象、水文、社会环境等。作战区域分析是与任务闭环的重要内容。

5）任务实体

参加作战任务的实体装备是装备作战概念设计的主要要素。任务实体分析内容包括实体装备的技战术性能、作战使用方式、体系支持条件、规模结构、平时与作战部署、机动部署能力和持续能力等。在体系作战条件下，还须分析作战网络、实体装备的作战分工、信息交互、协同/联合作战准则等内容。参加作战任务的实体实际上就是三层描述中的组织架构。

6）体系支持条件

体系支持条件的分析可单独进行，也可融入任务实体分析、作战对象分析中进行。一般情况下，建议对体系支持条件进行综合分析，独立提出分析结果，这样有利于对装备和作战体系建设提出相应明晰的需求。体系支持条件分析是与己方体系闭环的分析内容，与敌方体系闭环的分析可放在作战对象分析中进行。

7）作战流程

作战流程分析是装备作战概念设计的关键内容，其实质是与任务闭环，并在分析过程中逐步与目标闭环、与我方体系闭环、与敌方体系闭环。作战流程分析是一个逐步渐进、反复迭代的分析过程，需要逐步从装备在作战过程中的时间进程、空间分布的时空分布层面发展到信号交互的逻辑流程层面。在装备作战概念设计过程中，要充分理解和把握作战流程分析这种逐步渐进的特点。

8）应用时机和程度

应用时机和程度要结合作战背景、作战任务，以及作战要达成的目的等内容的分析展开。装备作战概念应用时机和程度分析与作战背景分析一样，军事理论研究的成分很高。装备作战概念设计是设计战争的组成部分，作战的目的是达成国家的利益诉求。而达成国家利益诉求的手段很多，在军事活动领域，就有威慑和战争两种主要形式。战争是通过作战行动去遏制敌人，目的是打赢；威慑是非战争行动，是争取和平的战略，是从心理上去遏制敌人，同样可达成作战所要达到的目的。军事对抗的要旨，是通过适当的摧毁实现利益诉求，而不是利用全面摧毁达成无欲无求。因此，装备作战概念的应用时机和程度十分重要，要本着作战效果最大化、有效掌控战局、最经济达成作战目标的思路提出装备作战概念的应用时机和程度。

9）任务可替代性

任务可替代性分析是装备作战概念有效性成立的重要分析内容。若存在其他更为经济、更为简易、更为适用的装备平台或作战使用方法，则所设计装备作战概念的有效性、适用性就会存疑。对于实施某种作战任务，首先应考虑的是非装备解决方法，即通过政治、外交、经济等手段解决争端；其次是考虑用现有手段和装备解决问题，通过条令、战术、指挥等非装备方式的调整、改革，提升现有装备的作战能力，或对现有装备进行升级改造，提升其作战能力；最后才是发展新型装备应对问题。

10）应用制约条件

应用制约条件分析是验证所设计的装备作战概念可行性、适用性的重要分析内容。若存在某些难以克服的制约条件，则所设计装备作战概念的可行性、适用性就会存疑。另一方面，应用制约条件分析也是对装备或体系发展建设提出改进意见的分析内容。此外，应用制约条件分析也对应用时机和程度分析提供应用制约条件参照。

11）概念特点

概念特点在装备作战概念设计过程中是可以剪裁的，但建议设计者要有所考虑。设计装备作战概念的目的是牵引装备发展，明晰装备发展的需求。因此对所设计的装备作战概念特点分析得越透彻，对所设计装备作战概念内涵的理解就越深厚，提出的装备发展需求就越落地。

3.4 装备作战概念设计应注意的问题

通过实践，"三段四环三层"装备作战概念设计方法在新型装备作战概念研究中发挥了很好的作用。但由于面对的是新问题，解决问题的方法也是初步的探索，在方法的使用过程中，需要注意以下问题。

1）*方法使用的渐进性和迭代性*

装备作战概念是装备需求论证的逻辑起点，牵引着装备的发展方向和能力需求，装备作战概念的研究过程是基于分析和评估的迭代过程，不可能一步到位，至少经过3~5轮的迭代。随着装备发展研究阶段和认识的不断深化，装备作战概念也随之不断完善。

在初始研究阶段，很难给出明晰的关键战技术指标。对于关键战技术指标，在装备目标图像还不清晰的情况下，只能依据装备作战概念提出能力发展域和方向，部分指标可以初步给出能力范围，更详细的典型指标需求还须后续随着目标图像的逐步清晰，再进行反复迭代。对于能力需求而言，需要注意的是能力只有取舍，指标则可以权衡。

2）*装备作战概念设计的综合性*

"三段四环三层"装备作战概念设计方法是一个框架性方法，给出的是装备作战概念设计的基本思路，"三段四环三层"方法与实际装备作战概念的设计过程并不是一一对应的，而是相互交叉、融合使用的。

由于装备作战概念设计涉及众多不确定因素，如装备未来的作战任务、作战对手、作战对手的作战能力、战场环境、体系支持能力、技术支持能力、联合作战需求和经济可承受能力等众多因素,以及这些因素的发展变化和各因素之间的影响关系。因此,装备作战概念设计的实质更接近探索性研究,是一个随着认识不断深化、逐步改进和完善的研究过程。

采用"三段四环三层"装备作战概念设计方法时,需要综合考虑以下问题。

(1) 作战背景。考虑与谁作战、什么时候作战、战场在哪、什么条件下作战、采用什么方式作战等问题。

(2) 作战任务。考虑需要达成的战略、战役、战术目标等问题。

(3) 作战对象。考虑作战对手的技战术性能、部署、规模结构,作战使用方式和条件,体系支持条件等问题,也可以理解为作战目标特性分析。

(4) 作战区域。考虑作战的战场位置,战场的地理、气象、社会环境等问题。

(5) 任务实体。考虑参与作战活动的实体装备,任务实体是组成作战体系的基本要素。

(6) 体系支持条件。考虑敌我双方的体系支持条件、对抗条件下双方体系支持能力维持等问题。

(7) 作战流程。考虑作战的任务剖面,指挥控制流程,信息交互关系等问题,需逐步递进细化。

(8) 应用时机和程度。考虑装备的应用时机、投入强度、损失承受程度等问题。

(9) 任务可替代性。考虑达成预定作战目标或完成预定作战任务,是否有其他可替代手段,包含装备手段和非装备解决方案等问题。

(10) 应用约束条件。考虑装备作战概念应用的约束条件,如政治敏感度约束、国际条约约束、体系支援条件约束、经济可承受条件约束等问题。

以上各点在实际使用时可以依据具体情况进行剪裁。

3) 与 DoDAF 方法的结合

美军应用 DoDAF 体系架构模型对新型装备作战概念进行了详细设计,具有很好的参考价值。运用"三段四环三层"装备作战概念设计方法,在具体描述模型方面,可充分借鉴美军体系结构的作战模型、系统模型、服务模型等描述方法,并结合对装备作战概念设计的认识,加入必要的作战因素和描述要素,形成更容易理解、更符合作战描述习惯的规范化方法,生成要素完备、关系明确、逻辑合理的装备作战概念集。

第 4 章　装备作战概念描述方法

任何事物都是"形式"和"内容"的辩证统一体,"内容"决定"形式",而"形式"又反作用于"内容",这里所指的"形式"就是对装备作战概念的具体描述。本章主要研究装备作战概念描述问题,只进行需求分析和系统设计阶段的建模。

4.1　概念建模基本方法

目前,应用于装备作战概念描述的方法主要有结构化方法和面向对象方法两大类。结构化方法主要面向业务人员,具有直观、易学、快速和沟通交流方便的特点,以 IDEF 建模方法为代表;面向对象方法主要面向系统研制人员,具有准确、精细的特点,以 UML 建模方法、SysML 建模方法等为代表。

4.1.1　IDEF 建模方法

IDEF 方法是由美空军于 1981 年提出并在国际上得到推广应用的一种方法,它是美空军一体化计算机辅助制造(Integrated Computer Aided Manufacturing,ICAM)计划为系统描述开发的多个标准,这些标准集称为集成计算机辅助制造定义(ICAM Definition,IDEF)。

IDEF 方法是面向结构的分析方法,包括 IDEF0、IDEF1X、IDEF2、IDEF3、IDEF4 和 IDEF5 等。其中,IDEF0 功能建模和 IDEF1X 数据建模用于描述现有的和将来的信息管理需求;IDEF2 系统动态模型和 IDEF4 面向对象的设计是支持系统设计需求的方法;IDEF3 过程建模和 IDEF5 本体论方法用于捕捉现实世界信息以及人、事物等之间的关系。装备作战概念建模常用的方法是 IDEF0、IDEF1X 和 IDEF3。

IDEF 又是一种面向过程的建模方法,侧重于从军事角度描述系统的功能结构和信息流。能够较直观地反映军事人员对装备作战过程的理解和完成拦截任务的基本需求，反映系统的活动及组成。

1. IDEF0 功能建模

IDEF0 功能建模用于描述系统功能，详细刻画系统功能细节和结构层次关系，它集中了功能分解和数据流方法的优点，可同时表达系统的活动和信息流，以及它们之间的关系。建立装备作战概念 IDEF0 功能建模的过程，是以顶层描述系统需求而始，以详细描述系统功能而终，按照由上至下、逐层分解原则，最终得到装备系统功能全貌描述的过程。IDEF0 基本模型如图 4.1 所示。

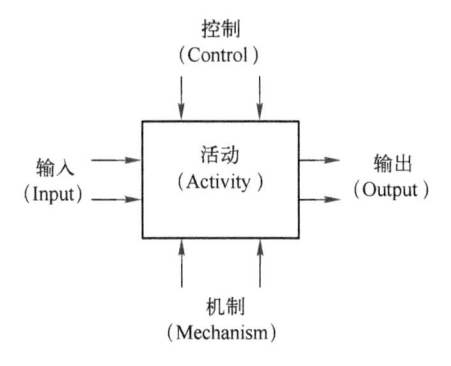

图 4.1　IDEF0 基本模型

IDEF0 的基本模型是活动，代表系统所要执行的功能，活动通过输入、控制、输出和机制（ICOM）进行功能描述。输入（Input）是要通过功能活动处理或转换的信息；控制（Control）是影响或支配功能活动的事物；输出（Output）是活动对输入的处理结果；机制（Mechanism）是活动执行功能所需要的资源，说明执行活动的事物。

2. IDEF1X 数据建模

功能模型只从功能组织的角度描述了系统的结构，要描述系统的数据和信息流程，还要用 IDEF1X 数据建模（Data Modeling）建立装备作战的数据模型。IDEF1X 是在 IDEF1 信息建模（Information Modeling）的基础上进行的扩展，用于建立系统数据模型。IDEF1X 的建模元素包括实体、关系和属性。

IDEF1X 建模过程分为 5 个阶段，按先后顺序分别为定义实体、定义联系、定义键、定义属性和画出功能视图。

3. IDEF3 过程建模

IDEF3 过程建模（Process Description Capture）是目前应用较为广泛的一种结构化、图形化的过程建模方法。IDEF3 主要有两种描述视图：①以过程为中心的过程流图，通过使用过程流网（Process Flow Network, PFN）作为获取、管理和显示以过程为中心的知识的主要工具；②以对象为中心的对象状态转移网图，通过使用对象状态转移网（Object State Transition Network, OSTN）作为获取、管理和显示以对象为中心的知识的基本工具。

IDEF3 基本建模元素包括行为单元（Units of Behavior, UOB）、交会点（Junction）和连接（Link）、参照物（Referent）、细化说明（Elaboration）和分解（Decomposition）。

PFN 是 IDEF3 建模方法的核心，过程流图用来获取活动的顺序描述，其目的是提供一种结构化、图形化的方法，使得领域专家能够描述特定系统或组织的运行知识。过程流图包含了代表着基本建造块的符号所构成的图形语句。一张图显示了一组 UOB 盒子，它们代表了现实世界中的活动、过程和操作，而这些内容又通过连接箭头组合在一起，用来反映其前后顺序（实线箭头）、用户定义关系（虚线箭头）。交会点确定了分支过程的逻辑机制，同时捕获了多个过程路径之间关系的时序，交会点可以表示多个过程流的扇入扇出。

过程流图的建模规则主要有以下三个。

（1）一个完整的过程流图必须存在且只存在一个开始节点和一个结束节点，是从开始节点到结束节点的连通图，即不存在悬空的节点。

（2）任何一个行为单元都是可达的，也都是可结束的。

（3）行为单元 UOB 的顺序连接是单输入单输出的，扇出型交会点单输入多输出，扇入型交会点多输入单输出。

4.1.2 UML 建模方法

UML（United Modeling Language）是一种可视化建模语言，包括五类图（共 10 种图形）：用例图、静态图（类图、对象图、包图）、行为图（状态图、活动图）、交互图（时序图、协作图）和实现图（组件图、配置图）。其中，用例图从系统外部操作者的角度描述系统的功能，为需求分析提供标准化手段；状态图描述类的对象所有可能的状态，以及事件发生时状态的转移条件；活动图描述满足用例要求所要进行的活动，以及活动间的约束关系，有利于识别并行活动；时序图显示对象之间的动态合作关系，强调对象之间消息发送的顺序，同时显示对象之间的交互；类图描述系统中类的静态结构，不仅定义系统中的类，表示类之间的联系，也包括类的内部结构（属性和操作）。

UML建模体现了面向对象的设计思想，贯穿于系统开发的需求分析、设计、构造，以及测试等各个阶段，从而使得系统的开发标准化，同时具有很强的扩充性。UML的各类视图可从不同侧面反映系统的结构、行为和功能，但并非每个UML模型都必须包括所有的视图。本书只介绍应用用例图、类图、时序图和活动图这四种视图从静态建模"做什么"到动态建模"怎么做"，来建立装备作战概念的UML模型。

1. 系统用例分析

用例分析是系统设计的基础，它可以较好地从宏观上把握装备作战行为空间的体系需求，是确定装备系统范围及模型粒度等因素的前提条件。用例图（Use Case Diagram）是从用户角度描述系统功能，是用户所能观察到的系统功能的模型图，用例是系统中的一个功能单元。UML用例图建模元素包括系统、用例、参与者、用例关系及参与者关系，IDEF0功能模型的建模元素包括功能盒子、ICOM码、箭头和节点号等。IDEF0功能模型和UML用例图之间的映射关系如表4.1所列。通过表4.1中的映射关系，根据IDEF0功能模型可以建立UML模型的用例图。

表 4.1 IDEF0 功能模型和 UML 用例图之间的映射关系

IDEF0 建模元素	UML 用例图建模元素	对应的装备用例图建模元素
顶层图功能	系统	装备系统
一个功能盒子	一个用例	装备系统的作战活动
ICOM 码的机制码中的人员类别	参与者	体系中其他支持装备
各功能活动的交集	扩展和包含的用例关系	根据语义识别为何种用例关系
M 码中人员类别的泛化关系	参与者关系	

2. 系统静态结构

装备系统的静态结构可由类图和对象图进行描述。

装备的 UML 类图（Class Diagram）与 IDEF1X 信息模型相似，类图用于描述装备系统的静态组成结构，以反映类的结构（属性、操作）以及类之间的关系为主要目的，建模元素包括类、属性、操作及关系等，IDEF1X 信息模型建模元素包括实体、属性及联系等。

UML 对象图（Object Diagram）是类图的实例，几乎使用与类图完全相同的标识。他们的不同点在于对象图显示类的多个对象实例，而不是实际的类。

3．实体动作与任务分析

装备系统的实体动作和任务可用 UML 状态图和活动图进行描述，具体描述方法如下。

状态图（State Chart Diagram）是一个类对象可能经历的所有历程的模型图，UML 状态图描述实体所有可能的状态以及由状态改变而导致的转移。

活动图（Activity Diagram）是状态图的一个变体，用来描述满足用例要求所要进行的活动以及活动间的约束关系。

在活动图建模过程中为每个作战实体分配一个泳道，每个泳道描述实体对应的作战活动，作战活动间用有向箭头连接表示执行的先后顺序。

4．实体交互分析

装备作战实体的交互关系可用 UML 中的序列图（Sequence Diagram）描述。序列图用来显示装备作战对象之间的动态合作关系，它强调各作战对象间消息发送的顺序，同时显示作战对象之间的交互。序列图的一个重要用途是用来表示用例（Use Case）中的行为顺序，当执行一个用例行为时，序列图中的每条消息对应了一个类操作或引起状态转换的触发事件。

4.1.3　IDEF 与 UML 结合的建模方法

要对复杂装备系统进行概念建模，单纯采用 IDEF 方法或 UML 方法都不能简洁、清晰地表达系统中的各种关系。可结合 IDEF 和 UML 方法的优势进行装备作战概念建模，将 IDEF 方法作为系统建模的前端，UML 方法作为系统建模的后端。具体方法如下。

（1）在需求分析阶段：首先，采用 IDEF0 建立装备作战的功能模型，再采用 IDEF3 和 IDEF1X 协同建立过程模型和数据模型，同时使三个模型语义关联，要求相同事物（如设备、人员、行为等）的概念及描述一致。

（2）在系统设计阶段：首先，通过 IDEF 和 UML 模型之间的映射规则转换得到 UML 的用例图；再依次建立装备作战的 UML 类图、活动图、顺序图等。

（3）在编码实现阶段：用 IDEF1X 数据模型指导数据库设计，并选择合适的编程语言将系统设计的结果模型实现，从而完成系统从需求分析、功能设计、数据设计，直至软件实现的整个过程。

IDEF 模型和 UML 模型相结合的系统建模方法及映射关系如图 4.2 所示。

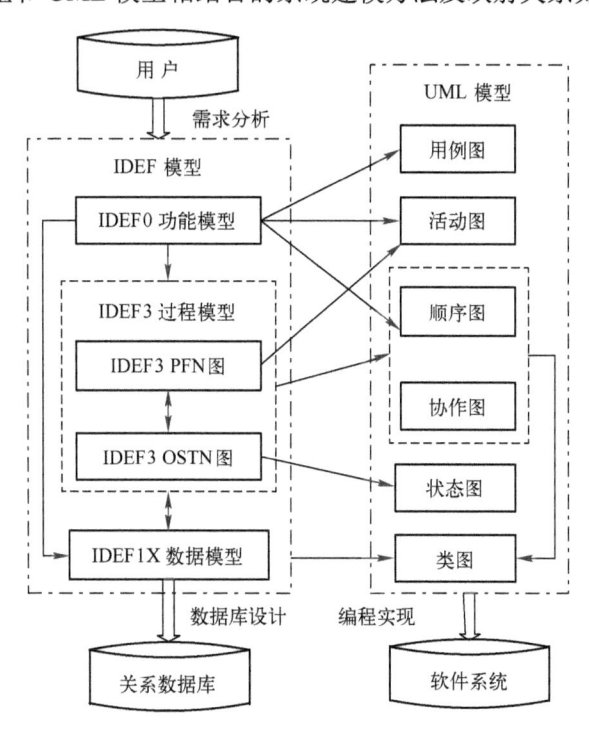

图 4.2 IDEF 和 UML 相结合的建模方法及映射关系

4.1.4 SysML 建模方法

为了满足系统工程的实际需要，国际系统工程学会和对象管理组织决定在对 UML2.0 的子集进行重用和扩展的基础上，提出一种新的系统建模语言，即 SysML（Systems Modeling Language），以此作为系统工程的标准建模语言。作为一种多用途的标准建模语言，SysML 能够支持各种复杂系统的详细说明、分析、设计、验证和确认。

SysML 针对系统工程领域中的系统设计与建模的特点，提供了规范化、图形化的系统建模支持。SysML 的定义包括语义和表示法两个部分。

1）SysML 语义

与 UML 类似，SysML 对模型的定义采用四层元模型体系结构，其思想如表 4.1 所列。特别地，SysML 特征文件（profile）扩展了 UML 的元模型层（M2），因此 SysML 的特征文件与 UML 的元模型都可以看作元-元模型层（M3）的实例。SysML 的模型库在模型层（M1）定义。

（1）元-元模型层（M3），用来定义元模型的原型和规则。元-元模型层具有最高抽象层次，是定义元模型描述语言的模型，规定了定义元类的规则。该层次的抽象支持从相同的基本概念集创建各种不同的模型，为定义元模型的元素和各种机制提供最基本的概念和机制。

（2）元模型层（M2），用来定义模型的原型和规则。元模型是元-元模型的实例，是定义模型描述语言的模型。元模型提供了表达系统的各种包、模型元素的定义类型、标记值和约束等。

（3）模型层（M1），用来描述特定问题领域的原型和规则。模型是元模型的实例，是定义特定领域描述语言的模型。在这一层可以描述块图、顺序图等。块、对象、关联、属性，以及模型层的其他所有元素都取决于 M2 的定义。

（4）用户对象层（M0），由执行模型时所创建的运行元素组成。用户对象是模型的实例，它定义了特定领域的值。任何复杂系统在用户看来都是相互通信的具体对象，目的是实现复杂系统的功能和性能。

总的来说，M0 代表的是问题领域的实际原型，由运行期创建和使用的元素组成，M1 是 M0 的模型，M2 是 M1 的模型，M3 是 M2 的模型。相同的类名可能在不同的各层出现，较低层的概念会继承上一层的概念并对其定义进行添加或者覆盖。

2）SysML 表示法

SysML 定义了三类共 9 种基本图形对模型进行可视化的图形表示，如图 4.3 所示。

（1）在结构构造方面，包括块定义图、内部块图、参数图和包图。

（2）在行为构造方面，包括活动图、序列图、状态机图和用例图。

（3）在结构和行为的交叉构造方面，包括需求图。

第4章 装备作战概念描述方法

```
                          SysML图
            ┌───────────────┼───────────────┐
          行为图           需求图          结构图
      ┌────┬────┬────┐           ┌────┬────┬────┬────┐
    活动图 序列图 状态机图 用例图   块定义图 内部块图 包图 参数图
```

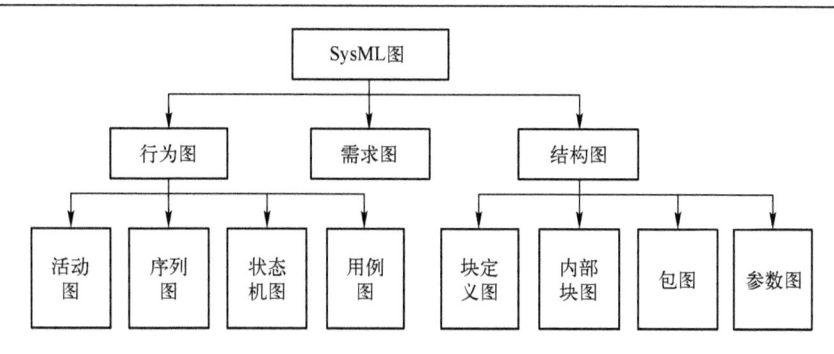

图 4.3　SysML 图的类型

SysML 为系统的结构模型、行为模型、需求模型和参数模型定义了完整的语义和相应的图形表示。结构模型强调系统的层次以及对象之间的相互连接关系；行为模型强调系统中对象的行为，包括它们的活动、交互和状态历史；需求模型强调需求之间的追溯关系以及设计对需求的满足关系；参数模型强调系统或部件属性之间的约束关系。

SysML 提供了规范化、可视化、图形化的系统建模支持，将 SysML 应用于装备作战概念设计与描述中具有以下优点。

（1）装备体系是一个硬件、软件、系统和人员等各种要素相结合的复杂系统，SysML 支持大范围内复杂系统中硬件、软件、信息、过程、人员和设备等的描述、分析、设计、验证与确认，使 SysML 比 UML 等其他建模语言更符合装备作战概念设计与描述的需求。

（2）SysML 反映了系统工程建模的需求和特点，在模型设计中为需求、活动、功能、信息、参数等的描述提供了丰富的交叉说明机制，有利于装备作战概念设计人员对装备体系的理解和表述，同时有助于保持装备作战概念模型、文档的一致性。

（3）SysML 综合了面向对象方法和面向过程方法在装备作战概念设计中的优点，能更方便地描述装备系统间的连接与数据交换。同时，SysML 具有复用、封装等一系列面向对象的设计概念和建模思想，为装备作战概念的快速开发提供了条件。

（4）SysML 主要用于系统设计的初期阶段，辅助系统设计人员对系统的需求、组成、功能、活动和信息流程等进行建模与分析，符合装备作战概念设计的需求和特点。

4.2 体系架构视图描述方法

任何事物都是"形式"和"内容"的辩证统一体,"内容"决定"形式",而"形式"又反作用于"内容",这里所指的"形式"也可以称为"架构"。目前美军设计的具有良好效果的作战体系中,如海上一体化火控防空体系(NIFC-CA)与弹道导弹防御系统(BMDS)都有较为清晰、稳定的架构。基于对体系架构重要性的认识,美国国防部在对其 C^4ISR 体系架构统一描述的基础上,开发了美国国防部体系架构框架(DoDAF),成为目前全世界体系架构设计人员普遍遵循的架构框架描述标准。目前,国内外都在应用 DoDAF 对复杂装备体系结构进行顶层设计。

4.2.1 企业体系架构框架的发展

国际主流企业体系架构框架(EAF)包括 Zachman 体系架构(1987,1992)、EA 规划(EAP,1992)、TOGAF(1995)、FEAF(1999)、TEAF(2000)、DoDAF(2004)、MoDAF(2005)和 NAF(2006)。

1. Zachman 体系架构

Zachman 体系架构是 1987 年由 John Zachman 提出的,是企业根据总体信息需求评估软件开发过程模型完整性的一种方法。该框架提供了多种视角,并对架构制品进行了分类。Zachman 将要开发的基本 EA 制品分成 6 列×5 行,共 30 个单元,如语义数据模型、实体关系图、节点连接描述、组织关系图和业务活动模型。

Zachman 体系架构把企业分解成 6 个视角,从最高层的业务抽象开始,直到实现,涵盖了企业中的谁(who)、什么(what)、何处(where)、何时(when)、为何(why)以及如何(how)。作为管理组织变化及其支持系统的集成框架,它已被广泛接受。

2. TOGAF

TOGAF 即开发工作组体系架构,是 1993 年由 The Open Group 应客户要求定制的企业架构标准,并于 1995 年在美国国防部的授权下发布第一版。

TOGAF 关注于工商领域的产品和服务，是基于开放系统的技术基础设施。TOGAF 包括业务流程架构、应用架构、数据架构和技术架构。TOGAF 开发方法如图 4.4 所示。

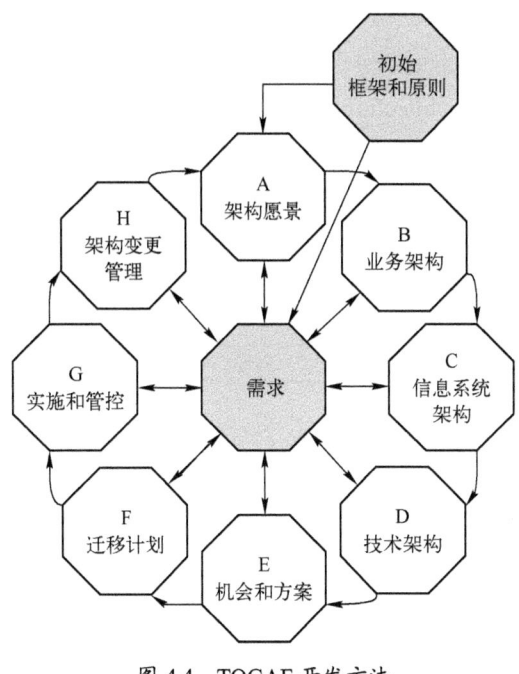

图 4.4 TOGAF 开发方法

3. FEAF

联邦企业体系架构（FEAF）是管理体系结构描述开发与维护的组织机制，并为组织美国联邦政府资源及描述和管理联邦企业体系结构活动提供了一种架构。FEAF 分为四个层次（业务/应用/数据/技术），上一层次为下一层次提供理解结构或参考结构，前三个层次以图形的方式阐述了开发与维护联邦企业体系结构的 8 个组成要素及其不断细化的过程，导出了一种逻辑结构，用来分类与组织第四层次中的联邦企业的描述方法。8 个组成要素具体如下。

（1）架构驱动力（Architecture Drivers），代表推动 FEAF 变更的外部激励因素。

（2）战略方向（Strategic Direction），确保变更和政府的总体方向一致。

（3）当前架构（Current Architecture），表示企业的当前状态。完整描述可能非常重要，应该小心维护。

（4）目标架构（Target Architecture），表示战略方向环境中企业的目标状态。

（5）演进过程（Transitional Processes），这些过程按照架构标准施行从当前架构到目标架构的变更，如各种决策或管控过程、迁移规划、预算、配置管理和工程变更控制。

（6）架构区段（Architectural Segments），关注整个企业中的某个子集或子企业。

（7）架构模型（Architectural Models），提供在企业中管理和实现变更的文档和基础。

（8）标准（Standards），机构所采用的标准（无论是强制采用还是自愿采用的），包括最佳实践和各种开放标准，所有这些都是为了提高互操作性。

联邦企业体系架构（FEAF）中各要素的关系如图 4.5 所示。

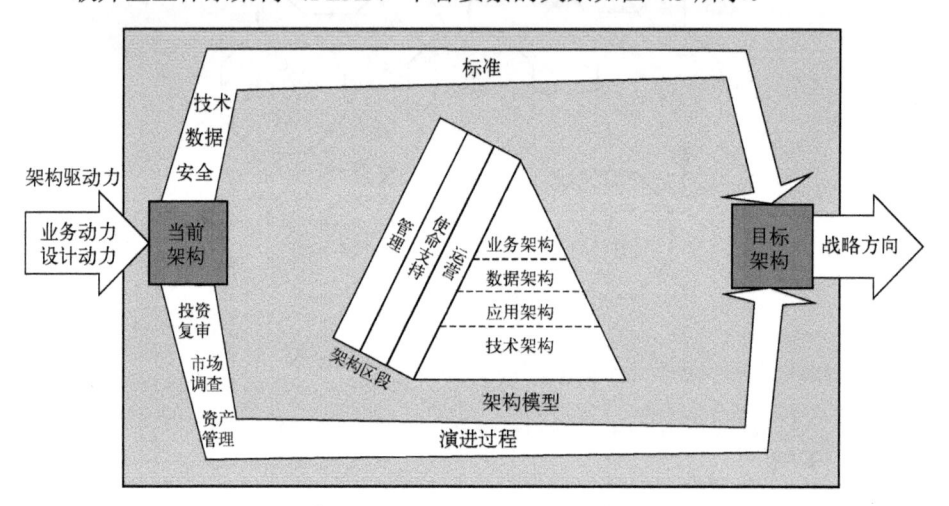

图 4.5 联邦企业体系架构（FEAF）中各要素的关系

4．MoDAF

MoDAF 即英国国防部体系架构，是英国国防部基于 DoDAF1.0 并结合自身特点开发的，于 2005 年发布，MoDAF 和 DoDAF 具有高度的相似性和兼容性。MoDAF 包括战略视图（StV）、作战视图（OV）、系统视图（SV）、技术视图（TV）、采办视图（AcV）和全景视图（AV），6 个视图产品间的关系如图 4.6 所示。

4.2.2 DoDAF

美国国防部于 2003 年 8 月推出 DoDAF 1.0，2007 年 4 月推出 DoDAF1.5，

第 4 章　装备作战概念描述方法

在吸取了英国国防部体系架构（MoDAF）、北约体系架构（NAF），以及开发工作组体系架构（TOGAF）的基础上，2009 年 5 月推出 DoDAF2.0。DoDAF 发展历程如图 4.7 所示。

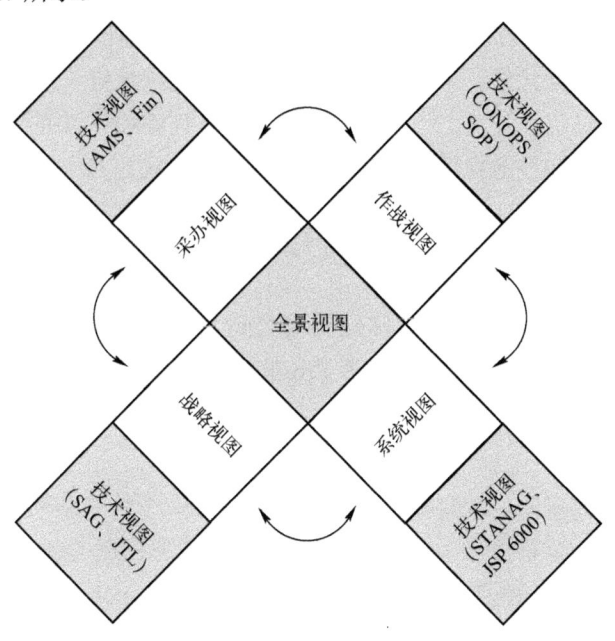

图 4.6　MoDAF 视图间的关系展开图

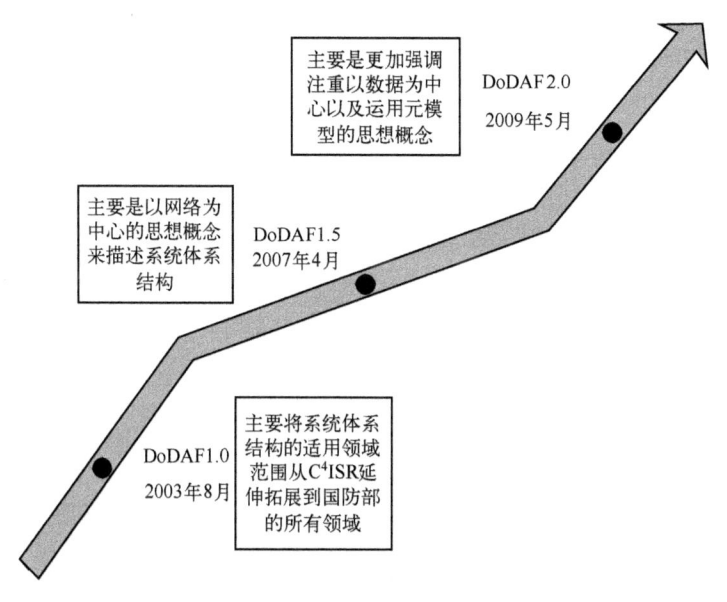

图 4.7　DoDAF 主要发展历程

DoDAF2.0 开发的重点从 DoDAF1.5 以产品为中心转移到以数据为中心，重点关注将决策数据作为信息提供给决策者，将其应用范围拓展到了作战领域，可用于涵盖国防部作战领域和业务领域所有项目的顶层设计。

DoDAF2.0 在能力视图中采用了英国国防部体系结构框架（MoDAF）中用于支持采办的数据元素；采用了北约体系结构框架（NAF）中定义的能力视图和项目视图；采用了开发工作组体系结构框架（TOGAF）中的业务视图、数据视图、应用视图和技术视图的"适用"视图表现形式。

4.2.3　DoDAF2.0 的多视图产品

DoDAF2.0 对专业术语名称进行了修改，将 DoDAF1.5 中的 View（视图）改称为 Viewpoint（视点），将 Products（产品）改称为 Views（视角）；增加了能力视点、数信视点、服务视点和项目视点，模型由 29 个拓展到 52 个。

经过综合改进后，DoDAF2.0 定义了 8 类共 52 个体系结构描述模型，主要包含八种视点：全景视点（all viewpoint, AV）、能力视点（capability viewpoint, CV）、数据和信息视点（data and information viewpoint, DIV）、作战视点（operational viewpoint, OV）、计划视点（project viewpoint, PV）、服务视点（services viewpoint, SvcV）、标准视点（standards viewpoint, StdV）和系统视点（systems viewpoint, SV），具体如表 4.2 所列。

表 4.2　DoDAF2.0 体系结构框架

视点	视角	名　　称	备　　注
全景视点 AV（2）	AV-1	概要与总结信息	体系结构描述中与所有视图相关的顶层内容，它提供与整个体系结构描述有关的信息
	AV-2	综合字典	
能力视点 CV（7）	CV-1	能力构想	为体系结构描述中的能力提供战略背景。与执行特定活动进程的整体构想相关联的目标，或在特定的标准和条件下，通过各种方法和手段的组合去完成一组特定的任务，实现预期效果的能力都是能力视角需要描述的内容
	CV-2	能力分类	
	CV-3	能力阶段划分	
	CV-4	能力依赖关系	
	CV-5	能力到组织开发的映射	
	CV-6	能力到作战活动的映射	
	CV-7	能力到服务的映射	

续表

视点	视角	名称	备注
作战视点 OV（9）	OV-1	高层装备作战概念图	描述组织、任务或需要完成的活动，以及他们之间为完成国防部的使命而必须交换的信息。包括所交换信息的类型、交换频率、该信息交换所支持的任务或活动，以及信息交换的种类
	OV-2	作战资源流描述	
	OV-3	作战资源流矩阵	
	OV-4	组织关系图	
	OV-5a	作战活动树	
	OV-5b	作战活动模型	
	OV-6a	作战规则模型	
	OV-6b	状态转移描述	
	OV-6c	事件追踪描述	
服务视点 SvcV（13）	SvcV-1	服务背景描述	描述提供给作战活动或支持作战活动的系统、服务和相互联系功能的信息。这些功能和服务资源及组成部分支持作战活动，与 OV 中的体系结构数据相联系，为信息交换提供便利
	SvcV-2	服务资源流描述	
	SvcV-3a	系统-服务矩阵	
	SvcV-3b	服务-服务矩阵	
	SvcV-4	服务功能描述	
	SvcV-5	作战活动到服务的追溯矩阵	
	SvcV-6	服务资源流矩阵	
	SvcV-7	服务度量矩阵	
	SvcV-8	服务演变描述	
	SvcV-9	服务技术和技能预测	
	SvcV-10a	服务规则模型	
	SvcV-10b	服务状态转移描述	
	SvcV-10c	服务事件追踪描述	
系统视点 SV（13）	SV-1	系统接口描述	获取的是有关支持作战活动的自动化支持系统、系统间的相互联系及其他系统功能的信息
	SV-2	系统资源流描述	
	SV-3	系统-系统矩阵	
	SV-4	系统功能描述	
	SV-5a	作战活动到系统功能的追溯矩阵	
	SV-5b	作战活动到系统的追溯矩阵	
	SV-6	系统资源流矩阵	
	SV-7	系统度量矩阵	
	SV-8	系统演变描述	

续表

视点	视角	名　　称	备　　注
系统视点 SV（13）	SV-9	系统技术和技能预测	获取的是有关支持作战活动的自动化支持系统、系统间的相互联系及其他系统功能的信息
	SV-10a	系统规则模型	
	SV-10b	系统状态转移描述	
	SV-10c	系统事件追踪描述	
数据和信息视点 DIV（3）	DIV-1	概念数据模型	描述获取业务信息需求和结构化业务流程规则，包括与体系结构描述中信息交换相关联的信息，如属性、特性及其相互关系
	DIV-2	逻辑数据模型	
	DIV-3	物理数据模型	
项目（计划）视点 PV（3）	PV-1	项目投资组合关系	集中反映项目是如何有机地组织成一个采购项目的有序组合，描述作战、能力需求与各实施项目之间的关系
	PV-2	项目时间表	
	PV-3	项目到能力的映射	
标准视点 StdV（2）	StdV-1	标准概要	描述体系结构中用到的各种技术标准、实施协定、标准选项、规则和准则
	StdV-2	标准预测	

各视点的主要关系如图 4.8 所示。

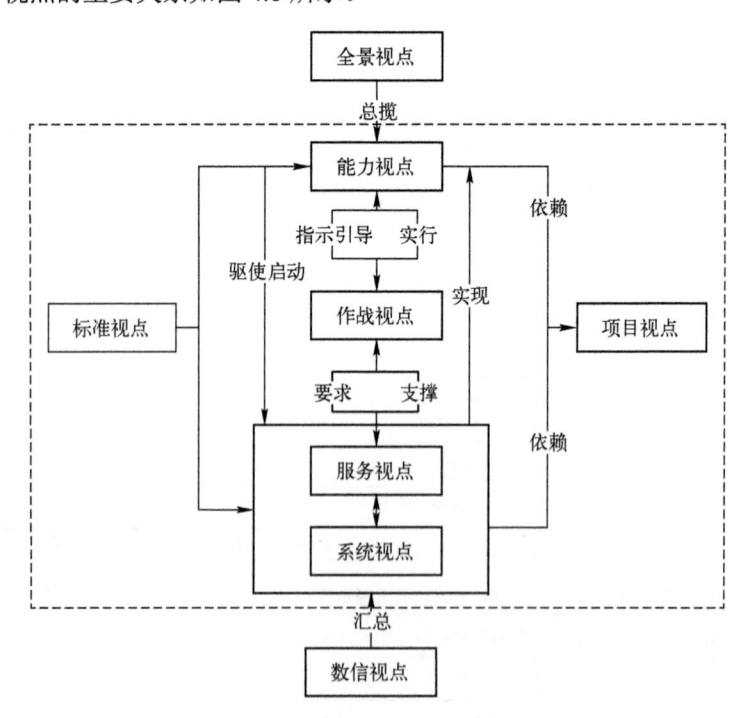

图 4.8　DoDAF2.0 各视点主要关系

4.3 DoDAF2.0 体系结构的描述过程和方法

DoDAF2.0 在建立目标系统体系架构时主要围绕数据展开，主要以不同的视角来阐述表现目标体系结构，以及从不同的侧面来描述目标系统，能更加清晰地展现出目标系统的体系结构和关键交互关系。

4.3.1 体系结构模型的开发流程

DoDAF2.0 在通常意义上描述了一个六步的体系结构的开发流程，该体系结构的开发过程主要以其数据为中心展开，强调关于数据方面的关系，主要是指数据相互之间的关系、数据对于整个决策过程的支持，以及以数据为基础的体系结构的分析，DoDAF2.0 对于任何具体的模型并没有给出特定的创建过程，也不涉及其创建顺序。

体系结构模型创建的步骤如下。

（1）要对整个体系结构的使用意图进行明确。
（2）确定整个目标体系结构的具体范围。
（3）明确对于开发体系结构所需要的数据。
（4）在此基础上进行体系结构数据的收集获取工作，并对其进行组织关联，及时地存储起来。
（5）以所要实现体系结构的目标为中心展开各种有关分析。
（6）以决策者的各种需要为根据来表示各种结果。

具体的开发流程如图 4.9 所示。

4.3.2 体系结构模型的建模过程

1. 概念模型总体描述

在运用 DoDAF2.0 开发建立体系结构模型的过程中，首先确定其目标目的，再界定其整体的涉及范围领域，收集所需要的关键信息数据，在此基础上，根据实际情况选择合适的 DoDAF 模型进行具体的开发设计。通常的做法关键在于从 AV-1 概要信息出发，收集有关数据形成综合字典 AV-2 和概念数据模型。

装备作战概念研究方法

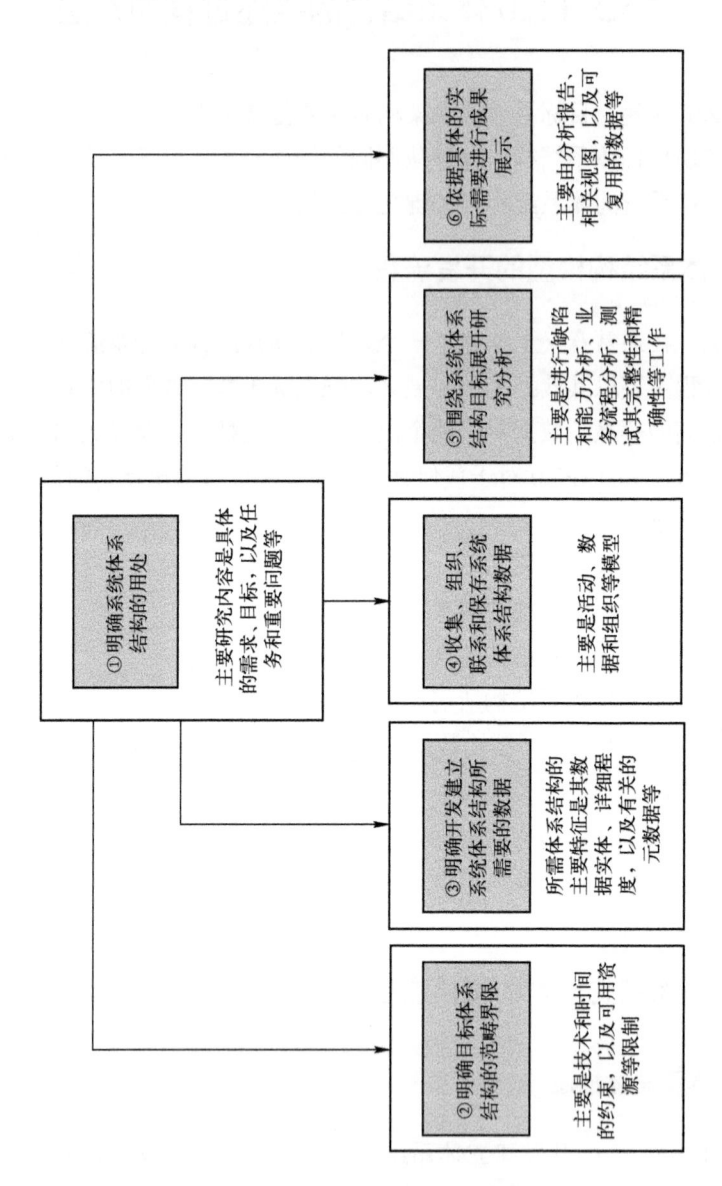

图 4.9 DoDAF2.0 开发流程

80

运用 DoDAF2.0 开发建立体系结构模型过程如图 4.10 所示。该过程主要是从建立初始 AV-1 出发，所建立的 AV-1 主要是结合所要建立的模型的目标意图来具体展开，在此基础上分两个方向来依次建立 AV-2 初始综合字典以及 DIV-1 概念数据模型,在建立的过程中可以通过 AV-2 初始综合字典来对 DIV-1 概念数据模型进行细化，以使 DIV-1 概念数据模型更加完善，同时也可通过 AV-2 初始综合字典来对建立的初始 AV-1 进行具体的细化，使得整个建立流程更加顺畅，之后再依据该 AV-2 初始综合字典来依次建立 OV-1 高级装备作战概念图和 CV-1 能力构想视图。

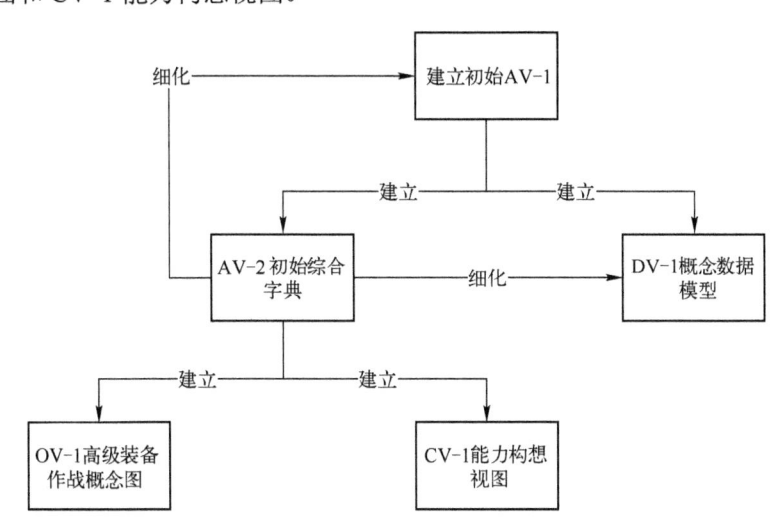

图 4.10　概念与构想图建立过程

AV-1 概要信息主要提供关于描述目标体系结构的概要信息，划定目标体系结构在建立时的特定范围，提供在建立目标体系结构时的背景，并对目标体系结构的具体工作过程进行定义。同时在建立给定目标体系结构的过程中对发现的成果等进行一定的总结，以提供一些执行层次的概要信息，在目标体系结构描述之间进行迅速对比与引用。

AV-2 综合字典是指将已经开发过的体系结构中所运用的各种专业语言词汇进行具体的定义，也就是指在对目标体系结构描述的过程中所运用的全部定义的集合。

DIV-1 概念数据模型主要是表示建立体系结构的过程中所需要的具体概念数据以及它们相互之间的关系，OV-1 高层装备作战概念图可以支持用户通过文字语言以及特定图形的形式来描绘表示高层装备作战概念和意图。

CV-1 能力构想主要为文字语言描述模型,在建立体系结构的过程中可以运用标准化的格式来对目标体系结构的整体概要信息进行描述,同时也可以通过这些信息来快速地参照多个体系结构并对其进行相互对比。

2. 作战视图建模

在此基础上进一步建立体系结构视图,依据的基础是综合词典,在此过程中首要部分是概念与构想图,所要分析的是目标系统整体的任务使命以及所要研究的作战范围内的关键信息,关键要素是基于目标视角建立高级装备作战概念图,依据综合词典建立能力构想视图,所分析的要素主要是对关于所要建立的体系结构的目标以及所对应的能力需求。该过程的相关内容如图 4.11 所示。

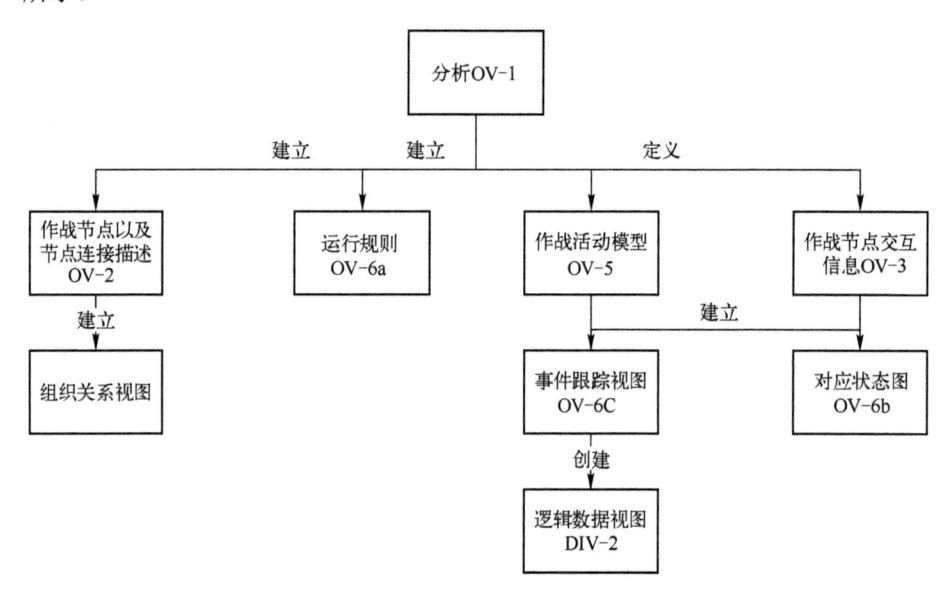

图 4.11 作战活动相关视图建立过程

通过分析图 4.11 可知,在建立有关作战活动视图的过程中,首要的是对先前所建立的高级装备作战概念图 OV-1 进行相关研究分析,主要是对作战活动以及相关重要节点进行识别,以此来确定在作战活动中重要的活动关系,然后依次建立作战节点以及节点连接描述 OV-2 和运行规则 OV-6a,要求是对作战活动有所影响的具体运行规则,除此之外还有作战活动模型 OV-5,并定义作战节点交互信息 OV-3。之后根据作战活动模型和作战节点交互信息来分别建立事件跟踪图 OV-6c 和对应状态图 OV-6b，然后通过事件跟踪图来创建逻辑数据视图 DIV-2。在作战节点以及节点连接描述的基础上建立组织关系视图。

OV-2 作战节点连接描述可以通过语言文字以及特定图形的形式来对作战节点及其相互之间的需要线进行描述，作战节点是整体作战结构的一个要素，主要产生信息并对其进行具体的使用和处理，需要线主要是对作战节点相互之间所需要进行交换的信息进行描述。

OV-5 作战活动模型主要对作战活动相互之间的输入流与输出流，以及在目标体系结构描述以外的出入活动进行具体的描述。

DIV-2 逻辑数据模型主要在物理层和概念层之间起着连接作用，它主要是引入了关于属性和成立数据结构的结构化规则。该模型相比于概念模型来说提供了更多的细节，有助于对目标体系结构的理解沟通和系统开发。

OV-3 作战节点交互信息主要对作战活动和区域位置相互之间所交互的作战信息以及交换的作战资源流进行相关描述，以此来明确何种作战活动与地点位置来进行交换何种资源和作战信息，强调该种作战资源与作战信息的必要性以及与作战资源和作战信息相关联的重要属性，细致地说明了作战信息的交互以及作战资源流的交换。组织关系视图主要以特定的图形和文字来对目标体系架构的特定组织关系进行相关描述，主要是指在目标体系结构中起着关键作用的作战组织和人员相互之间的指挥关系及指挥结构，以此来详细地阐述说明目标体系结构中的内部组织和外部组织以及组织和分组织相互之间可能依存的各类关系。

OV-6a 是描述作战活动的作战规则模型，主要是对具体的作战活动需要遵守的规则进行相应的明确。

OV-6b 是描述作战活动的作战状态转换模型，主要是对响应事件的具体流程进行明确。

OV-6c 是描述作战活动的作战事件跟踪模型，主要是描述在作战过程中具体的作战活动先后执行的具体顺序。

3. 系统视图建模

在前面的视图部分构建完成后，关键步骤是构建能力分析相关视图，依次包括能力分类视图、能力关系视图和能力阶段视图，在建立过程中主要的依据是能力构想以及在多种不一样的作战活动所需要的特定能力和有关的约束，同时要明确好能力层次，对不同能力之间的特定关系进行一定的分析研究，以此划分好不同的能力阶段。除此之外还要建立系统描述相关视图，包括功能视图、连接关系、通信关系，以及系统规则、系统转换视图和事件跟踪视图等，根据前面的能力与相关作战活动的有关分析来建立映射关系视图，通常包括能力与组织和活动，以及服务、活动与功能之间的映射，其中的关键过程如图 4.12 所示。

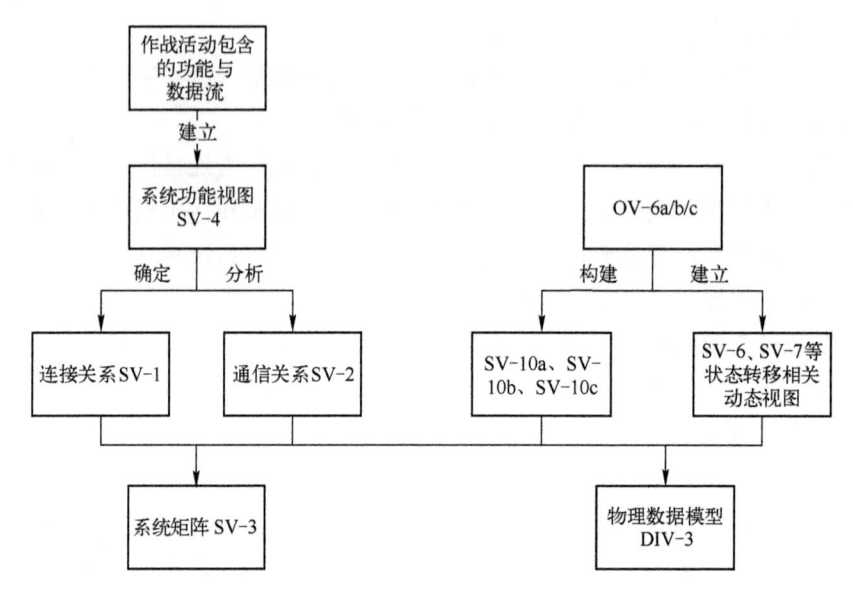

图 4.12　系统描述相关视图关系过程

通过分析图 4.12 可知，其建立过程主要是从作战活动出发来建立有关于系统体系结构的视图，该视图的描述对象是功能，所描述的内容主要是关于特定的功能以及具体的信息数据传输，它与 OV-5 并不是一一对应的关系。然后以此为基础对目标体系系统中的连接架构进行明确并研究探析其中的通信传输关系，前者主要是以目标系统的内部结构为描述对象，后者也是描述目标系统，主要是描述有关的资源流动以及用于交流的协议栈等关键要素。之后从描绘作战活动的视图出发来建立有关系统的视图和有关目标系统状态转变的视图，前者主要是描述有关的规则和状态的转变，后者主要是描述相互之间交流的要素资源，描绘作战活动的视图也主要是有关的规则和状态的转变等。

在前面的工作完成之后需要建立相应的系统矩阵以及关于物理数据的具体模型，前者主要是描述系统相互之间的作用关系，后者主要是在逻辑数据的模型建立之后，对于实体的一种在物理层面上的执行格式，可以对其中的信息和文档等提供规范结构格式。

映射关系视图关系过程如图4.13所示。

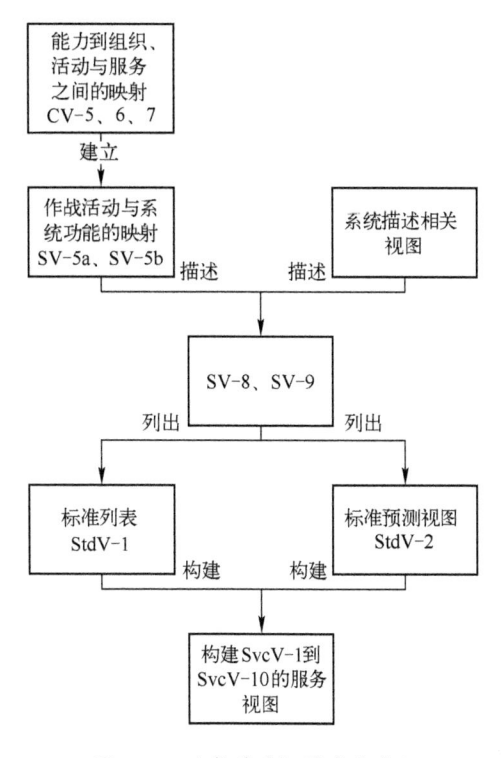

图 4.13 映射关系视图关系过程

通过分析图 4.13 可知，在建立映射关系视图的过程中，首先是结合活动分析和能力分析建立从能力到活动、组织以及服务三者之间的映射关系，分别是 CV-6、CV-5 和 CV-7。在此基础上建立另一种相关映射关系，即从作战活动到为实现这种作战活动所需要的系统功能之间的映射关系，即 SV-5a 与 SV-5b。

在建立此类相关映射关系视图之后，结合系统相关描述，在此基础上对目标系统的演变过程进行具体描述，同时对系统的移植过程进行详细描述。并且也可以预测出相关技术对于目标体系结构系统的开发建立的具体影响，之后进一步地可以列出目标体系结构系统标准列表以及相对应的标准预测视图。

4. 映射关系的建立

在建立的过程中，可以结合实现系统结构所需要运用的服务要素并根据实际需要来将目标系统结构的具体功能映射到相对应的服务上。

CV-5 能力-组织映射主要是对能力与组织之间的映射关系进行详尽细致的描述，同时展示出了部署安排到具体机构的能力。CV-5 主要是针对某一个阶段进行描述，若在某个具体的阶段，某一个特定的机构在使用或将要使用某一项具体的能力，则应相应地在 CV-5 中针对该种能力以及该种组织的关系给出其相互之间的映射。

CV-6 能力-作战活动映射主要是在所需要的能力以及支持这些能力的相应的具体活动之间来描述其中的映射关系，在能力视点与作战活动视点之间起着桥梁连接的作用。

CV-7 主要是描述能力和服务之间的映射关系，该服务主要是指实现该种能力的特定服务。

SV-8 是指系统演进描述，主要是对目标系统演进发展的具体规划，以此来明确在各个重要的阶段目标系统所需要具备的功能。

SV-9 是指系统技术和技能预测，主要是详细描绘未来一段时间内对于系统开发可能会产生一定影响的新型技术技能和相关产品。

SV-5a 是一个从作战活动到系统功能的跟踪矩阵，通过建立这种矩阵，可以使作战活动与系统功能之间的对应关系更加清晰明了，可以让人更加直观清楚地通晓系统功能在实际的作战过程中的作用，同时也可以进一步审核检查特定的系统功能是否满足用户需求。

SV-5b 所描述的映射关系主要是关于 SV-1 与 OV-5，具体是指在前者中已经明确的系统与后者中所明确的作战活动。这种映射关系具体阐述了从一定的作战需求到目标体系结构系统或者相应的解决方案的具体转换。

在进行以上视图建立过程之后，如果所建立的目标体系结构系统符合特定的分析要求，则可以将不同视角的具体数据以及相关视图进行一定的系统集成，以此来建立系统结构体系集成视图。

5．标准视图建模

Stdv-1 主要是标准概览，即指详细描述解决方案所需要依照的重要的标准以及相关的规章制度等。

Stdv-2 主要是标准预测，即指详细描绘将来某段时间内对解决方案可能产生影响的并可能颁布的标准以及相关规章制度等。

SvcV 系列视图主要描述了在作战过程中支撑作战活动的特定系统与具体服务，以及相互交错汇织的功能，它的具体功能、服务资源和特定的要素能够与 OV 系列中的系统体系结构数据链接在一起，同时它们可以对作战活动起支撑作用，有助于信息的交换。

4.3.3 体系结构模型的描述过程

通过对特定作战任务背景下装备体系结构的系统组成和作战活动流程进行视图描述和映射矩阵链接，进而对装备体系结构的物理逻辑、动态行为和性能进行动态分析。使用体系结构建模工具建立装备体系结构的视图产品和可执行模型，可分为三个主要阶段。

阶段一：总体描述。通过 CV 视图反映装备体系的作战目标，为体系结构描述中阐述的能力提供战略背景和相应的高层范围；通过 OV-1、OV-2、SV-1 给出一个高层的、直观的、整体的作战描述和系统资源的结构流向等。

阶段二：组织关系、作战活动、系统结构、数据信息描述。通过 OV-4 描述作战中起关键作用的作战人员、组织之间的指挥结构或指挥关系；通过 OV-5a、OV-5b 详细描述整个作战活动的层次关系和信息流向；通过 OV-6a、OV-6b、OV-6c 描述作战规则、作战状态转换和作战事件时序顺序等动态行为；通过 SV-2、SV-4 对装备体系的系统资源和系统功能进行物理体系描述；通过 DIV-2、DIV-3 对装备体系架构间的逻辑和物理数据的交互进行描述。

阶段三：建立映射矩阵。通过建立 OV-3 可将不同作战人员、组织用"需要线"进行作战资源流的连接；通过能力-组织映射矩阵、能力-活动映射矩阵可将作战能力与作战组织间的关系、作战能力与作战活动的关系进行动态关联，为实现体系结构的可执行模型提供动态映射环境。

建模阶段及采用的视图产品如图 4.14 所示。

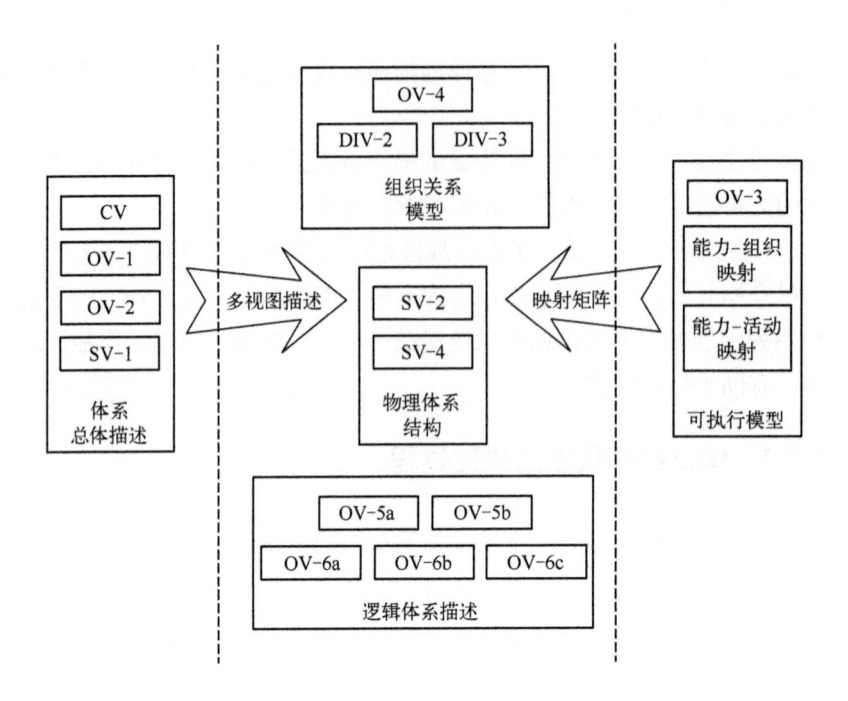

图 4.14　体系结构模型的建模阶段

4.4　装备作战概念描述应注意的问题

应用多视图体系结构建模方法可以形象、具体地对装备作战概念进行描述与分析，但在方法应用过程中需要注意以下问题的处理。

（1）DoDAF 是美军针对其国情、军情制定的一套标准规范，在进行具体模型开发时，需要上级或其他部门提供许多必要的信息输入，而美军装备作战概念体系相对比较完备，能够直接提供信息输入。相比之下，我军顶层的装备作战概念体系不完备，在应用 DoDAF 方法进行模型开发时，将会陷入无顶层输入的局面。

（2）DoDAF 是一种静态建模方法，构建的模型以我方装备和作战体系为主，缺乏与敌方的交互，特别是针对具体作战过程的实时对抗交互，而这方面信息恰恰是研究装备作战概念所应关心的。

（3）应用 DoDAF 开发完整的模型，需要军方、工业部门技术人员协作完成，特别是系统视图模型、服务视图模型等，不是单靠军方需求人员就能开发的。在实际应用过程中，军方需求人员开发作战视图模型，工业部门技术人员开发系统视图模型、服务视图模型，通过反复迭代，才能开发出符合实际要求的概念模型。

第 5 章 装备作战概念评估方法

作战概念评估的目的是检验、验证作战概念设计的科学性、合理性和高效性。作战概念的评估不同于现实系统的作战仿真评估。作战概念面向未来的装备，缺乏现实装备系统详细的战术技术参数和模型的支持，作战概念"评什么""如何评"成为制约作战概念研究的关键瓶颈。

装备作战概念评估包括两个层面问题：一是针对概念模型的语义层、语法逻辑层的检验与验证性评估，通过评估发现和纠正模型开发和设计过程中存在的模型表述问题；二是在语义、语法逻辑层面基础上，针对装备执行特定作战任务过程中的作战活动、作战时序、作战信息逻辑进行评估，实现指挥控制模型逻辑的自洽验证，发现作战概念模型开发和设计过程中存在的作战或技术设计问题。目前，针对第一个层面的评估方法较多，本章主要针对第二个层面的评估方法进行分析。

5.1 装备作战概念评估基本方法

装备作战概念设计的合理与否需要通过作战概念评估来衡量。概念研究过程中，概念模型的评估方法是概念模型研究所要解决的一项关键技术，是保证概念模型质量的有效措施。由于概念模型对仿真系统开发和评估的作用越来越大，保证概念模型的质量也显得越来越重要。

5.1.1 概念评估基本方法

对于概念评估，目前已有很多关于模型或仿真的评估方法，美国国防部建模与仿真办公室（DMSO）在 1996 年的 VV&A RPG 中总结了 76 种评估方法，并把这 76 种评估方法分为非形式化方法、静态方法、动态方法和形式化方法四类，这四类方法的数学和逻辑程度依次增加。

这些评估方法大多来源于软件工程领域。在这76种评估方法中，适用于概念模型阶段的评估方法有19种，如表5.1所列。

表5.1 概念模型阶段的评估方法

序号	非形式化方法	静态方法	动态方法	形式化方法
1	自查 （Desk Checking）	因果图 （Cause-Effect Graphing）	比较测试 （Comparison Testing）	归纳、推论和逻辑演绎
2	走查 （Walk-through）	控制流分析 （Control Flow Analysis）	标准测试 （Standards Testing）	归纳断言
3	检查 （Inspections）	状态转移分析 （State Transition Analysis）	—	λ微积分
4	审查 （Audit）	数据流分析 （Data Flow Analysis）	—	谓词微积分
5	评审 （Reviews）	模型接口分析 （Model Interface Analysis）	—	谓词转换
6	—	结构分析 （Structural Analysis）	—	—
7	—	追溯性评价 （Traceability Assessment）	—	—

下面针对上述方法的基本内涵和应用进行简要对比分析。

1. 非形式化方法

非形式化方法（Informal）是指通过专家或专家组根据专家经验来获得概念模型评估结果的评估方法，包括自查、走查、检查、审查和评审。

（1）自查（Desk Checking），也称为桌面检查，是确认其正确性、完整性、一致性和清晰性的过程。桌面检查是校核与验证过程中最先开始考虑采用的一步，并且对于早期的开发阶段具有显著的效果。为了达到效果，桌面检查应该被仔细、彻底地执行，更适宜由另外一个人执行，因为它通常很难看到自己的错误。语法检查、前后对照检查、与规范的仔细比较、代码阅读、控制流图分析和路径处理都被当作桌面检查的工作。

（2）走查（Walk-through），使用走查技术的小组由以下人员组成：组长，通常是V&V部门，其职责是组织、领导管理校验小组完成校验任务；答辩人，来自仿真开发；书记员，负责记录整个走查会议中发现的错误；维护人员，职责是长期维护仿真系统；监理员，职责是监督开发过程中对相关规范的遵守情况；验收部门，职责是反映验收机构的需求和意愿；其他的走查人员，如项目经理或者用户。为了保证该技术产生良好的效果，除了开发人员以外，尽量减少与开发工作直接相关的人员参与到小组中来。使用走查技术必须向开发小组澄清，该技术的目的主要是及早地发现仿真开发中存在的问题，而不是对开发小组进行资质审查。该技术很大程度上依赖于开发人员的配合程度。

（3）检查（Inspections）是一个由4～6人构成的审查小组，可以对仿真开发的各个阶段进行审查，如需求定义、概念模型设计和详细设计。对于不同的开发过程，审查小组的构成人员是不同的。例如，在审查仿真设计的时候，审查小组包括：组长，其职责是管理领导审查小组；宣读员，其职责是宣读仿真的设计过程并引导审查小组进行检查；书记员，其职责是记录在检查过程中发现的错误并形成规范的文档；设计组代表，代表仿真的设计组；程序编写组代表，代表把设计方案转换为可执行代码的程序编写组和校核、验证与确认部门。审查分为总揽、准备、审查、重做和重复五个阶段。审查和后文介绍的走查是不同的，简而言之，走查是非规范的，步骤较少，不采用检查表的形式记录检查小组发现的问题并详细记录整个小组的工作。相比之下，审查分为五步，过程规范，使用检查表的形式来记录错误。而且，审查比走查使用时间更多，但是这样的时间开销是值得的，因为审查可以在仿真的早期发现问题。

（4）审查（Audit）用来评估建模与仿真的应用满足已确立的计划、政策、过程、标准和指导方针的充分程度。审核还寻求建立仿真的追溯性。当识别出错误时，通过其审核轨迹应该能够追溯到错误源头。记录并文档化关于正确性证明的过程称为审核轨迹。审核通过会议、观察和检查活动周期性进行。审核作为"管理的眼睛和耳朵"，起到参谋的作用。

（5）评审（Reviews）与审查、走查相近，目的是给仿真需求方证明。仿真是根据相关规定和应用需求来开发的，评估过程遵循相关的标准、指导和规范。评审小组成员在评审前详细检查仿真的相关文档，以会议的形式，根据相关的标准和规定对仿真进行评估。评估指标包括：①问题定义和仿真要求的合理性；②假设的充分性；③开发过程的规范性；④使用的建模理论；⑤模型质量；⑥模型结构；⑦模型一致性；⑧模型完整性；⑨文档。评审中发现的问题和评审小组提出的建议必须清楚记录，开发人员应采取相应的措施解决评审中发现的问题。审查和走查主要考虑仿真的正确性，评审的目的是证明仿真的质量达到了某种标准。评审重点关注仿真的设计和设计过程的规范性，而不是去检查仿真的实现。但这并不意味着检查人员对模型实现中存在的问题视而不见，主要因为这样的评估技术用于开发阶段。

2. 静态方法

静态方法（Static），是指借助图、表等工具来获取概念模型的评估结果，包括因果图、控制流分析、状态转移分析、数据流分析、模型接口分析、结构分析和追溯性评价。

（1）因果图（Cause-Effect Graphing）可以清楚地描述仿真，表示内部的因果关系。首先应该在要建模的系统中找出原因和结果，然后在仿真模型内找到对应量。原因和结果穷举完成后，语义就清楚地展示在因果图上。因果图还应该包含特殊情况和不可能情况。完整的因果图一旦绘制完备，决策表也就出来了，可以找到产生任意结果的原因，进而对仿真模型进行测试。

（2）控制流分析（Control Flow Analysis）实质是模型图形化。在控制流分析图中，模型通过分支和节点来表示。节点分为中间节点（有数据或者信息的输出和输入节点）和边际节点（数据或者信息仅有输出或者输入的节点），中间节点表示数据或信息的交会口，数据或信息在这里发生流向的变化，边际节点表示主动控制和被动控制。分支就是节点间的连线，用于表示子模型。控制流分析在识别模型数据或信息交互错误，以及模型结构错误方面是十分有效的。

（3）状态转移分析（State Transition Analysis）是识别模型运行过程中的关键状态变量，绘制状态变换图。状态变换图表示模型状态之间的转换。通过分析状态间的变换来评价模型的准确性。该技术特别适合于分析离散型仿真系统模型。

（4）数据流分析（Data Flow Analysis）是通过分析模型中的相关变量来评价模型的正确性，主要分析变量的定义、引用和释放。换句话说，就是分析分配、访问、释放变量空间的时空合理性。使用数据流图来进行辅助分析，节点代表相应变量的状态，连线表示控制。应用数据流分析可以很容易地发现：①未定义和未引用变量；②仿真仪表的范围；③模型执行过程中的数据依赖性和数据变换；④数据结构中数据类型和模型参数的数据类型不匹配。

（5）模型接口分析（Model Interface Analysis）包括模型接口分析和用户界面分析。该技术的功效在校验分布交互仿真的接口时更加明显。模型接口分析用于分析模型中子模型的接口定义和系统中子系统间的接口定义的合理性和一致性。用户界面分析包括对用户界面进行分析，以便确定是否需要附加必要程序来避免错误的发生，还包括对用户界面和模型间的通信质量进行分析。

（6）结构分析（Structural Analysis），即检查模型结构以及确定它是否符合结构原则。该方法通过建立一个模型结构的控制流图来执行，然后检查模型不规则的地方，如多输入和退出点、结构中的多层嵌套，以及可疑的实行，如使用无限制的分支。

（7）追溯性评价（Traceability Assessment）是对模型之间元素逐个进行匹配检查。例如，需求规约中描述的每一个系统状态元素必须与模型的设计规约中相对应的元素匹配，不匹配的元素可能会证实设计的模型不满足需求规约或者设计规约。

3. 动态方法

动态方法（Dynamic）是指通过模型或程序的运行来获得评估结果，由于概念模型不可运行的特点，适用于概念模型的动态评估方法包括比较测试和标准测试两种。

（1）比较测试（Comparison Testing），用来测试描述同一系统的一个以上的模型或者仿真，例如，可能开发模拟同样军事战斗飞机的不同的仿真来满足不同的需求；用来描述同一系统的仿真运行在同样输入数据的条件下，比较模型的输出，输出之间的不同显示了模型的正确度。该方法的最大缺点是缺少关于其他模型的验证信息。如果两个模型都有细微的、被忽视的错误，那么结果可能相同但却是无效的。

（2）标准测试（Standards Testing），用来确定开发的模型是否与需要的标准、假设、限制或指导方针一致。

4. 形式化方法

形式化方法（Formal）是指用严格的数学语言进行逻辑推理来获得概念模型的评估结果，包括归纳、推论和逻辑演绎，归纳断言，λ 微积分，谓词微积分以及谓词转换。

（1）归纳、推论和逻辑演绎（Standards Testing），是在给定的前提条件下判断正确性的基本方法。其作用之一就是验证从前提到结论所进行的步骤是否与推论所建立的规则一致。归纳推理是建立在一套观测到的不变属性的基础上的，断言是不变的，因为它们的值被定义为真。假设初始模型断言是正确的，那么就认为如果从这个断言所发展出的每个路径是正确的，并且从先前断言所发展出的后续路径也是正确的，那么如果模型有限，则模型一定是正确的。

(2）归纳断言（Standards Testing），评估模型的正确性与模型正确性形式化证明有非常相似的理论基础。它分为三个步骤：一是模型所有变量的输入输出关系是被识别出的；二是这些关系被转换为断言声明并置于模型执行路径，以便于一个断言声明在每个模型执行路径的开始和结束；三是通过为每条路径提供结论以完成校核，即如果在路径开始的断言为真，并且沿着路径的所有断言被执行了，那么结束的路径为真。如果所有的路径和模型的终点能够被证实，通过归纳，模型被证明是正确的。

(3）λ微积分（Standards Testing），是通过重写字符串把模型转化为形式化描述的系统。模型本身可以看作是一个大的字符串。λ微积分制定重写字符串的规则来转化模型到λ微积分表达式。使用λ微积分，建模者能够形式化地表达模型，从而应用数学化的正确性证明技术。

(4）谓词微积分（Standards Testing），提供操纵谓词的规则。谓词是简单关系的连接，谓词将为真或假。模型可以被定义为谓词以及使用谓词微积分规则操纵。谓词微积分是所有形式化规范语言的基础。

(5）谓词转换（Standards Testing），通过形式化定义模型语义来校验模型的正确性，该模型具有把模型输出状态转化为所有可能模型输入状态的映射。

目前，由于概念模型的不可执行性，使得适用于概念模型的动态评估方法很少，而形式化方法虽然列举了多种，并且是最有效和最客观的一类方法，但是美国国防部建模与仿真办公室也在《校核、验证与确认推荐实践指南》中表明，形式化方法是未来研究的趋势，而现在还远不能达到期望的应用目的，形式化程度很低。因此，概念模型的评估方法应用最多的是非形式化方法和静态方法。

通过比较分析可以看出，上面这些评估方法都是针对概念模型的某个质量问题而提出的，应用目标比较分散，对概念模型形式的要求也各不相同，这些方法目前主要适用于语义层面的评估，在基于Rhapsody等专用开发平台开发作战概念模型过程中，系统已经具备了进行概念模型评估的能力，能够通过系统调试等功能模块对开发的作战概念模型进行语义层面的评估。而对于特定装备来讲，除了概念模型语义层面的评估外，还应进行作战逻辑、作战要素耦合层面的作战逻辑评估，采用这些方法就很难对装备作战概念开展较为全面、系统的评估，无法获得较为客观的评估结果，因此需要针对作战时间、资源等因素，研究作战逻辑层面的评估方法。

5.1.2 装备作战概念评估难点

作战概念是面向未来典型装备构型作战使用的一种描述，作战概念评估则是对作战概念的评估，主要应该评估作战概念设计的科学性、合理性和高效性。依据作战概念设计方法，作战概念评估应重点关注设计的作战概念的作战过程与逻辑描述的合理性，作战概念本身存在以下不确定因素。

（1）装备形态不固化。由于装备技术发展的不确定性，导致装备技术状态存在可变性，武器系统的典型战技术指标不清晰，多数情况下典型战技术指标只有一个非常模糊的范围预期，难以用较精细的仿真来进行评估。

（2）装备体系难以固化。由于作战概念描述聚焦于 10～20 年后的装备，因此未来装备体系受到作战理论、作战思想等众多因素的影响难以固化，导致典型装备与体系之间的关联关系存在不确定性，使得装备与装备体系之间的关系描述难以精确化，增加了装备作战概念评估的复杂度。

（3）作战体系要素不完备。未来装备体系的不确定性，在很大程度上决定了未来作战体系的不确定性，特别是 10～30 年后作战对手的作战体系未知，增加了装备系统概念模型设计过程中闭环的难度，导致未来作战指挥流程、作战信息交互等存在众多选择，相应增加了作战概念评估的难度，降低了作战概念评估结论的可信度。

这些不确定因素的耦合作用，导致作战概念评估存在极大的困难。当前，无论是理论上，还是方法上，对于作战概念评估都缺乏有效的理论方法借鉴。作战概念评估理论与方法探索成为作战概念研究领域的重要问题。

5.1.3 装备作战概念评估基本步骤

装备作战概念评估涉及评估准则、评估指标体系、评估模型、仿真模型、推演仿真、评估分析等多项要素。装备作战概念评估过程，实际上就是基于装备作战概念设计，针对装备作战概念设计方案研究拟制作战概念评估准则，构建作战概念评估指标体系、构建作战概念评估模型，以及基于评估模型开展推演评估的过程。装备作战概念评估基本步骤如图 5.1 所示。

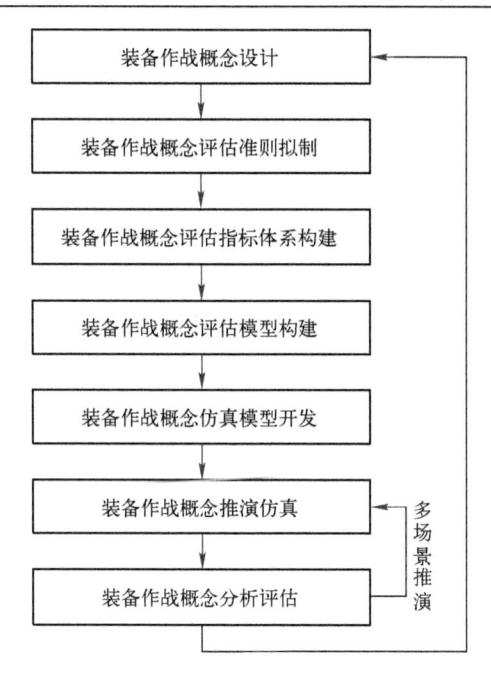

图 5.1 装备作战概念评估基本步骤

装备作战概念评估中需要重点研究解决评估准则、评估指标体系和评估模型三项核心要素。这三项要素是决定装备作战概念评估结果合理性、可信性的基础。针对装备作战概念评估存在难以回避的难点，为了有效开展装备作战概念评估，经过反复研究，初步确立以典型任务和典型场景为基础、以作战资源和作战时间为主要约束，构建作战评估准则、评估模型，通过典型约束条件赋值的方式进行仿真评估，对典型方案进行对比和优选。下面结合工作实践，讨论上述三项核心要素的研究方法。

5.2 基于时间-资源约束的作战概念评估方法

装备作战概念研究的结果是给出具有一定作战规律的作战方案，形成典型作战场景下的作战概念集合。装备作战概念本身就是描述未来不确定环境下的作战方案选择和优化集合，因此，装备作战概念本身就带有不确定性，而装备作战概念评估是要对具有不确定性的作战概念进行评估，双重不确定性因素的耦合，会带来更大的不确定性。这是由作战概念自身特点决定的，也是不可避免的，这也是装备作战概念评估难点所在。

作战对抗过程实际上是时间与资源的优化过程，时间和资源可以看作两个相互关联的影响参数，共同决定作战效果。需要针对装备作战概念评估准则、评估指标、评估模型等开展全面研究，解决装备作战概念"无依据""无指标""无法评"等问题，引入时间和资源约束，基于装备作战概念模型，应用网络图方法建立装备作战概念评估模型，为装备作战概念研究提供验证手段。

5.2.1 作战概念评估准则

作战对抗过程是作战双方在有限的时间内优化作战资源的过程，或者在有限资源条件下优化利用时间的过程，因此，装备作战概念评估可以依据时间约束和资源约束两条主线进行。

1. 时间约束准则

时间约束准则是指在作战对抗时间确定情况下，如何优化配置作战资源，以达到最佳的作战效果。

时间约束包括两种情况：一是对抗时间明确，即作战对手的作战行动时间相对明确，或依据作战对手的作战行动显现；二是对抗时间不确定，即作战对手发动作战行动的时间具有隐蔽性、突发性，作战对手作战行动的时间完全依赖于己方作战系统的感知来确定。例如，对于弹道导弹防御，时间约束准则通常可以认为遵循时间不确定性，即作战对抗的开始时间不确定性，但对于一次固定弹道导弹攻击而言，作战时间又是相对固定的，即弹道导弹攻击目标确定后，其总的攻击时间是相对确定的。

在相对固定的作战时间内，如何有效地调配资源，以确保在有利的情况下对敌作战，将成为衡量各种装备作战概念优劣的基本依据。在时间约束准则下，往往涉及多种资源的调配与优化，属于多因素的优化问题。

以反导装备系统为例，时间约束如图 5.2 所示。

时间约束准则更多地是面向当前或今后短时间内，装备体系和作战资源要素相对固化的条件下，通过优化和改进各典型作战资源要素的工作流程、效率等，提升完成相关作战任务的工作周期，进而压缩整个作战过程的时间，优化作战概念实施过程，提升装备作战能力和效率。

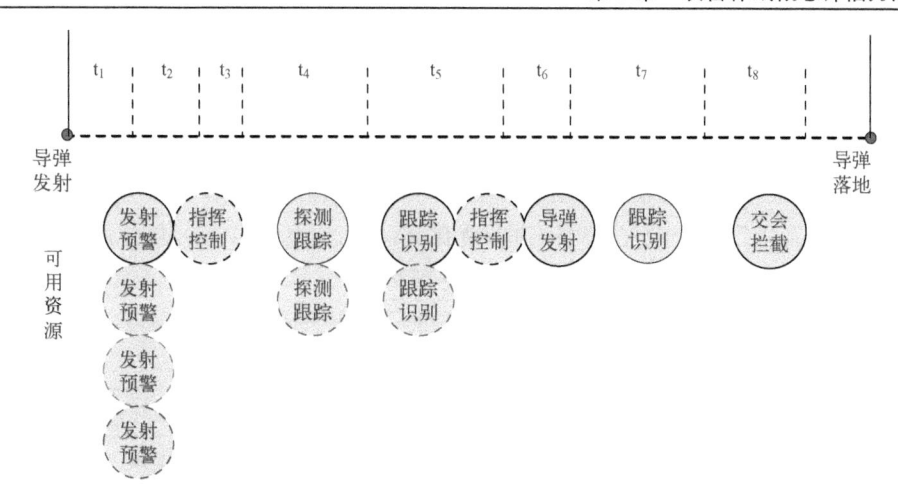

图 5.2 反导装备作战的时间约束示意图

2. 资源约束准则

资源约束准则是指在作战资源一定的情况下，如何调配和优化资源利用时间，实现装备的作战效果最优化。

装备系统要优化每一作战活动的利用时间和任务完成时间，对于完成同一作战任务的不同作战节点，对应着不同的作战完成时间。以反导装备系统为例，资源约束如图 5.3 所示。

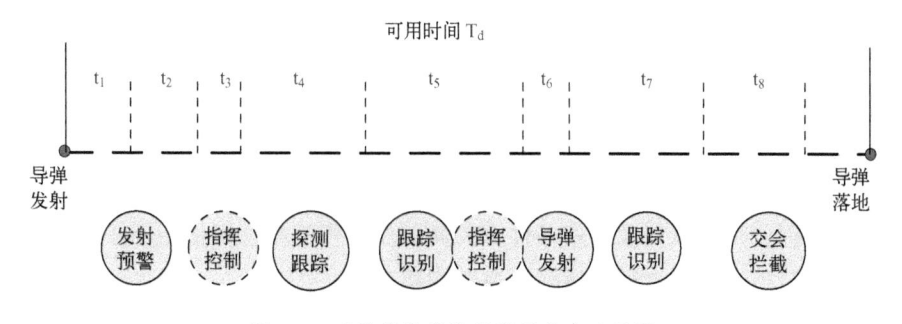

图 5.3 反导装备作战的资源约束示意图

对于具体任务而言，其时间 t_i 在一定容忍范围内是可变的，优化的最终目的就是在多个不同作战节点之间进行选择和权衡，选择完成特定作战任务的最佳方式，以最有效方式利用有限的时间。在实际的作战过程中，如果某一作战活动在容忍的时间内无法完成，即 t_i 超出容忍极限，将导致后续作战活动在各自极限能力下无法有效完成，最终导致总的作战时间超时，使反导拦截作战任务失败。

在实际的作战对抗中，面临的问题将是时间和作战资源同步变化的情况，因此将出现时间-资源耦合作用的情况，即时间-资源约束条件下，需要同步对作战资源及各作战资源任务时间进行优化和调整，分析对作战效果的最终影响。

不同约束条件下的优化策略如表 5.2 所列。

表 5.2　不同约束条件下的优化策略

准则	相对固化量	优化策略与优化量
时间约束	时间相对固定	优化作战资源
资源约束	作战资源相对固定	优化作战资源任务时间
时间-资源约束		同时优化作战资源及任务时间

5.2.2　作战概念评估指标体系构建

评估指标体系是作战概念评估的基本依据，作战概念评估需要针对评估的目标构建相应的评估指标体系。概念评估与传统性能评估不同，虽然都需要构建评估指标体系，但评估指标的关注粒度具有较大的差异。对于传统性能指标体系，各项性能指标应尽可能准确，因此在构建指标体系时，应尽可能对各项指标进行细化分解，甚至分解至具有明确物理项的具体指标，其目的是确保指标数据的准确，为评估结果的可信度提供保证。对于面向未来装备设计的典型作战概念评估，只能依据评估的目的、评估的准则来构建评估指标，且评估指标的粒度难以详细化，使得评估的难度增大，而评估结果的可信度降低。对于不同领域装备作战概念的评估，需要基于作战概念评估准则来构建不同准则下的评估指标。下面以资源约束条件下的典型反导作战概念评估指标体系构建为例，简要分析作战概念评估指标体系的构建方法。

基于资源约束准则，在作战体系作战资源有限的条件下，反导作战评估指标可以分解为预警能力项、跟踪能力项、识别能力项、作战管理能力项和拦截能力项。预警能力项可以分解为征候预警能力项和发射预警能力项；跟踪能力项可以分解为上升段跟踪能力项、中段跟踪能力项和末段跟踪能力项；作战管理能力项可以分解为态势预判能力项、综合预警能力项、任务管理能力项和指挥决策能力项；拦截能力项可以分解为交会拦截能力项和效果评估能力项。由于受作战体系作战资源的限制,每个节点对应1~2项作战资源,指标体系进行二次分解较为适宜。上述能力项的衡量指标主要考虑以完成任务的时间来进行取值。基于资源约束准则的反导作战概念评估指标体系如图5.4所示。

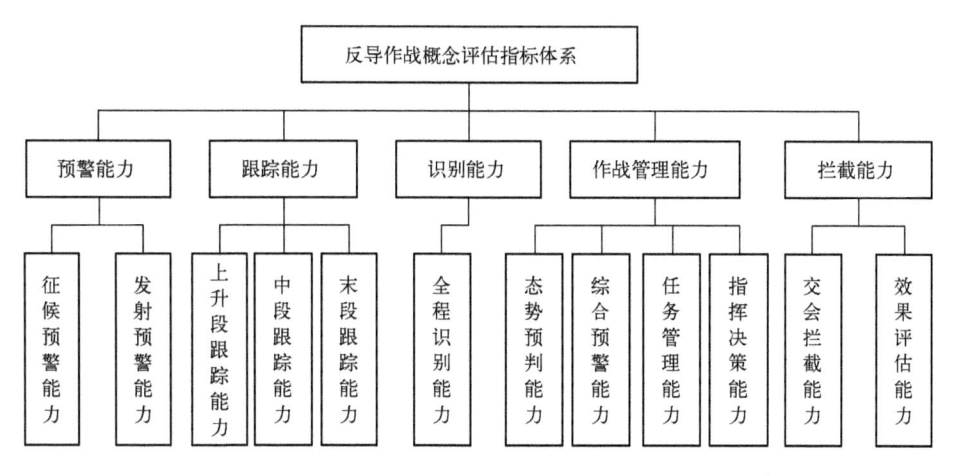

图 5.4 典型反导作战概念评估指标体系示意图

5.2.3 作战概念评估模型构建

作战概念评估模型的构建依赖于武器装备的类型及作战使用过程,不同类型的武器装备,由于其作战使用过程不同,其作战概念评估的过程、要素和逻辑等均不相同。基于上述反导作战概念构建的评估指标体系,探讨反导作战概念评估模型构建的基本思路和方法。反导是典型的体系化作战,预警探测装备、跟踪制导装备、指挥控制机关和火力拦截装备等呈现立体、分布、大区域部署状态,利用高效的作战指挥控制与通信网络是确保反导作战活动顺利实施的基本要求,网络化指挥控制、网络化预警探测、网络化跟踪识别是反导作战的典型模式。基于反导作战网络化这一显著特点,在众多可选评估方法中,网络图技术与其他方法相比具有较大的优势,探索应用网络图技术构建反导作战概念评估模型是一种可行的选择。

基于反导作战概念模型设计和约束准则,应用网络图技术构建不同约束条件下典型反导作战概念的网络图模型。基于网络图的反导作战概念评估模型如图5.5所示。

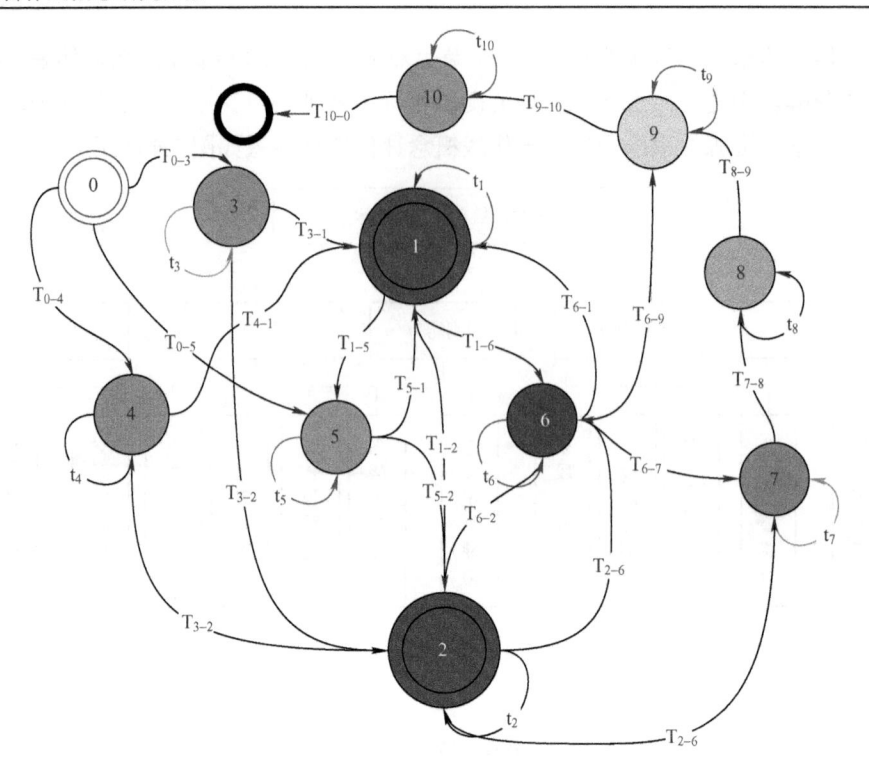

图 5.5　基于网络图的反导作战概念评估模型

基于上述评估模型，依据各作战节点的典型性能参数，即可评估作战概念的可行性以及作战概念的先进性。

5.3　装备作战概念推演评估方法

5.3.1　基于仿真的验证评估方法

装备作战概念的合理性、有效性需要通过验证评估来确认，验证评估的方法有主观方法、解析方法和仿真方法等。基于仿真系统开展装备作战概念评估是目前采用的主要方法。基于装备作战概念评估模型，构建装备作战概念仿真模型，为开发仿真系统提供模型基础。基于仿真系统在进行多方案评估和多场景多约束评估过程中，涉及作战场景的设计和变量的选择，不同的场景和变量选择将对评估结果产生重要影响。

第5章 装备作战概念评估方法

对装备作战概念的验证评估实际上是一种假设检验，其中作战想定是假设的边界条件，体系、系统结构、装备性能、作战使用模式是可控变量，效能评估是检验过程。装备作战概念评估仿真变量如图5.6所示。

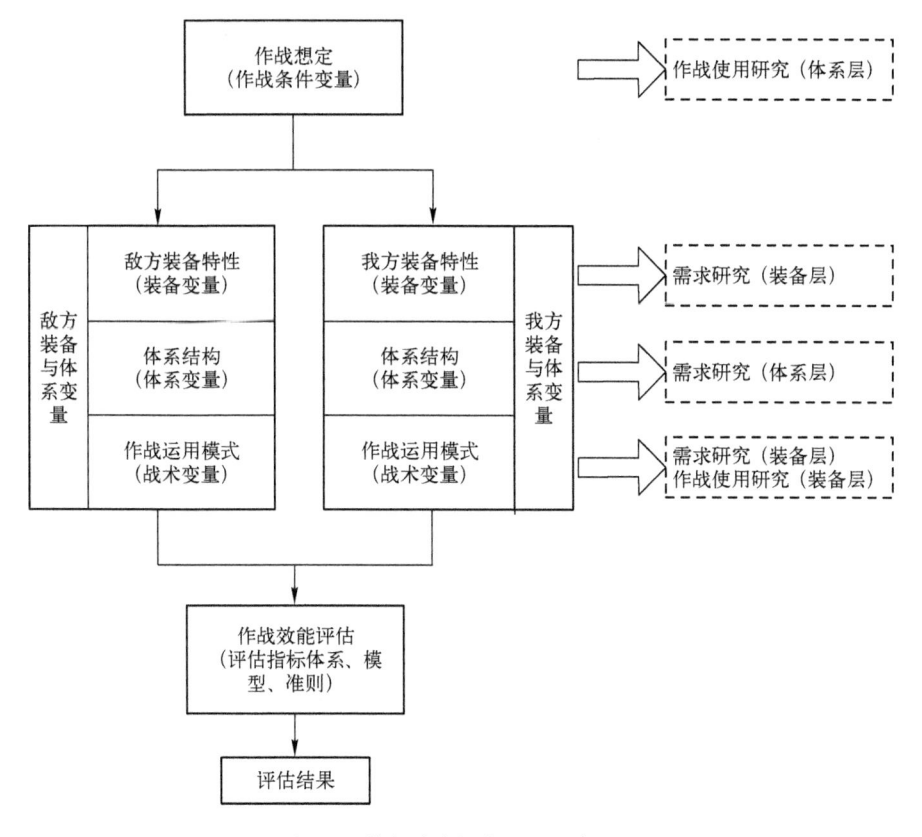

图 5.6 装备作战概念评估仿真变量

一般而言，装备作战概念评估时主要涉及4组可控变量和1组评估方法。

（1）作战想定。作战条件变量，用于描述敌我双方作战的部署、环境、条件和目标，通常以作战想定的方式体现。

（2）装备特性。装备变量，用于描述敌我双方装备的功能、性能特性。

（3）体系结构。体系、系统变量，用于描述敌我双方的体系及系统结构。

（4）作战运用模式。战术变量，用于描述敌我双方部队编成结构、指挥方式、战勤操作方式、核心指控准则与模型等。

（5）评估方法。包括评估指标体系、模型和准则。

在厘清上述仿真推演变量后，开展装备作战概念推演评估，基本过程如

图 5.7 所示。

（1）通过装备作战概念理论研究，输出初始装备作战概念集。初始装备作战概念集是一系列装备作战概念样本的集合，每个装备作战概念样本都具有相对确定的变量定义与赋值，是对一种作战假设的全要素描述。

（2）选择设置推演变量。根据研究目标的不同，以某个或某组可控变量为自变量，在确定或约束其他可控变量的前提下，通过在装备作战概念验证评估环境中进行多假设仿真实验，按照既定的评估方法，得到作战效能与自变量之间的映射或函数关系，反映其影响结果与规律。

（3）输出评估结果。经过验证评估后，输出评估后的装备作战概念。

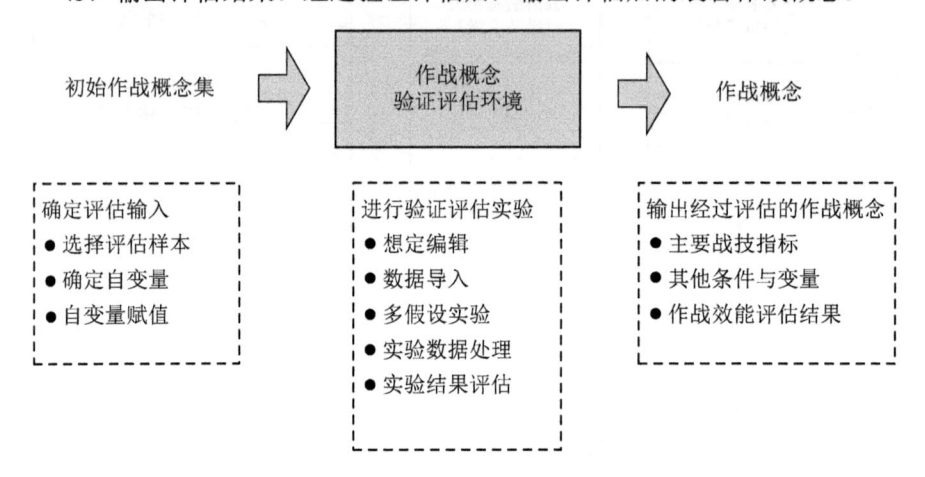

```
初始作战概念集  →  作战概念验证评估环境  →  作战概念

确定评估输入          进行验证评估实验         输出经过评估的作战概念
● 选择评估样本        ● 想定编辑              ● 主要战技指标
● 确定自变量          ● 数据导入              ● 其他条件与变量
● 自变量赋值          ● 多假设实验            ● 作战效能评估结果
                     ● 实验数据处理
                     ● 实验结果评估
```

图 5.7　装备作战概念推演评估过程框架

装备作战概念验证评估环境具有与装备作战概念相匹配的要素构成和描述粒度，包括装备、系统的特性模型，以及反映其信息交互、控制逻辑、特性传递的体系仿真环境。装备作战概念验证评估环境具有在作战想定驱动下的实时、非实时交互运行能力，从而将装备作战概念变量输入转化为实验结果数据。

对于装备发展需求研究来讲，这一模式具有以下特点。

（1）对装备所依存的系统、体系和作战环境提供了规范、要素齐全的描述，避免需求研究的局部性。

（2）有效解决了与作战理论研究、战术研究之间的衔接问题，避免了需求研究的纯技术化。

（3）可与装备论证、总体设计直接对接，提供定量化支撑。

5.3.2 基于可执行模型的评估方法

若想验证系统行为、分析系统性能或评价设计方案，必须构造可执行模型对架构进行验证评估。可执行验证法主要有 4 种思路，分别从不同方面对架构的动态行为进行验证。

（1）利用活动模型、规则模型、数据模型的组合构建可执行模型。可提供由 IDEF0 模型向对象 Petri 网模型转化的方法；在生成对象 Petri 网模型中，缺少相关信息，人工干预的因素较多。

（2）利用 UML 类图、活动图、协作图的组合来构建可执行模型。模型中的位置、转移和令牌的设置都来源于类图，较前种方法降低了模型的构造难度；UML 描述方法不如结构化方法形象直观，需要较多人工干预。

（3）利用状态图描述架构产品。可提供由 IDEF0 模型向对象 Petri 网模型转化的方法；状态图模型难以验证架构的功能、性能特性，不能很好地满足架构验证的要求。

（4）业务流程仿真。业务流程规则的逻辑性和合理性验证具有很强的可操作性和合理性；无法对架构的状态转移、作战时序关系等动态特性进行验证。

第6章　装备系统概念分析方法

装备系统概念在装备作战概念研究的基础上，描述未来装备的基本技术原理、主要作战能力特性和初始物理结构。装备系统概念研究是一个新问题，面对这一新问题，为探索一个研究起点，我们尝试构建了历史沿革线、威胁应对线、技术推动线和需求牵引线的四线耦合分析方法。使用四线耦合分析方法时，先进行四线独立分析，而后再对独立分析的结果进行耦合。四线耦合分析方法在新型装备系统概念研究的初始阶段能起到很好的辅助作用。

6.1　装备系统概念特点

装备作战概念与装备系统概念是两个相互依托、相互影响、相互反馈、相互修正和交叉渗透的研究领域。装备作战概念研究是牵引，装备系统概念研究是支撑。

装备作战概念研究的突出特点是军事理论研究，装备作战概念研究是军事理论、作战使用、评估方法、仿真方法的综合集成研究。装备作战概念研究的实质是基于特定装备、面向特定作战任务设计作战流程。装备作战概念设计是面向未来所提出的若干种假设，对装备作战概念的评估是一种基于作战效能的假设检验。

装备系统概念研究的突出特点是装备技术研究，装备系统概念研究是装备技术支持能力、装备技术成熟程度、评估方法研究、仿真方法研究的综合集成研究。装备系统概念研究的实质是基于技术支持能力，参照从装备作战概念研究中提取出的装备能力需求，提出满足能力需求的装备物理结构方案。装备系统概念也是面向未来所提出的若干种假设，对装备系统概念的评估是一种基于能力满足度的假设检验。

由于装备系统概念是面向未来所提出的假设，随着认识的深化，研究会逐步深入，所提出的假设会逐步逼近最终实现框架。

在初步研究阶段，对牵引未来装备作战能力的需求以及对支撑未来装备发展关键技术能力的预测均存在较大的模糊性和不确定性，很难量化。因此，在初始阶段对装备系统概念进行定量评估存在较大困难。

装备系统概念设计与装备系统概念评估是一个反复迭代、逐步深化、渐进修正的研究过程，是一个定性与定量相结合、从定性逐步过渡到定量的研究过程。

6.2 四线耦合分析方法

6.2.1 四线耦合分析方法的内涵

这里所讲的四线耦合，是指在新型装备预先研究阶段，研究提取新型装备系统目标图像过程中，分别基于历史沿革线、威胁应对线、技术推动线和需求牵引线先进行独立推理、后进行耦合关联分析的一种分析方法。四线耦合分析方法如图 6.1 所示。

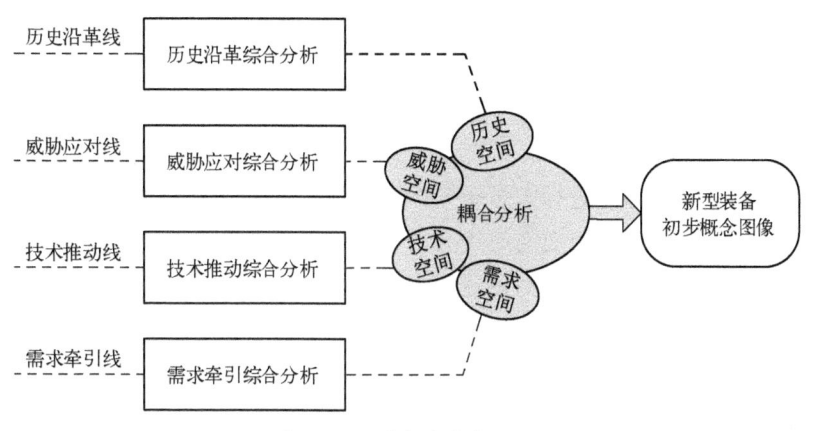

图 6.1 四线耦合分析方法

研究过程中，四线耦合分析方法内涵实质是依据系统工程的思路，将过去分散、独立使用的分析方法融合起来，用系统的思路和方法解决综合性的问题。历史沿革线分析主要依据装备发展规律，辨识历史沿革线性、惯性外推的能力；威胁应对线分析辨识消除威胁所需的能力，清晰军事需求的基线；技术推动线分析预测技术发展水平、趋势和空间，辨识技术进步所能提供的能力；需求牵引线分析清晰军事需求空间和方向，要初步回答装备在体系中的作用和地位、装备在哪作战、和谁作战、怎么作战等问题，初步辨识装备完成任务使命所需的能力。

四线耦合分析方法将分散独立的历史空间、需求空间、威胁空间和技术空间耦合在一个空间进行反复迭代、综合分析。将四线独立分析的结果耦合后，可以得到新型装备的初步轮廓。耦合的过程实际上是各影响因素之间的综合分析、约束剪裁、优选取舍的定性与定量相结合的分析过程。从方法应用机理和数理解析的角度看，四线耦合分析方法本质是空间寻优，可以构建各线的数学描述模型，对模型进行求解，得到四线耦合的数理结果，方法应用机理描述如图6.2所示。

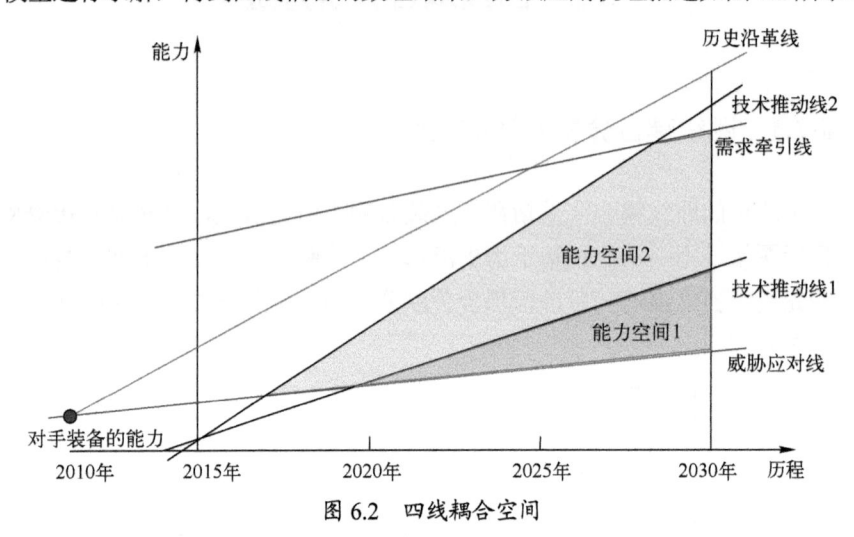

图 6.2 四线耦合空间

四线耦合分析方法进行定量研究，通过模型解析可初步辨识出新型装备可实现的能力需求空间。历史沿革线分析是一种依据惯性思维的分析方法，可依据线性原理推出新型装备能力发展的大致方向；威胁应对线分析可得出对新型装备能力的最低需求，可以认为是新型装备能力需求的下限；需求牵引线分析可得出对新型装备能力的最高需求，可以认为是新型装备能力需求的上限，能力上限、能力下限与历程起止线构成了新型装备能力需求空间。

技术推动线分析可得出对新型装备能力需求实现程度的初步判断。技术推动线是实际能力实现程度的裁剪线，技术能力高，则裁剪出的新型装备能力空间就大，也就是说可以实现较高的能力（如技术推动线2）；否则，能力空间就小（如技术推动线1）。技术推动线分析不同于前面三线的惯性、线性分析思维，而具有明显的非线性思维特征，通过技术推动线的分析，辨识出具有颠覆性的跨代技术，则新型装备可实现的能力空间就可以大幅拓展。

实际上，在过去的装备发展需求研究中，人们会分散、独立地运用四线耦合分析方法中的某一种方法，只是没有有意识地、系统地将这四种分析方法耦合起来使用。比如项目研究的资料综述即可视为历史沿革线分析，在装备发展研究中，基于威胁的研究可视为威胁应对线分析，"作战需求牵引，技术进步推动"的理念可视为需求牵引线和技术推动线分析。提出四线耦合分析方法的目的就是将过去分散、独立化的分析活动规范为集成化、系统化的研究活动，并将分散、独立的分析结果耦合起来、相互关联起来，从而推动对研究结果的进一步认识和更深层次的知识挖掘。

6.2.2 四线耦合分析基本步骤

四线耦合分析方法是一个反复迭代、渐进修正、逐步完善的研究方法。通过多轮的迭代研究，可以获得对新型装备目标图像及基本技术特征的初步认识。在新型装备预先研究阶段，应用四线耦合分析方法开展新型装备系统概念研究的基本步骤如图 6.3 所示。

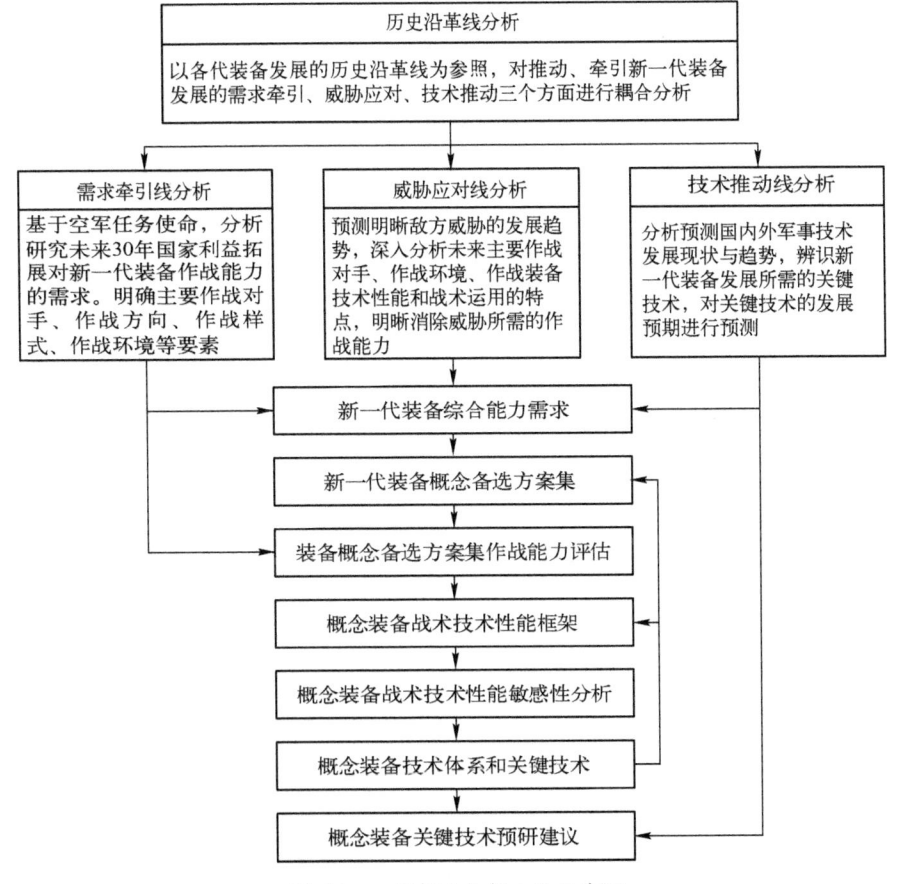

图 6.3 四线耦合分析方法的步骤

四线耦合分析方法与美军"基于能力"的分析方法相比，更适合我国国情，与我军传统的"基于威胁"的分析方法相比，更能顺应未来发展。项目研究通过作战实验对概念武器和关键技术进行定量化验证评估，这种研究方法是在充分借鉴美军装备发展经验的基础上，结合我军实际提出的。该方法综合考虑装备发展的技术先进性、技术可行性、经济可承受性，以及技术成熟度等因素，可有效实现作战、能力、技术三个视图的相互转化和定量研究。

在四线耦合分析方法的基础上，提出新型装备的能力需求框架。能力需求决定技术特点，技术特点映射装备形态，结合技术发展预测，描述新型装备系统概念集。在此基础上，设计新型装备作战概念和典型作战样式，对新型装备发展概念集进行仿真验证，而后进行分解技术体系、关键技术辨识、关键技术需求程度仿真验证等研究。

1. 历史沿革线分析

历史沿革线分析以各代装备发展的历史沿革线为参照，在历史沿革线分析的过程中，对推动、牵引新一代装备发展的技术推动、威胁应对、需求牵引三个方面进行耦合比对分析。同时，历史沿革线分析的结果也是其他三条线分析的基础。

一般而言，新一代装备应在技术上具有一定的跨代标志，没有跨代技术的支撑，无法形成跨代的装备。但由于惯性和线性原理是科学技术发展的基本规律之一，因此，新一代装备除追求技术跨代外，还要充分考虑技术发展的继承性和渐进性。历史沿革线分析的主要目的就是从战斗机的发展历程中总结出规律，依据线性外推原理，为描述新概念装备提供历史借鉴。同时，依据历史沿革线分析，对国外新型装备的发展情况进行跟踪，作为比对参照，为我新型装备系统概念研究提供借鉴，虽然参照对象较为模糊，但仍可提供一定的参考。历史沿革线分析可独立进行，同时在其他三条线的分析中，也需要用到历史沿革线分析的思路，威胁应对、技术推动、需求牵引三条线也都有其各自的历史沿革过程。以史为鉴，可以进一步明晰装备发展的历史脉络和动因。

2. 威胁应对线分析

由于我军的装备发展论证长期以来以"基于威胁"为主线，因此威胁应对线分析是大家较为熟悉的分析方法。

"基于威胁"的装备发展论证模式主要依据明确的作战对象或主要威胁来确定作战需求。在该发展模式下，装备发展的重点始终随着作战对手的改变而改变，呈现出被动应对的属性。一旦对手或主要威胁发生变化，装备的发展就不得不随之发生相应的调整和变化。因此该发展模式是一种以作战客体为中心的"被动式"和"跟随式"装备发展模式。在"基于威胁"需求论证牵引下的装备发展模式是一种"应对式"的被动发展模式。

"基于能力"的装备发展论证模式是一种"主动式"的装备发展模式。在该发展模式下，装备的发展基于国家的经济和科技能力，基于部队的作战使用能力，依据国家和军队自身的能力设计未来战争，发展未来的装备。"基于能力"的装备发展模式确定作战需求的重点由原来关注"敌人是谁，战争会在何时、何地发生"，转而关注"战争将以何种方式进行"。在"基于能力"装备发展模式的指引下，装备作战需求论证的重点由单件武器对抗转向系统与体系的对抗，转向了提高整体作战能力，不断寻找整个体系的缺陷，并通过装备发展的途径去解决。

自主创新式装备发展论证应该是"基于能力"的，但在新型装备能力需求论证时，必须对未来可能的作战对手进行详细的分析，以与需求牵引线研究的需求耦合，框定新型装备的能力需求范围。

威胁应对线分析要依据新一代装备可能服役的时间节点，预测明晰敌方威胁的发展趋势，分析未来主要作战对手、作战环境、作战装备技术性能和战术运用的特点，明晰消除敌方威胁对新一代装备作战能力的需求。

3．技术推动线分析

技术推动线分析着重于分析预测国内外航空技术发展现状与趋势，辨识新型装备发展所需的关键技术，对关键技术的发展预期进行预测，并对新兴技术潜在的军事应用前景进行分析判断。在此基础上，明晰支撑新型装备发展的关键技术的预研方向和程度。

我军的装备发展一般是先有型号再进行技术研究。因此装备发展的技术预研是"型号牵引"模式。

"技术牵引"和"型号牵引"两种技术预研模式的主要区别在于技术预研的目的不同。技术牵引是根据基础研究和需求预测，以验证装备为核心积累技术基础，再依据技术基础和需求研制各型装备。型号牵引则是先确定需求和型号技术指标，然后在指标范围内开发和验证相关技术。

两种技术预研模式各有利弊。技术牵引在设计思想和应用过程中明显优于型号牵引,技术牵引模式由于不存在具体的型号目标压力,可以较为自由地探索新技术,从而为未来型号研制提供多项技术选择。但技术牵引需要大量的先期试验验证,耗费较大。型号牵引由于有具体的型号目标,技术探索和验证的范围相对较小,且由于有明确的型号背景,容易获得经费支撑。

在装备研制中,美国以技术牵引为主,欧洲和俄罗斯则以型号牵引为主。在体制上,美国的技术验证机没有明确的实用化要求,研制成败不涉及经济利益,因此设计人员敢于发挥想象力去追求突破。技术牵引模式的验证装备与最后的型号差别较大,在外形上可能完全不同。而型号牵引模式的原型装备一般与型号严格对应,外观上基本一致。技术牵引的典型案例是美国 V-22("鱼鹰")旋翼机的发展。

V-22 是美国一型具备垂直起降和短距起降能力的倾转旋翼机。该机在外形上与固定翼飞机相似,但翼尖的两台可旋转的发动机带动两具旋翼,使该机具备直升机的垂直升降能力,但又拥有固定翼螺旋桨飞机高速、航程远及油耗较低的优点。

图 6.4　V-22 旋翼机

1980 年,美国为解救伊朗人质危机施行"鹰爪行动"失败,因此 1981 年美国国防部开展"多军种先进垂直起落飞机"(JVX)计划,由贝尔直升机公司与波音公司共同开发。1983 年,该计划被规范适用于美国海军、陆军、空军及陆战队,因此该计划原型机被要求增大版本,并纳入法国航空航天局、诺斯罗普·格鲁曼公司、洛克希德·马丁公司和阿古斯诺·韦斯特兰直升机公司。1985 年 1 月,JVX 直升机被正式命名 V-22。在 V-22 发展过程中,原型机不断发展变化,体现了军事技术对先进装备的牵引作用。

技术牵引预研模式加速了成熟技术向作战能力的转化,降低了装备研发与技术转化的经济风险。技术牵引是注重基础研究的表现,基础研究的落后往往导致理论研究在很大程度上就是情报跟踪。情报跟踪在缺乏积累的条件下可以了解先进技术，但掌握的只是非常表面的技术，相当于对先进型号的模仿，不可能形成超越的能力。

美军是世界上对技术依赖程度最高的军队，也是对新技术潜在军事能力最敏感的军队。在美国空军"蓝色地平线"的研究中，依据对未来战略和技术趋势的分析，提出了多项未来装备系统概念和相对应的关键使能技术，并进行了评估和排序（针对每个装备系统概念，根据其对四个参照对象所对应的数十个军事能力的能力函数、权重计算得出装备系统概念的优先级排序，使能技术排序也采用相似的方法得出）。"使能技术"是支撑未来装备系统概念的基础，目前还不成熟，要在辨识其对未来装备系统概念作用的基础上，提出"使能技术"发展的方向和程度，使其能在未来装备系统概念中使用。

4. 需求牵引线分析

需求牵引线分析基于军队任务使命，在明确主要作战对手、作战方向、作战样式、作战环境和作战体系等要素的基础上，分析研究未来国家利益拓展对新型装备作战能力的需求。需求牵引线分析是以上三线分析内容的综合，是四线耦合分析的最终耦合点，同时也是迭代技术推动线分析的输入。需求牵引线的研究内容如下（图6.5）。

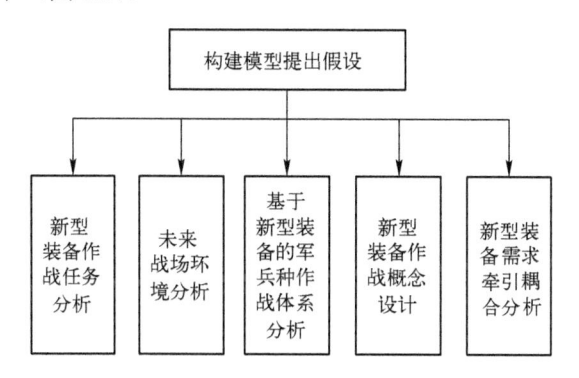

图 6.5 需求牵引线的研究内容

（1）新型装备作战任务分析（回答新型装备干什么）。
（2）未来战场环境分析（回答新型装备在哪作战、和谁作战）。
（3）基于新型装备的军兵种作战体系分析（回答新型装备在体系中的作用和地位）。

（4）新型装备作战概念设计（回答新型装备如何作战）。
（5）新型装备需求牵引线耦合分析（回答新型装备所需的作战能力）。

在以上研究基础上，依据新型装备任务使命所需的能力，对历史沿革外推的能力、消除威胁所需的能力，以及技术进步所能提供的能力进行耦合，综合提出新型装备的能力需求。

需求牵引线耦合分析的依据如下：
（1）作战任务所需的能力。
（2）历史沿革外推的能力。
（3）消除威胁所需的能力。
（4）技术进步所能提供的能力。

需求牵引分析是分层次、分阶段进行的。在顶层装备作战概念分析阶段，需求牵引指的是军队的作战能力，即军队完成既定的作战任务需要什么样的能力；在装备作战概念分析阶段，需求牵引指的是装备的技术能力，即什么样的装备可以支撑军队所需的作战能力；在作战想定分析阶段，需求牵引指的是什么样的技术可以支撑装备的作战使用能力，可以支撑到什么程度。

6.2.3 四线耦合分析方法应注意的问题

通过实践，四线耦合分析方法在装备系统概念研究中发挥了很好的作用。但方法的运用总是有一定的条件和限制，明晰这些条件和限制对于有效使用方法至关重要。

1）方法应用的阶段性

四线耦合分析方法属于概念分析的方法，在初始研究阶段，对于建立初始认识十分有效。因此，四线耦合分析方法在装备发展概念研究的初始阶段使用最为有效。

在初始研究阶段，四线耦合分析方法主要用于装备系统概念辨识，通过方法的反复迭代使用，逐步清晰新型装备发展的目标图像。

2）方法应用的迭代性

在研究新型装备发展概念的过程中，研究认识是逐步提升和深化的，因此方法的使用也是反复迭代、逐步修正的。在研究进程中，不要指望通过一轮研究就能解决问题，必须通过多轮的研究迭代，方能逐步形成较为清晰、逐渐固化的认识。

3）方法的综合使用

研究装备系统概念的方法是一个综合的体系，不是说用一种方法解决一个问题，而是综合使用多种方法解决实际问题，这一点有些像中医看病，综合施治。

在装备系统概念研究方法体系中，四线耦合分析方法是一个基础，采用四线耦合分析方法，通过若干阶段的迭代，可以逐步深化对装备系统概念的认识。比如，对于新型航空装备的概念研究，可以采取如下方法。

第一阶段，获得对装备基本技术特征和技术体系的初步认识。如技术特征，发动机推重比、高度、速度、航电系统和武器等。在该阶段，由于资料和认识的制约，侧重于历史沿革线的分析。

第二阶段，获得对装备基本能力特征的认识。如任务包线、隐身能力、航程、信息网络等典型能力。并对相关技术领域的影响程度进行初步关联分析。在该阶段，侧重于威胁应对线的分析。

第三阶段，获得对装备能力的进一步深化认识，即作战能力侧重、战术战略能力侧重等内容，侧重于需求牵引线的分析。

第四阶段，仍采用四线耦合分析方法的理念，侧重于技术推动线的分析，对装备能力的需求逐步落实到可实现的技术层面。

4）克服惯性思维的束缚

历史沿革线和威胁应对线的分析具有较强的惯性外推特性，这种惯性外推的思路体现的是一种线性思维方式。而技术上的突破所带来的跨越式推动力将有可能突破这种线性思维的束缚。

技术推动线的分析带有很强的预测性，而在缺乏足够支撑资料的基础上进行合理的预测就显得更为困难。技术推动线分析所做的技术预测是在目前技术发展的程度和趋势研究的基础上，基于基本的技术原理和物理规律进行的，预期的技术突破标示了未来可能达到的技术水准的可能值和期望值（上限）。

从技术推动线的分析可以看出，有些能力需求的技术发展支撑相对明晰；而有些能力需求的技术发展支撑则还难以预测或在相当的时期内还难以达到实用的程度，其技术成熟度差距较大。

6.3 MOTE装备系统概念描述方法

以前在研究装备作战需求时，装备的使命任务已较为清晰，装备图像已基本明确，因此主要关注对装备平台显性物理属性的描述，如气动结构、外形尺寸、传感器类型、武器类型、载荷能力、作战半径等，而忽略直接相关的非物理属性的描述，给出的是一个系统"看得见"的物理图像，这个物理图像相对于整个系统而言则是一个局部图像。

对于自主创新发展的新型装备，继续沿用传统的局部图像描述方法存在局限，因为围绕显性物理图像的非物理属性不清晰，需要呈现一幅全景图像去描述很多过去不需要说明的问题。因此在描述装备图像时，不仅要描述装备平台本身能够直接"看得见"的物理图像，还要描述牵引装备平台发展的"看不见"的隐藏图像，如作战任务、作战图像等。因此，在新型装备系统概念研究中尝试创建了 MOTE（Mission, Operation, Technique, Equipment）装备系统概念设计方法。

军事概念模型是一切军事建模仿真系统开发的共同起点，是对现实军事世界中的事物或现象的一种独立于具体仿真实现的表示，是促进军事领域专家与仿真技术人员沟通与协作，提高仿真模型正确性、互操作与重用性的基础。

MOTE 装备系统概念设计方法是指，针对新型装备的装备作战概念，从任务概念（Mission Concept）、装备作战概念（Operation Concept）、技术概念（Technique Concept）和装备系统概念（Equipment Concept）四个角度展开综合描述，对新型装备的装备作战概念按照任务域（M）→作战域（O）→技术域（T）→装备域（E）的逻辑递进展开和细化分解，通过任务概念、装备作战概念和技术概念逐层聚焦装备系统概念，通过任务域、作战域、技术域和装备域的深度耦合，描述新型装备初始图像集的装备系统概念设计方法。图 6.6 为 MOTE 概念设计方法示意图。

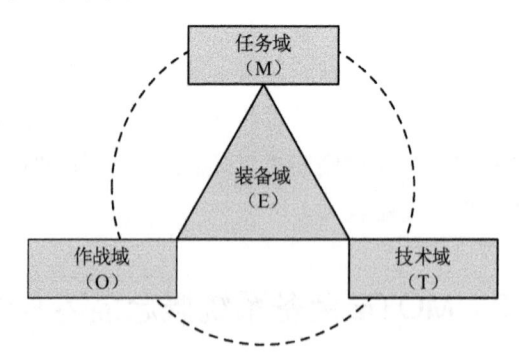

图 6.6　MOTE 概念设计方法示意图

任务域（M）分析基于任务视角，设计新型装备任务概念。任务概念是在分析未来战争形态和作战模式的基础上，梳理新型装备需要承担的作战任务，提出其任务需求，形成任务空间集合，主要回答新型装备"打什么仗"的问题。

作战域（O）分析基于作战视角和任务概念，设计新型装备作战概念。装备作战概念是在任务概念的基础上提出的，通过任务概念聚焦新型装备的作战需求，形成作战空间集合，主要回答新型装备"仗怎么打"的问题。

技术域（T）分析基于技术视角和装备作战概念，设计新型装备技术概念。技术概念以支撑新型装备作战概念为目标，提出新型装备的关键技术需求，形成技术空间集合，主要回答新型装备"凭什么打"的问题。

装备域（E）分析基于装备视角和作战、技术概念，设计具体的装备（平台）概念。装备系统概念是任务概念和装备作战概念落地的载体，是技术概念实现的实体，通过任务、作战和技术需求逐层聚焦到装备需求，形成装备平台空间集合，主要回答新型装备"是什么样"的问题。

任务概念、装备作战概念、装备系统概念和技术概念相互之间是相辅相成的关系，任务和装备作战概念是对装备和技术概念的牵引，装备和技术概念是对任务和装备作战概念的支撑，而任务概念、装备作战概念和技术概念既决定了装备系统概念，同时又由装备系统概念来集中反映。

运用 MOTE 方法应需要注意以下问题。

（1）运用时机。MOTE 方法主要运用于新型装备系统概念探索和研究阶段，主要解决新型装备目标图像问题，即基于前期新型装备作战概念、任务谱、能力谱等研究，在此基础上对装备作战概念、任务概念、能力概念等进行深化和耦合，提炼形成新型装备目标图像，因此其运用时需要前期装备作战概念、任务谱等研究为其提供信息输入。

（2）运用关注点。MOTE 方法运用过程中应重点关注的是装备作战概念、任务概念、技术概念之间的耦合关系，通过辨析相互制约或促进关系，细化装备作战概念、任务概念、技术概念之间的关联映射关系，提取新型装备目标图像，因此该方法既是前期研究成果的深化，也是研究内容的耦合交互。

第 7 章 装备系统概念评估方法

不同人对装备作战概念的理解有所差异，设计的装备作战概念也会有所区别。对装备和作战体系所设计的装备作战概念是否合理、有效是需要进行验证评估的。装备系统概念与装备研制方案、技术研究方案等相比，具有其特殊的属性，装备系统概念评估必须依据这些特性展开。

7.1 装备系统概念评估特点

7.1.1 装备系统概念评估要点

评估是装备发展中极为重要的一个环节，尤其是对于军方而言，评估准则反映军方的导向和牵引，评估结论反映军方的接受程度。

相对设计而言，装备系统概念评估更为困难。而创新提出的新一代装备系统概念必须经过科学的评估，方能对其适用性和有效性进行确认。概念创新和评估确认是紧密关联的一项任务的两个方面，创新的概念只有经过评估方能确认，评估方法只有针对特定的概念方能构建。由于评估的装备系统概念是面向未来发展的，因此仿真评估是进行此类研究所采用的主要技术手段。因此，装备系统概念评估的主要关注点有合理性和有效性两个方面。只有有效证明了这两点，评估结论才具有可信性。

装备系统概念评估包括制定评估准则、设计指标体系、创建评估函数和构建仿真平台等多项内容。前三项内容是相互交叉、反馈的研究内容。装备系统概念评估是一项将作战使用、装备性能、装备技术、技术发展预测、对抗仿真、效能分析等领域的知识关联在一起的研究工作。

一般而言，装备系统概念评估可大致分为四个阶段，如图 7.1 所示。

```
合理性评估
    ↓
实现性评估
    ↓
敏感性评估
    ↓
演示验证
```

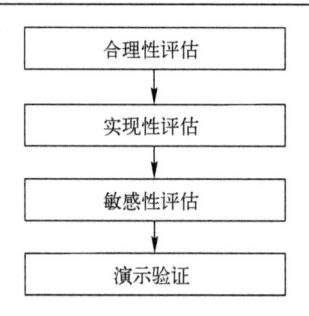

图 7.1　装备系统概念评估

第一阶段：合理性评估。对装备系统概念的技术可实现性、战术可操作性、体系可支持性进行定性评估，辨识支撑能力需求的关键技术领域。

第二阶段：实现性评估。对装备系统概念的技术可实现性、战术可操作性、体系可支持性进行定量评估，给出关键技术的满足程度。

第三阶段：敏感性评估。对装备系统概念的技战术性能进行敏感性分析，明确装备系统概念的能力边界和实现约束条件。

第四阶段：演示验证。在体系化仿真对抗环境中对装备系统概念进行演示验证，全面展示装备系统概念的技术应用和作战效果。

后三个阶段都需要相应的仿真系统的支持，依托仿真系统进行作战实验，验证装备系统概念的合理性和可实现性。

装备系统概念设计与装备系统概念评估是一个反复迭代、逐步深化、渐进修正的研究过程。

7.1.2　装备系统概念评估难点

通过前期的研究，辨识到新型装备系统概念评估主要存在以下技术难点。

1）多目标性

装备系统概念评估是一个多视角综合考核的平衡问题，不同视角考核的是装备系统概念的不同方面，不同视角的评估指标反映了不同的目标指向和要求，因此，装备系统概念评估需要同时考虑基于不同视角的多个评估指标。一般情况下，这些评估指标相互不独立，并有可能是相互矛盾的。装备系统概念评估的指标既要准确体现军方对装备系统概念的综合目标取向，又要反映不同视角考核的特定目标要求，同时还要客观反映各个评估指标的作用以及他们之间的相互关系；既要有综合性的简约，又不失各视角的关注点，简明但要反映要素。

因此，装备系统概念评估过程如何科学合理构建恰当适用的评估指标是研究中需要重点突破的关键技术问题。

解决多目标性难点的方法有主要目标法、隶属函数法、加权法、理想点法、多目标线性规划法和层次分析法等。对于多目标优化问题，在目标指向一致性较好时，可通过综合方法将多目标优化问题转化为单目标优化问题；在目标指向一致性不好时，甚至是冲突时，则只能依据目标的重要度排序进行协调。

2）多层次性

装备系统概念评估是一个自顶向下逐步分解、自下向上渐进集成的分层次研究过程，上一层的评估指标由下一层评估指标集成，下一层的评估指标从上一层评估指标分解，集成有可能引起下一层评估指标特性被淹没，分解有可能引起上一层评估指标特性丢失。如何依据评估目标构建科学合理的概念评估分层次指标体系，是研究中需要重点突破的关键技术问题。

在装备系统概念设计初始阶段，由于对基础层次技术问题的认识还难以到位，因此层次的划分会较为粗糙，随着研究的进展和认识的深入，层次的划分会逐渐细化、明晰化。因此，评估指标的构建要综合考虑装备系统概念设计的这种多层次渐进的特点，分阶段动态构建，逐步深化、细化、明晰化。在第一阶段，直接评估到具体的技战术指标还不现实，主要依据关键能力特征进行评估，随着研究的深入和认识的深化逐步向更为深入的评估层次推进。

3）多方案性

新型装备系统概念评估必定会面对多单位提出的多个方案，由于各单位考虑的角度不同、突出的重点不同、技术优势不同、对某些问题的认识存在区别，因此各单位所提出的新型装备系统概念会存在较大、较明显的差异。这种多方案存在的差异给概念评估带来了明显的困难。

从方法学角度看，新型装备系统概念评估所面临的多方案特点带来的困难主要表现为，要对属性、类别存在较大差异的事物在相同的标准下进行评价。虽然都是战斗机发展概念，但由于各单位的认识角度不同、优势技术领域不同、发展继承关系不同等原因，造成装备同一作战能力的技术途径和方法手段可能存在较大差异。因此，多方案评估所面对的主要问题是，如何将不同方案中对装备同一作战能力的不同表述，合理、有效地映射为评估指标所描述的装备作战能力特征，即要依据评估指标对方案能力特征进行针对性的有效提取，提取的过程要重点关注三个要点：一是不能丢失原方案的特征；二是要符合聚类评估的要求；三是要具有可比性。

4）不确定性

装备系统概念是面向未来的装备发展认识，因此装备系统概念设计本身就存在着一定的不确定性。而评估过程所依据的信息则具有更大程度的不确定性，多数信息需要在已有的少量资料的基础上进行合理预测和科学推断。如作战环境的不确定性、敌我双方对抗体系的不确定性、作战样式的不确定性、装备技术发展的不确定性等因素，这些不确定性因素的集合给方案评估带来了更大的不确定性。这种不确定性对定量化评估形成了很大的制约，使评估结论的可信性受到严重影响。

解决不确定性的关键在于假设的合理性和科学性，要合理地假设未来的条件，首先要保证方向的正确性，至于程度的准确性则应给出一个变化适应范围；其次，对评估所使用的数据一定要进行合理性和有效性的验证和确认。

5）影响因素复杂

装备系统概念评估需要考虑众多的影响因素和相互关系，研究所涉及的不确定因素众多，因素的变化趋势不明确，因素之间相互的作用和耦合关系复杂，并呈现高度的非结构特征。如研究将涉及未来形势分析、未来作战理论、装备体系等众多复杂的、难以量化的因素，这些研究内容涵盖多学科，需要多领域的研究人员合作进行。因此，研究具有一定的难度。

影响因素众多、因素的不确定性、因素之间耦合关系的描述不到位等因素将导致评估结论的可信性下降，因此要设法化繁为简，合理凸显主要因素，忽略次要因素，面对不同的应用条件，掌握主、次因素转变的趋势和规律，合理描述各因素之间的耦合关系；要掌握因素不确定的范围和变化规律，尽可能降低不确定性的影响。

7.1.3 装备系统概念评估准则

新型装备系统概念评估的目的是验证各单位所提出的新型装备系统概念是否符合空军对下一代战斗机发展的需求，是否具有足够的能力担负起未来的作战使命任务，依据对军方需求的满足程度对多种概念进行排序，辨识出方案的优势和差距，在此基础上，对技术风险进行评估。概念评估的有效与否直接关系到新型装备的技术指标、性能指标和新型装备的未来发展方向。

新型装备系统概念评估的首要任务是拟制评估准则。评估准则是评估的依据，是反映军方需求的导向。新型装备系统概念评估应遵循以下准则。

1）有效性准则

有效性评估是指对新型装备系统概念中所提出的能实现的作战能力的有效性进行评估，包括是否能有效实现、能实现到什么程度、实现的代价有多大。有效性描述概念相对于目标的满足度，是决定方案优劣的核心指标。主要关注以下几点。

（1）有效反映军方对新型装备作战能力需求的程度。

（2）在典型作战背景下，新型装备完成既定作战任务的程度。

（3）在典型作战任务中，新型装备满足作战能力需求的程度。

2）实现性准则

实现性是指对新型装备系统概念中所提出的实现作战能力的技战术支持程度进行评估，包括技术是否可支持、战术是否可操作、存在哪些约束。实现性描述概念的实现程度和代价，主要关注以下几点。

（1）实现主要作战能力技术途径的合理性、先进性。

（2）实现主要作战能力的技术可行性、成熟度和经济性。

（3）实现主要作战能力的技术风险。

（4）实现主要作战能力的战术可行性、可操作性和代价。

（5）实现主要作战能力的约束条件（技术、经济、管理、维护保障、体制编制、体系支持、工业体系等）。

实现性准则需要考虑装备发展的阶段性，初期评估重点放在气动结构、隐身性能、机动性能等后期变化影响、代价较大的能力项目方面，对于这些能力项目给予较高的权重。而对于后期可以逐步改进且对变化影响较小、代价不大的能力项目，如航电、武器、网络等则可以在初始评估时采用较小的权重，随着研究的进展和认识的深化，逐步调整。由此可见，评估过程是一个随着认识不断深化的反馈调整过程，评估指标的关注重点随着阶段的变化会动态调整。

3）适应性准则

适应性是指对新型装备系统概念面对未来发展和变化的适应性进行评估，包括是否能有效融入体系，是否具有足够的任务拓展能力，是否具有面对威胁、环境等变化的应变能力，是否能有效实施多样化作战任务，是否具有多型谱发展的拓展能力等。适应性描述概念对面向未来的能力拓展性和应变灵活性的综合性考虑，主要关注以下几点。

（1）有效融入现有及未来的作战和装备体系的程度和代价。

（2）面对未来可能的需求变化的适应能力、适应程度和代价。

（3）面向未来的任务拓展能力、程度和代价（物理结构预留方式和程度）。

（4）面向未来多型谱发展的能力、程度和代价（物理结构预留方式和程度）。

（5）对国家工业体系的适应性（关键技术、材料的国内自给程度）。

4）经济性准则

经济性是指对新型装备系统概念实现的经济性进行评估，主要对概念提出单位的经济性预估方法和结论进行评估。经济性描述概念实现的经济代价，主要关注以下几点。

（1）新型装备系统概念实现的经济性预估方法的合理性和有效性。

（2）新型装备系统概念实现的经济性约束条件。

5）规范性准则

随着科学技术的进步和研究的深入，体系对抗日益成为受人瞩目的研究领域。而且，概念评估对象的数量也日益增加，复杂度日益提高，针对每个评估对象分别进行评估建模分析，已变得越来越不现实，概念评估领域的资源共享需求日益凸显。解决这一问题的有效途径，就是加强新型装备系统概念评估过程各环节的规范化，如评估需求描述的规范化、评估指标提取的规范化、评估建模的规范化等。

6）可操作性准则

评估可操作与否，与评估过程的规范化程度密切相关，符合标准规范的新型装备系统概念评估，其可操作性强。另外，从评估建模的角度考虑，建模输出的评估模型为新型装备系统概念评估人员提供操作接口，即基于评估模型的评估系统应具备友好的用户界面，包括评估需求录入、评估指标生成和调整、评估模型构建和管理、评估结果表现等。可见，评估工具的可操作性或评估系统的有效性，是确保评估有效实施的关键。

新型装备系统概念面对未来的作战任务是否有效和适应，是否能在可承受的条件下实现，以及面对未来可能发生的变化是否具有足够的灵活性是概念评估重点关注的内容。概念有效性、实现性、适应性和多样性评估指标如何构建是概念评估研究的重点和难点。

7.2 装备系统概念评估的内容和步骤

7.2.1 装备系统概念评估内容

装备系统概念的评估应以军事能力需求为基准，沿着能力线和技术风险线同时评估，此外，还需要考虑装备的全寿命费用周期，最后进行综合权衡。概念评估框架如图 7.2 所示。

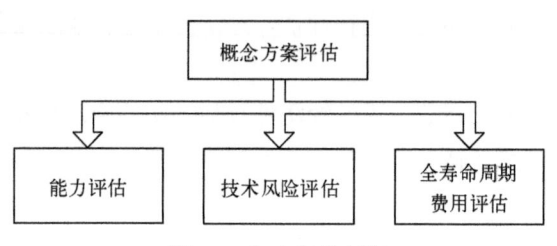

图 7.2 概念评估框架

目前，对新型装备系统概念评估在方法上存在两个难点：一是如何提升仿真环境的有效性和仿真结果的可信性；二是如何将作战、装备、技术等因素有效关联，搭建起由使命任务到装备系统概念评估的桥梁。

对新型装备系统概念的评估方法，目前普遍的认识是搭建新型装备作战战场仿真环境，构建新型装备作战仿真系统，将新型装备放到构建的未来作战体系环境中，依据敏感性分析技术评估新型装备系统概念。

基于 DoDAF 规范，应用 SA 等建模工具开发装备系统概念是目前较为普遍的一种方法，应用该方法设计的装备系统概念可以作为一些货架产品仿真系统的基本输入，这些仿真系统具备对设计的装备系统概念进行演示、验证和评估功能。实际上，这些功能是分阶段、分层次的，对于装备系统概念，演示的是流程，验证的是逻辑，而评估的则是效能。对于基于 SA 等建模工具开发的装备作战概念，这些货架产品的仿真系统可以支持装备系统概念流程演示和基本逻辑验证，但很难支持作战效能的评估。

基于大型仿真环境对新型装备系统概念进行的评估，可信度较低。新型装备是面向未来的装备，基于大型仿真环境进行装备系统概念评估，就要模拟新型装备未来的作战体系、作战环境、作战对手等一系列可预不可知、变化不可控、数据不可测等问题,变数太多,从而使评估的结果可信度太差,缺乏说服力。装备系统概念评估不同于作战推演或训练,利用大型仿真环境进行作战推演或训练时,多数参数和控制关系是明确的。

因此,目前对于新型装备系统概念评估宜采用局部仿真环境,开展"关键能力点"评估。关键能力点评估要明确描述任务与能力之间的因果关系,但这不是概率方法、统计方法所能解决的,要探索函数方法。这种方法要比基于体系的仿真环境开展的全系统装备系统概念评估更现实,评估结果的可信性更高。

装备系统概念评估通常采用结构化方法,结构化方法适于解决程序化问题,而装备作战的非结构化特性使得经简化的结构化模型难以描述其本质特性。不得已而采用的系数法、指数法、概率法等只能描述事物的外包络特性,无法描述其内在规律,只能说明影响趋势,难以说明因果关系和影响程度。

因此,新型装备系统概念评估需要解决用函数描述新型装备的作战应用特性,以有效反映新型装备作战、技术、装备之间相互影响的内在规律。

构建新型装备作战、技术、装备等视图之间的关联关系是进行新型装备系统概念仿真评估的必要条件,也是开展新型装备任务系统需求研究的基础。构建关联关系的关键是定量描述作战能力、装备战技指标和作战效果之间的关联关系,即函数化关联关系。因此,构建关联关系是新型装备系统概念评估研究中需要重点突破的关键技术。

目前,对于这些关联关系的处理存在以下两种认识。

(1)利用 SA 等建模工具,通过建立作战、能力、技术等各视图模型,由系统自动生成作战、能力、技术之间的关联矩阵,从而获得它们之间的关联关系。通过实践认识到,SA 等系统辅助生成的仅是这些因素关联关系的描述,不能给出关联程度。关联程度的描述需要通过构建相应的关联函数方能有效进行。

(2)借助于仿真环境进行仿真实验可以得到作战、能力、技术之间的关联关系。但是,搭建装备系统概念仿真环境的基础首先是构建与作战使用高度关联的数学仿真模型,这些模型应该就包括反映作战能力、装备能力、战机指标及作战效果之间的关联关系模型。这就出现了相互依存的逻辑矛盾。当然,通过长时间的渐进式修改完善,会逐步得到对关联关系的认识,但这是经验的,而不是科学的,反映了对问题的认识还不深刻。

实际上,构建关联函数也是新型装备系统概念设计构成需要解决的关键技术,更是后续研究的基础,是一项必须攻克的难关。

7.2.2 装备系统概念评估步骤

基于以上认识，鉴于目前对于新型装备全寿命费用周期的分析还缺乏统一的认识，需要进一步的深入研究。因此，先从典型能力评估和技术风险评估两方面入手对新型装备概念进行评估，并重点依据能力线进行关键能力点评估。评估的基本步骤如图 7.3 所示。

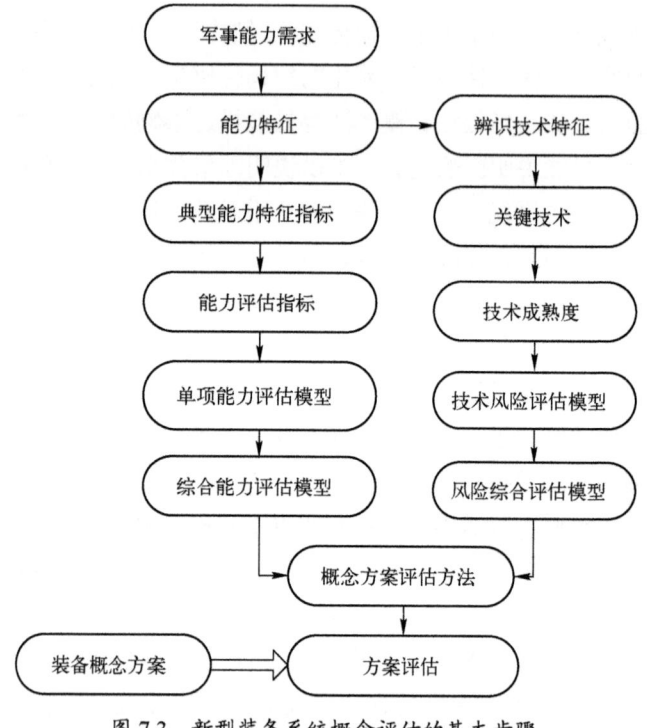

图 7.3 新型装备系统概念评估的基本步骤

能力线评估，从军事需求角度辨识出新型装备能力特征，基于能力特征提取出反映能力特征的典型能力特征指标，综合使命任务、作战使用、军事能力等多方面要求，针对每项典型能力特征指标提出能力评估指标，并建立单项能力评估模型，综合全部典型能力特征指标，构建新型装备能力综合评估模型，对新型装备系统概念满足军事需求的程度进行综合评估；技术风险线评估，基于能力特征辨识出典型技术特征，进而提取出单项关键技术，依据各单项关键技术的成熟度，建立技术风险评估模型，评估单项技术存在的技术风险，最后建立风险综合评估模型，实现对新型装备方案风险的综合评估。

7.3 典型评估方法分析

7.3.1 三层五项评估方法

针对每一个装备作战概念和装备系统概念的评估，均要分三个层次，针对五项内容进行，如表 7.1 所列。

表 7.1 装备作战概念和装备系统概念三层五项评估方法

层次	评估内容	应用实例
第一层：战略层面	国家战略制约因素评估	美战略导弹换装常规弹头
第二层：战术技术层面	技术可实现性评估	—
	作战使用制约因素评估	空基反导（绝对制空权制约）
	任务可替代性评估	空基反卫（可地基加助推器）
第三层：综合评估	经济可承受性	战斗机空中待战巡逻
	首长偏好	—
	潜在效益等	阿波罗计划、"两弹一星"、载人航天

三层五项评估方法本身不独立，而是在其他各种研究方法之中融合使用。可以进行单项评估，也可以进行对比评估。对比评估是进行取舍、权衡的主要依据。三层评估从上至下推进，上一层方案评估通过后方可进入下一层评估。哪一层评估不通过则意味着相应的研究内容需重新进行研究，然后提出新的方案再进行评估。

三层五项评估方法实际上是一个对方案进行评估的逻辑步骤，具体采用哪种评估方法视具体情况而定。

7.3.2 基于能力需求的概念评估方法

基于新型装备典型作战能力需求的概念评估是实现对新型装备预期作战效果的定量评价。通过评估可以在宏观上实现对新型装备系统概念的取舍和优选，进一步找出新型装备发展的薄弱环节，提出新型装备未来的发展方向与发展重点。

当前在方案评估方面，主要方法有层次分析法、模糊评价法、灰色评估法、作战模拟法、指数法、解析法和专家评定法等。这些评估方法各有优点，分别从不同的角度和侧面对方案进行评价，以求得到具有最优满意度的评价结果。然而，由于新型装备系统概念阶段的信息具有极大的模糊性、不确定性和不完备性，使得新型装备系统概念的评估成为一个极其复杂的多准则评估过程，很难单纯运用一种方法对新型装备概念进行准确评估。因此，鉴于目前新型装备作战概念研究的现状，本书对新型装备系统概念的评估主要基于新型装备六项典型能力特征建立评估指标体系，构建反映新型装备典型能力特征的指标和关联函数，评估初级阶段先采用专家评分法和解析法对新型装备的单项能力指标进行比较，然后通过对新型装备系统概念关键指标的优化权衡，探索新型装备发展的优化方案。

7.3.3 基于技术风险的概念评估方法

对于装备研制项目本身来说，辨识风险是风险管理的第一步，这项工作全面、准确与否直接影响后期工作的展开。风险主要包含技术风险、进度风险、费用风险、管理风险和环境风险等。风险之间相互影响、相互转化。技术风险是大型装备研发项目最主要、最关键的风险，也是引发进度和费用风险的主要因素。对于新型装备的研制而言，由于采用了大量高新技术，一部分技术、部件、子系统等尚不完全成熟，技术的不确定性非常大，导致项目预研中必然存在更多的技术风险。因此，必须基于技术风险对新型装备的概念进行评估，选出新型装备研制中的最优方案。

7.3.4 基于 CR/TRR 的综合评估方法

前文从军事需求角度，基于典型能力特征指标和技术风险对新型装备的概念评估进行了研究。通过建立新型装备单项能力评估模型，分析典型能力特征指标，初步构建了新型装备典型能力评估模型。同时，基于能力特征辨识出新型装备的典型关键技术，依据单项关键技术的成熟度，采用技术结构分解的方法，建立了基于 TBS 的新型装备技术风险评估模型，给出了新型装备技术风险评估管理系统的结构框架。本书后续研究将会在前文的基础上进一步深入具体，不断细化新型装备的典型能力特征指标和涉及的关键技术，综合新型装备的能力线需求（Capability Requirement，CR）和技术风险线需求（Technology Risk

Requirement，TRR）两条评估主线，提出基于 CR/TRR 的新型装备系统概念综合评估模型，从能力需求和技术风险两方面实现对新型装备系统概念的综合评估优选。

7.4 装备系统概念评估应注意的问题

相比设计而言，评估更为困难。创新设计的新一代装备作战概念必须经过科学评估，方能对其适用性和有效性进行确认。概念创新和评估确认是紧密关联的一项任务的两个方面，创新的概念只有经过评估方能确认，评估方法只有针对特定的概念方能构建。由于评估的概念是面向未来发展的，因此仿真评估是进行此类研究所采用的主要技术手段。作战使用概念评估包括作战想定拟制、评估准则制定、效能函数构建、仿真模型构建、原始数据开发、仿真系统搭建、仿真方案制定、仿真结果分析等一系列研究内容。

1）拟制仿真作战想定

仿真评估的首要因素是拟制仿真作战想定。仿真作战想定是实施作战使用概念仿真评估的驱动，是对作战使用过程的合理设计，通过合理设计仿真评估过程，验证研究人员提出的作战使用概念，并对完成规划任务的关键能力进行敏感性分析。

拟制仿真作战想定是装备作战概念评估的源头。作战想定是战争研究的成果，包含军事理论、装备体系、关键技术、战术运用等一系列内容。作战想定的质量从源头决定着装备作战概念评估的质量。

2）制定仿真方案

制定科学的仿真方案也是进行仿真评估的重要环节。仿真方案体现了装备作战概念评估的目的、方法和步骤，它将作战问题转化为用模型描述的数学问题。仿真方案通过效能函数体现仿真的目的，通过提出假设体现仿真的方法和步骤。模型的合理和准确程度、数据来源的可靠性，以及效能函数的有效性等因素都将影响仿真评估的合理性和有效性。

在过去的研究中，由于拟制作战想定和制定仿真方案的不足，从而造成一般意义上的仿真对作战描述的认可程度较低，研究结果的可操作性差等缺陷。这种局面的形成主要是由于研究人员对作战和装备使用的内在规律把握不充分，与作战、装备没有有机融合，从而导致研究过于定性化，理论研究没创新，难以指导实践；或研究过于数学化，指导实践不适用，与实际脱节。同时，模型的构建、数据的收集等技术因素也严重制约着仿真评估方法的可信性和有效性。

3）拟制评估准则和构建评估函数

评估准则是对新型装备作战使用概念进行作战适用性、有效性评价的依据，也是设计新型装备作战使用概念的方向性参照。拟制评估准则的主观影响因素众多，如何客观、合理地对新型装备作战使用概念进行评估，评估准则的拟制具有十分重要的导向性。

评估函数是对新型装备作战使用概念进行敏感性分析和优化导向的有效工具。通过仿真验证，以评估准则为依据，以评估函数为导向，输出合理适用的新型装备作战使用概念和任务谱，并对能力谱进行规划。

拟制评估准则和构建评估函数是一项将作战、能力和技术三个视图高度关联起来的研究工作。研究内容既包括战术战法、作战样式、装备作战运用、编制体制等军事理论研究内容，还包括关键技术可用性、贡献度等技术研究内容，同时也包括装备体系等综合因素。由于影响因素众多，且处于不同的层面，因此拟制和构建科学有效的评估准则和评估函数相当困难。影响研究的难点问题主要不是硬件技术问题，而是软件技术问题，是人的问题，是思维的问题，是方法的问题。

4）构建战术技术指标与装备能力的关联函数

通过新型装备作战概念研究，我们认识到，评估的关键是构建相应的效能函数，将关键技术性能与主要的作战能力关联起来，效能函数不仅要能反映关键技术性能与主要的作战能力的关联关系，还需要具有良好的敏感性和简易性。

在新型装备战术技术指标框架仿真评估研究过程中，如何有效构建战术技术指标与装备能力的关联函数对于仿真结果的可信性影响十分显著。关联函数与效能函数的构建既有相同之处，又有区别。相同之处体现在两个函数同样是将关键技术性能与主要作战能力关联起来。区别之处体现在：效能函数是基于评估准则构建的，在评估准则的导向下，效能函数提供指标评估的程度和优化方向，一般情况下是单变量函数，而关联函数则主要描述战术技术指标与装备作战能力的关系，什么样的指标可以达到什么样的能力，多数情况下是多变量函数；另一方面，关联函数主要关心的是两者之间的关联关系，而效能函数则主要关心的是两者之间的变化关系，因此在某种程度上可以认为效能函数是关联函数的导数。

多数情况下，关联函数与效能函数的构建方法是相同的，但通过分析，对于新型装备战术技术指标框架的评估，两者之间存在一些差异。对于这种差异的大小和方式，目前还没有获得十分清晰的认识，认识不清晰的问题一般是困难的问题。攻破这一困难问题是项目研究中的一项重要内容。关联函数与效能函数的明显区别在于，关联函数更多地涉及多指标映射多能力的描述问题，而效能函数一般描述的是单指标映射单能力的问题。

一般而言，单一指标映射单一能力的问题最好函数化，多指标映射单一能力的问题也可通过多元决策方法函数化，较难描述的是多指标映射多能力的问题。指标与能力之间相互交叉，彼此不独立，高度非线性、非结构化。通过前期的研究，面向新型装备战术技术指标框架仿真评估，多技术映射多能力的问题是遇到的主要难题。可采用指标或能力重要度排序的方法和指标或能力在仿真过程中进行阶段轮换冻结的方法解决，方法的实质就是将多因素的问题转化为阶段单因素的问题予以解决。

对于多因素影响的评估问题，在影响因素之间的一致性较好时，可通过综合方法、重要度排序方法将多因素问题转化为单因素问题；在影响因素之间的一致性不好，甚至是冲突时，可考虑采用某些非数学方法协助进行评估。

对于非线性因素的影响，由于数学手段的匮乏，一般采用线性化处理将非线性因素转化为线性因素，或局部因素问题进行评估。

对于动态因素的影响，同样由于数学手段的匮乏，一般采用冻结的方法将动态因素转化为静态因素或阶段、局部静态因素进行评估。

5）构建装备能力与作战效果的关联关系

装备能力与作战效果关联关系构建是进行新型装备作战使用概念评估的基础。基于效果的作战追求以最有效的方式达成作战目标，而不是仅仅追求物理上的毁伤效果。构建装备能力与作战效果之间的定量关联关系则是进行新型装备作战使用概念仿真评估的必备条件。

构建装备能力与作战效果关联关系的关键是对其进行定量描述。要准确描述这种定量联系所涉及的主要因素包括作战任务的主要目的、作战对手、作战对手的作战能力、战场环境、体系支持能力、技术支持能力、联合作战需求、经济可承受能力等。研究所涉及的不确定因素众多，因素的变化趋势不明确，因素之间相互的作用和耦合关系复杂，并呈现高度的非结构特征。因此，研究具有一定的难度。

6）综合运用多种方法

评估是一项综合性的研究任务，一般而言，对于一项新的研究，完全适应的现成方法是不存在的。不同的评估方法具有各自不同的特点，适应于解决不同类型的问题，普适性的万能评估方法是不存在的。要视问题的特点和评估的要求采用适用的方法，最好采用多种方法同时进行，而后比较不同方法的结论做出判断。

因此，面对不同的评估对象和评估任务，需要运用不同的评估方法，或采用多种方法的组合，在必要时还需对已有方法进行适应性改进。

在认识层面，评估相比设计而言要高一个层次，评估比设计需要考虑的因素更多、更广、更深入、更细致，需要更高层次的系统思维。用形象的比喻来说，设计像西医看病，针对性很强，而评估更像中医看病，需要辨证施治。

7) 深刻了解问题的背景

对于实际应用，评估问题不仅是一个纯数学问题，它带有强烈的实际背景，对实际问题的深刻了解对于问题的评估具有决定性的意义。

第8章 装备作战概念设计案例

装备作战概念设计是一个系统性很强的实践过程，本书介绍了装备作战概念设计描述、验证评估的相关方法，通过以下几个案例，对装备作战概念研究方法的具体应用进行详细阐述。

8.1 有无协同态势感知作战概念设计

随着无人机和人工智能等技术的快速发展，无人机的作战应用已逐步从独立执行任务向协同执行任务领域拓展，通过有人/无人协同作战，可以使无人机更加深入地融入作战体系，大幅提升体系的综合作战能力和战场生存能力。

有人/无人机协同态势感知是将具有强隐身和远距探测能力、飞行员可实时完成复杂决策的有人机作为指挥机，将具备多种任务构型、可抵近敌方目标并装载高保真侦察载荷、隐身性能更加优异的无人机作为侦察机，指挥机位于敌方的火力打击范围之外，侦察机处于指挥机的监视空域，在数据链等信息的支持下，侦察机和指挥机通过密切协同完成信息获取、战术决策、指挥引导和武器制导等过程达成作战任务。有人/无人机协同态势感知是一种新型的作战模式，没有现成的模板可以参照，需要从概念探索入手进行研究。

8.1.1 协同态势感知作战任务分析

1）战场协同态势感知的需求

博伊德提出的 OODA 环理论将作战过程分解为观察（Observation，O）、判断（Orientation，O）、决策（Decision，D）、行动（Action，A）四个相互关联的环节。通过 OODA 环可以将复杂的有人/无人机协同作战过程模块化，构成作战能力生成的基本回路，如图 8.1 所示。

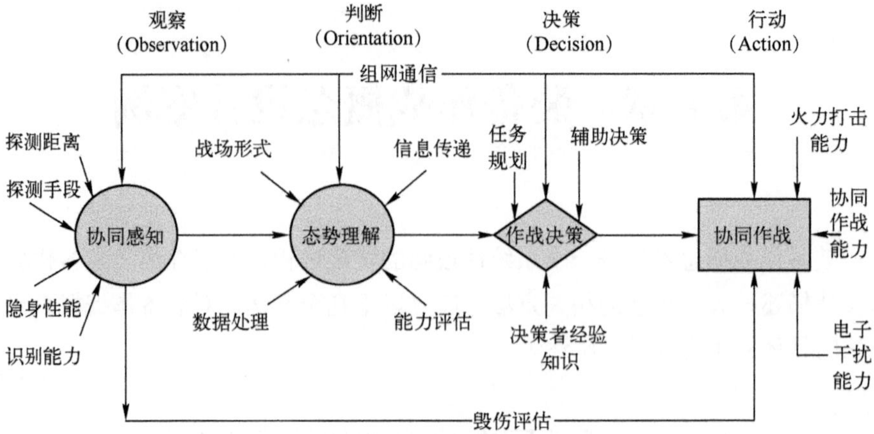

图 8.1 有人/无人机协同作战 OODA 环

其中，"协同感知"和"态势理解"的双"O"（态势感知）是作战环闭合的前提，如果无法实现高效的态势感知，OODA 环将在"O-O"之间陷入死循环，难以实现作战环的闭合，将直接影响作战过程的实施和作战效果的达成。

在高对抗环境下，态势感知作战过程中可能面临敌方的对抗。一是过早暴露己方战略意图导致丧失作战主动权；二是执行态势感知任务的作战平台成为敌方打击的首批目标。隐身有人/无人机协同态势感知能够利用编队的"无察觉"突防能力抵近实施侦察任务，或者在敌方对无人机实施攻击前将态势信息回传，可以较好应对敌方对抗行为。不同编队形式执行态势感知任务的对比分析如表 8.1 所列。

表 8.1 不同编队形式执行态势感知任务的对比分析

编队形式	优势	不足
隐身有人/无人机协同态势感知	可隐蔽突防至敌防区附近执行态势感知作战任务，编队作战效益高	对平台隐身性能、有人/无人机性能指标匹配，以及编队间隐蔽通信能力要求高
无人机编队协同态势感知	可长时间执行常态化态势感知任务，有效避免飞行员损失	可能过早暴露己方战略意图，对无人机的控制技术和智能化协同能力要求较高
非隐身有人/无人机协同态势感知	有人机飞行员能够较好控制无人机实施态势感知，可降低对无人机智能化协同能力的要求	编队隐身性能差，可能过早暴露己方战略意图而影响作战任务实施，非隐身有人机受到敌抗击概率大

2）体系支持条件下隐身飞机编队能力分析

隐身的强项是打击，隐身飞机的传感器是为了辅助打击，而不是用于态势感知。态势感知能力不是隐身飞机的强项，应尽量由体系中不同的平台来承担这一任务。

根据战场环境特点，体系支持条件可区分为优势、对等、劣势三种状态，不同状态下的隐身有人/无人机编队作战特点不同，如表 8.2 所列。

表 8.2　不同体系支持条件下的编队特点

编队特点	优势条件	对等条件	劣势条件
战场态势	掌握全面	掌握模糊	难以掌握
目标指示和指挥引导	及时准确	误差较大	无法进行
传感器使用	可以减少传感器使用	需要利用自身传感器进行局部区域补充搜索	需要利用自身传感器进行大区域搜索
射频隐身	长时间处于射频隐身状态	短时间放弃射频隐身状态	机载雷达搜索效率低，可能会长时间放弃射频隐身
作战形式	可隐蔽接敌，对敌发起准确、快速攻击	可能先敌攻击，但存在遭受不可预测攻击的可能	可能导致遭受不可预测的攻击
作战效能	较高	降级	严重降级

综合分析，体系支持条件"对等"和"劣势"两种场景中，隐身飞机难以在保证自身安全的情况下对敌方态势进行较好的预警、探测、分析和回传，有人/无人机协同态势感知可以为破解这一难题提供可行的解决方案。

3）协同态势感知作战任务分析

有人/无人机协同态势感知作战概念研究中，无人机为具备机场水平自起降能力的大型无人机，有人/无人机组合编队一般由 1 架有人机与 3～6 架无人机组成，视技术进展情况可调整编队中无人机的数量。执行作战任务时，可以视作战任务需求，出动单组合编队或同时出动多个组合编队。有人/无人机组合编队在任务区域分布式广域部署，形成分布式作战体系。隐身飞机和无人机的任务载荷可以有多种选择，依据任务需求灵活配置。随着技术的发展，机载任务系统可考虑采用积木式组合架构、软件化定义功能的先进模式。协同态势感知作战任务示意图如图 8.2 所示。

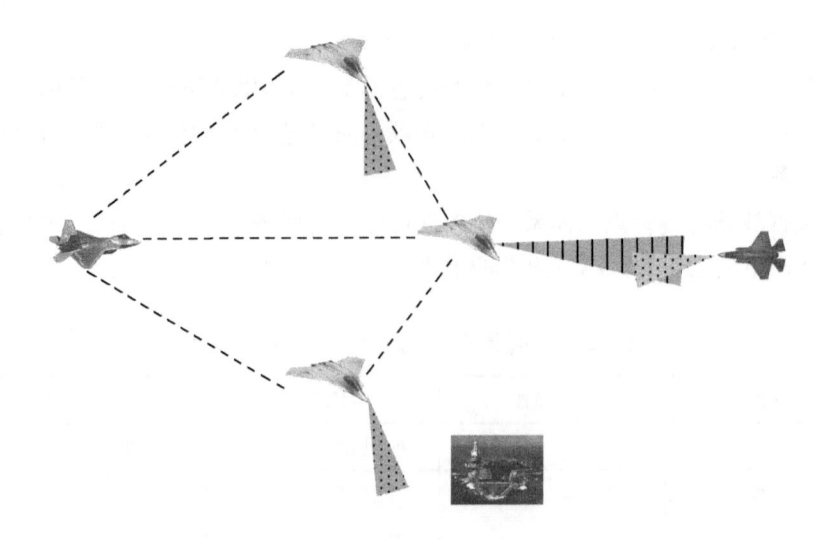

图 8.2　协同态势感知作战任务示意图

在对远程地/海面目标实施态势感知作战任务时，多架无人机依靠机载传感器的性能，在空中广域分布式部署，形成间隔距离较大的空中长基线编队队形。在被动模式下，长基线可提高定位的精度并缩短定位收敛时间；在主动模式下，可扩大传感器系统孔径，提高探测范围和探测效率。多架无人机的探测数据传给有人机进行融合，也可以通过卫星链路或空中中继传给后方基地进行融合，形成统一的战场态势信息。

在远程空中进攻作战任务中，如预警机难以伴随作战编队前出作战，则可利用多架无人机对远程空中目标进行探测，无人机可依据传感器和数据链性能，在有人机前方形成宽阵面探测编队，为远程进攻的空中作战编队提供大范围的战场态势感知信息。

有人/无人机协同态势感知作战任务既可以单独实施，也可以与协同制空作战和协同对地/海面目标打击作战等任务相互结合。单独实施的作战内容等同于协同侦察预警，主要关注的是战略级或战役级的态势感知；与协同制空作战和协同对地/海面目标打击作战任务相结合的作战内容主要关注战术级和交战级的态势感知，此时编队前方的无人机除携带传感器载荷外，也可携带相应的弹药，在有人机的指控下，对发现并确认的地/海面目标实施火力攻击。

8.1.2 协同态势感知顶层作战概念

1）顶层作战概念

有人/无人机组合编队可以通过传感器协同方式，对地/海面和空中目标进行有源或无源定位。有人/无人机组合编队实施有源协同感知，应在确保编队隐身能力和实现能量最优化控制的原则下，基于协同电磁态势评估来实施有源协同感知。有人/无人机组合编队实施无源协同感知能够解决单机无源感知无法准确定位、定位收敛时间较长的问题，可以利用无源手段形成实时攻击态势。有人/无人机协同态势感知顶层作战概念示意图如图 8.3 所示。

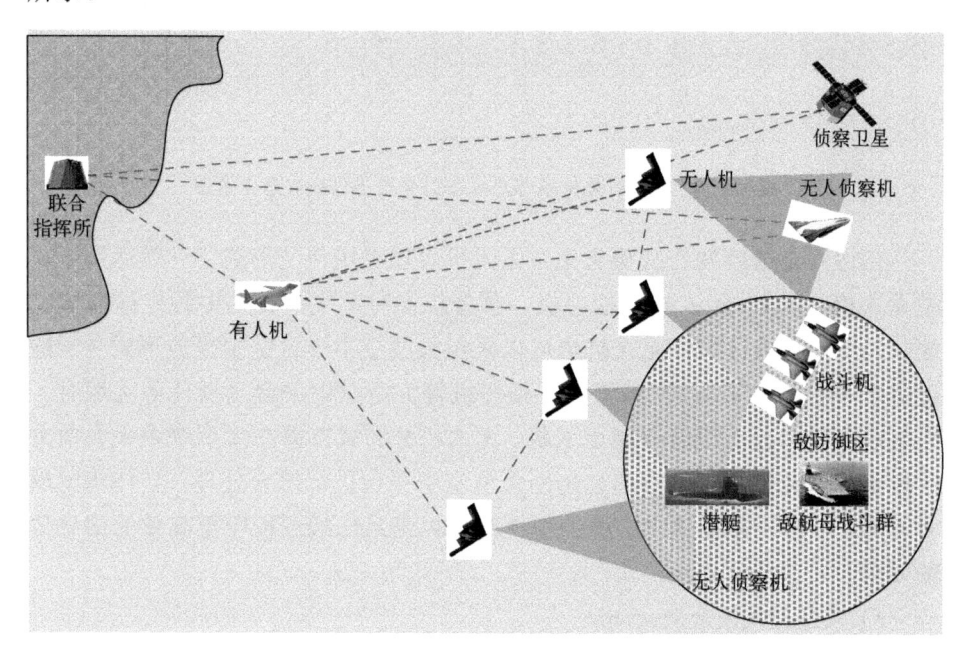

图 8.3 有人/无人机协同态势感知顶层作战概念示意图

有人/无人机组合编队对任务区进行探测搜索，发现目标后，将目标信息上报联合指挥机构，对目标实施连续跟踪；在联合指挥机构指挥下，组合编队为武器发射平台指示目标、更新目标信息、进行导弹中制导和作战效果核查，广域协同目标跟踪与攻击引导顶层作战概念示意图如图 8.4 所示。

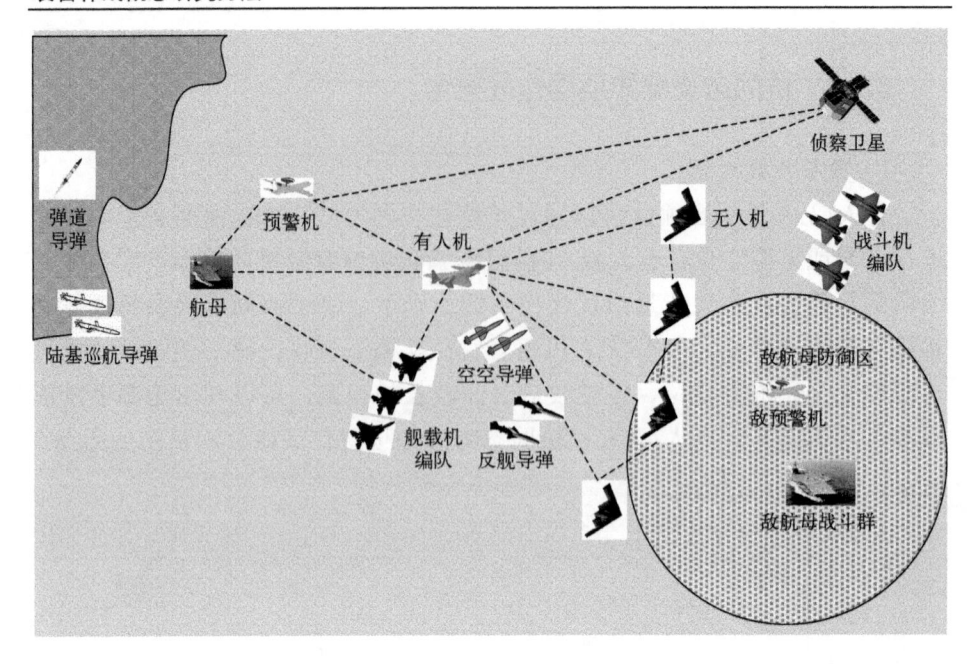

图 8.4　广域协同目标跟踪与攻击引导顶层作战概念示意图

在协同态势感知作战概念中，无人机可以采用伴飞形式（一般适用于大型无人机），编队无人机与战斗机、预警机同时起飞，在空中预定区域集结编队，飞向任务区域；无人机也可以采用大型空中平台空中投放形式（一般适用于小型无人机），在预警机、指挥机等大型空中平台飞抵任务区域时，大型空中平台投放出若干架无人机，无人机分布式部署在大型空中平台前方区域实施广域侦察，侦察信息传回大型空中平台进行综合处理。当任务区域较远时，可能还需要建立必要的中继节点以满足作战过程中更高效的信息传输要求。

2）装备作战概念概括描述

（1）作战背景。敌方对我实施强势威慑，天基探测平台和有人探测平台不可用，需要出动有人/无人机组合编队，对敌方目标动态实施侦察，为作战行动提供实时情报保障。

（2）作战任务。对敌方目标实施侦察定位，包括位置定位、装备体系配套、战备状态、电磁信号、气象状态等信息。

（3）作战对象。敌方机动兵力、舰船、军事基地等。

（4）作战实体。有人机与无人机组成的组合编队。组合编队一般由 1 架有人机和多架无人机组成。视任务需求，可以同时出动多个组合编队，以提高搜索和发现效率。

（5）作战实体任务分配。作战实体任务分配如表 8.3 所列。

表 8.3 作战实体任务分配

作战实体	任务分配	备注
有人机	前出战场态势侦察；组合编队指挥控制	组合编队出动数量依据作战任务需求确定，编队间距、编队模式、飞行高度等参数依据作战任务需求、传感器性能、数据链路性能、体系信息支援条件等参数确定。 运用原则：组合编队协同侦察阵面要对可能的任务区域具有完全覆盖能力
无人机	前出战场态势侦察	无人机前突，前突距离依据无人机性能、作战任务需求、数据链路性能、体系信息支援条件等参数确定。 作战使用原则：有人侦察机编队位于敌预警机发现范围之外
体系信息源	目标初始位置指示	为作战体系提供目标初始粗略定位数据。 运用原则：在联合作战框架下，综合多源信息，为组合编队提供实时信息，信息时延、误差等要求依据空中平台飞行和传感器性能确定

（6）体系支持条件。初始目标信息来源和作战过程中的粗略信息支援实体为作战体系中的卫星、侦察机（临近空间无人侦察机、高空长航时无人侦察机）、预警机、地海基预警雷达等。作战过程中的实时精确信息支援实体为作战体系中有人侦察机和无人侦察机。

（7）任务流程。

① 有人机与无人机从同一机场或不同机场起飞，在空中预定区域集结编队，飞赴任务区域。可在飞赴任务区域途中，在安全区域实施空中加油。

② 接近任务区域，编队拉开间距，面向任务区域分布式部署，有人机位置在后，无人机位置突前。编队间距视任务需求、传感器和数据链路性能确定。有人机与无人机的间隔距离保持通视，依据数据链路性能确定间隔距离。

③ 突前的数架无人机组成宽探测阵面，探测阵面宽度可达数千千米量级；无人机可采用多种类型的传感器（雷达、光电、SAR、电子战等）对任务区进行感知，以多样化手段提升对任务区的感知能力。无人机感知的信息通过具备

隐身性能的机间链传给后置的有人机。

④ 后置的有人机对无人机感知的信息进行融合处理，形成任务区战场态势。有人机利用卫星链路或其他链路将任务区战场态势回传给联合指挥机构。在数据链路支持的条件下，无人机也可直接回传感知数据，由联合指挥机构进行信息融合。

⑤ 一旦发现目标，有人机可指挥编队中的其他无人机向目标区域围拢，从多个方向、多个角度、使用多种手段对目标实施详细侦察。详细动态信息通过数据链路回传给联合指挥机构，可由有人机进行信息融合，也可将探测信息直接回传给联合指挥机构，由联合指挥机构进行信息融合。

⑥ 组合编队持续侦察监视目标，若对敌方目标实施火力打击，则组合编队可担负目标指示、中制导和效果评估任务。

⑦ 任务结束，组合编队交替退出任务区，至安全区域后返航。可在返航途中，在安全区域实施空中加油。

（8）应用时机和程度。协同态势感知作战时战役层面的作战任务，适于在战前侦察，或在平时对敌方的演习演练进行抵近侦察时使用，也可以在对敌方目标实施打击前进行目标侦察定位，组合编队同时可承担导弹中制导和效果评估任务。

3）装备作战概念设计

参考 DoDAF2.0，可从作战交互关系、作战状态转换活动模型、作战事件跟踪描述三个角度分析设计有人/无人协同态势感知作战概念。

有人/无人机协同态势感知的作战交互关系如图 8.5 所示。

协同态势感知通过任务规划、飞行管理、传感器控制、通信控制和情报获取等部分的作战交互进行高效的情报信息和战场态势的获取，将这些重要信息融合处理并传输到下一作战活动，以此来保证协同作战达到预期的作战效果。

IDEF3 过程描述获取是目前应用较为广泛的一种结构化、图形化的过程建模方法。可基于 IDEF3 对象状态转换网图建立作战状态转换描述图，通过描述有人/无人机编队作战状态随各种作战事件的转换来部分展现远程态势感知作战过程的状态转换，如图 8.6 所示。

第8章 装备作战概念设计案例

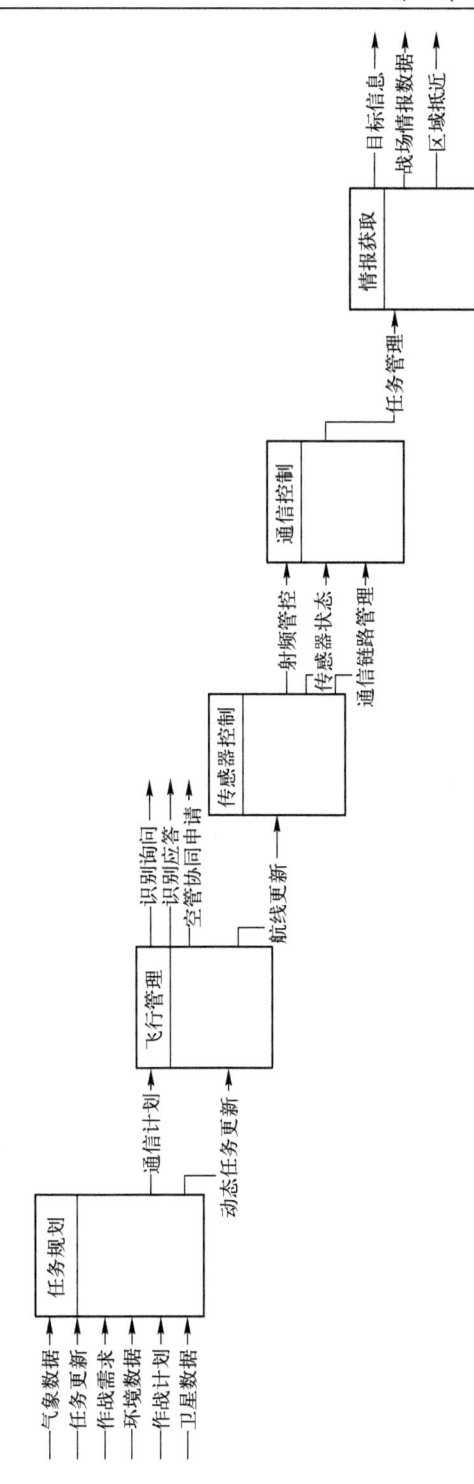

图 8.5 协同态势感知作战交互关系示意图

141

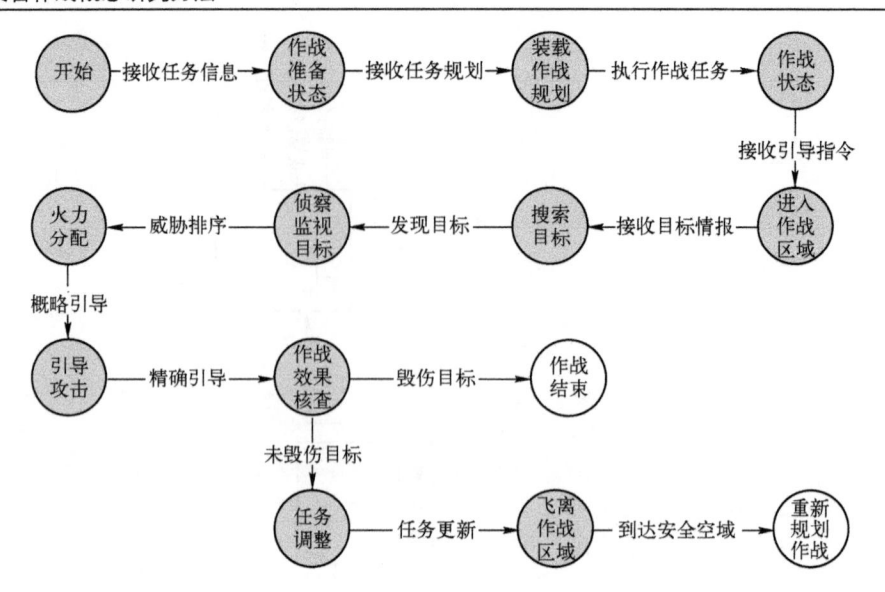

图 8.6 有人/无人机编队作战状态转换活动模型

图 8.6 主要展现了作战过程中各类作战状态的转换，包含战前准备、战中实施和战后检查评估等状态。从接收作战任务开始，在战前做好准备，之后结合任务规划开始执行作战任务并进入作战状态，在作战编队进入作战区域后进行信息情报收集工作，对任务目标进行侦察监视，结合战场实际情况以及作战目的对作战目标进行威胁排序，并在此基础上调整火力部署，作战单元在概略引导下对任务目标实施作战攻击，在作战攻击任务完成后，侦察力量在精确引导下对作战效果进行检查评估，若达到作战目标则宣告作战结束并开始返航，若没有达到作战目标则根据当前的战场态势重新进行规划调整，直到安排就绪，时机到达则重新开始执行作战任务，之后的作战状态转换与前面的状态先后转换保持一致。

DoDAF 的作战视图对作战过程的动态特性描述支持能力有限，为描述有人/无人机协同态势感知作战过程的动态特征，开展有人/无人机协同态势感知作战的逻辑闭环验证，建立态势感知作战事件跟踪描述图，如图 8.7 所示。

图 8.7 的事件跟踪描述图为泳道图，能够较为清晰地描述出某个活动对应发生在哪个结构部分，通过定义联合指挥机构、隐身飞机、无人机和敌方目标四个作战主体间带有顺序和时间属性的态势感知作战活动，动态描述"成功执行一次协同态势感知作战任务"所要完成的作战活动及其时间顺序。作战主体

间包含相互区别联系的作战活动,详细描绘了有人/无人机协同态势感知作战的具体流程。

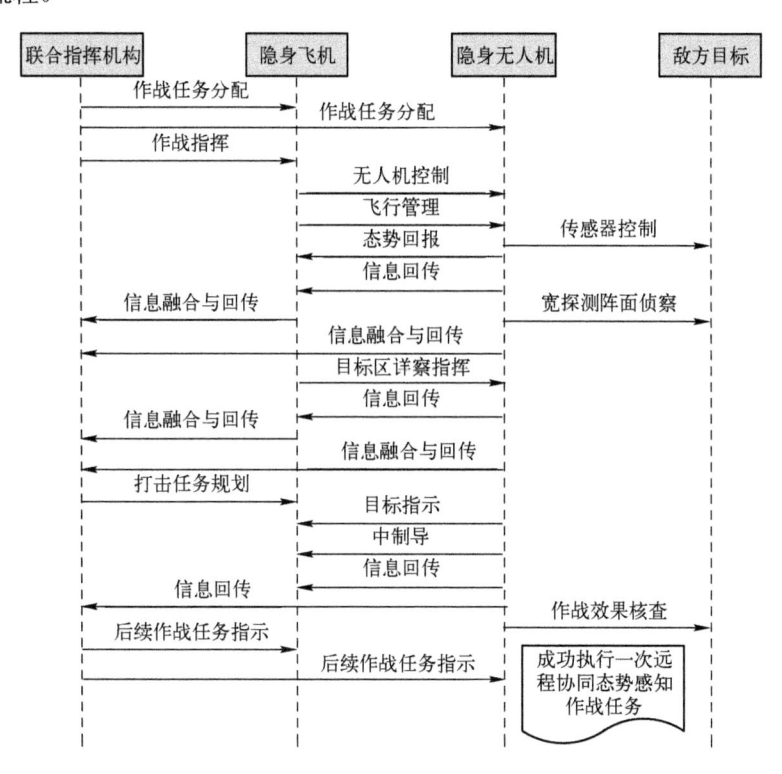

图 8.7 有人/无人机协同态势感知作战事件跟踪描述图

在该事件跟踪描述图中,共有联合指挥机构、有人机、无人机、敌方目标四部分,在这四个部分之间有不同的活动走向联系,具体深入地描绘出有人/无人机协同反舰作战的具体流程,主要内容是联合指挥机构对有人机与无人机下达作战任务,之后对有人机进行具体的作战指挥,同时在作战过程中有人机对无人机进行指挥控制和具体的飞行管理,之后无人机在基于传感器控制上对敌方目标进行信息情报的获取,然后无人机将态势回报给有人机,并同时将信息进行回传。有人机将信息融合与回传给联合指挥机构,而无人机对敌方目标进行宽探测阵面侦察,基于此情况无人机直接将信息融合与回传给联合指挥机构。然后有人机对无人机实施目标区详察指挥,对于信息的处理分为两个方向:一个是由无人机将信息回传给有人机,之后再由有人机将信息融合与回传给联合指挥机构;另一个是由无人机直接将信息融合与回传给联合指挥机构。联合指挥机构将打击任务规划下达给有人机,无人机将目标信息和中制导传输给有人机,同时无人机将信息传输给有人机和联合指挥机构,然后无人机对敌方目标的打击效果进行核查,基于作战效果核查的结果,联合指挥机构对有人机和无人机下达后续作战任务指示,至此顺利完成有人/无人机协同态势感知作战任务。

8.1.3 作战概念必要性与可行性分析

有人/无人机协同态势感知作为在军事需求和技术进步双层推动下产生的新型作战概念,具备切实的必要性和可行性。

1) 必要性分析

(1) 采用卫星实施侦察,存在实时性差、侦察窗口有限、易受气象条件影响等限制,难以保证对战场态势的实时掌握;空中侦察手段具有实时性、机动性、灵活性等特点,并且可以具有足够的任务区侦察窗口,采用空中侦察手段,结合天基初始信息指示,可大幅提升作战能力。

(2) 组合编队采用无人机前置、有人机后置的部署方式,既可以保证有人机的安全,又可以获取抵近侦察优势。

(3) 组合编队采用有人机与无人机协同探测模式,既可以利用无人机前出的优势,又可以发挥有人机的决策优势。

(4) 组合编队所采用的无人机分布式部署方式,可以大幅拓展任务区感知范围,同时组合编队中的各架无人机可搭载不同的感知任务载荷,以多样化手段对任务区战场进行多维感知。

2) 可行性分析

(1) 组合编队所涉及的空中平台现在和未来都有多种选择,发展中的平台性能可为满足组成组合编队的需求奠定可靠的装备平台基础。

(2) 数据链路技术和装备的进步,为组合编队快速形成隐身、稳定、健壮的空中分布式网络化作战系统奠定了坚实的技术基础。

(3) 有人机控制无人机的技术在不断进步,目前1架有人机控制3架无人机的技术能力已经具备。随着技术的发展,尤其是人工智能技术的发展,1架有人机控制无人机的数量可达到6架以上。

(4) 随着人工智能技术的发展,无人机的自主能力将会进一步提升,从而提升组合编队的作战效能,增加组合编队中无人机的数量,减轻组合编队中有人机飞行员的任务负担。

（5）组合化轻量型传感器技术的快速发展可以支持对无人机感知任务载荷多样化、组合化、轻量化的需求。

3）概念应用制约条件

有人/无人机协同态势感知作战概念的应用制约条件主要体现在无人机自主能力、数据链路可靠性、作战使用准则和联合作战协同四个方面。

（1）无人机的自主能力是制约1架有人机控制多架无人机的技术瓶颈。这一制约因素对组合编队作战能力的影响十分显著，克服这一制约因素对无人机的自主能力提出了很高的需求，期盼人工智能技术的突破。目前1架有人机控制3架无人机的技术能力已经具备，随着技术的发展，尤其是人工智能技术的发展，1架有人机控制无人机的数量可达到6架的目标。编队规模增大后，态势感知作战的范围、精度、实时性等能力水平将得到实质性跃升。

（2）有人机与无人机性能指标差异是需要利用战术手段弥补的重点问题。从短期来看，有人机与无人机的性能指标还不能较好匹配，无人机在速度、航程等方面落后于有人机，需要针对性地研究异构编队的生成、保持和重构技术。

（3）作战使用准则的建立是提升无人机自主能力的关键问题之一。只有在完善的作战使用准则的指导下，无人机的自主能力才有可能落地。建立组合编队作战使用准则是一项困难的任务，快速发展中的人工智能、大数据、机器学习、数据训练等技术方法的发展为其提供了可用的方法手段。

（4）协同态势感知作战概念是联合作战中的一环。因此，联合作战思维、联合作战指挥、联合作战规划，以及联合作战中各军兵种力量的有效协同是十分重要的影响和制约因素。

8.2 有无协同反舰作战概念设计

全是高端有人机的空中装备结构愈发难以为继，大国间的高强度作战必须正视战损问题，有无协同作战充分结合有人/无人各自优势，规避各自劣势，是一种效果好、可行、发展可持续、经济可负担的发展之路。本节以有人机与无人机协同反舰作战为例，介绍作战概念的设计过程与基本要素。

8.2.1 协同反舰作战模式

1）作战使用模式

有人机与无人机基于任务进行协同作战时，通过情报总站完成对敌方情报信息的有效获取与共享，同时通过联合指挥机构在获取的情报基础上进行决策分析，对作战活动任务进行具体分配，并将目标信息作为重要资源分配给各个作战力量单元，进而执行抵近目标实施火力打击的作战活动。有人/无人机反舰作战使用模式示意图如图 8.8 所示。

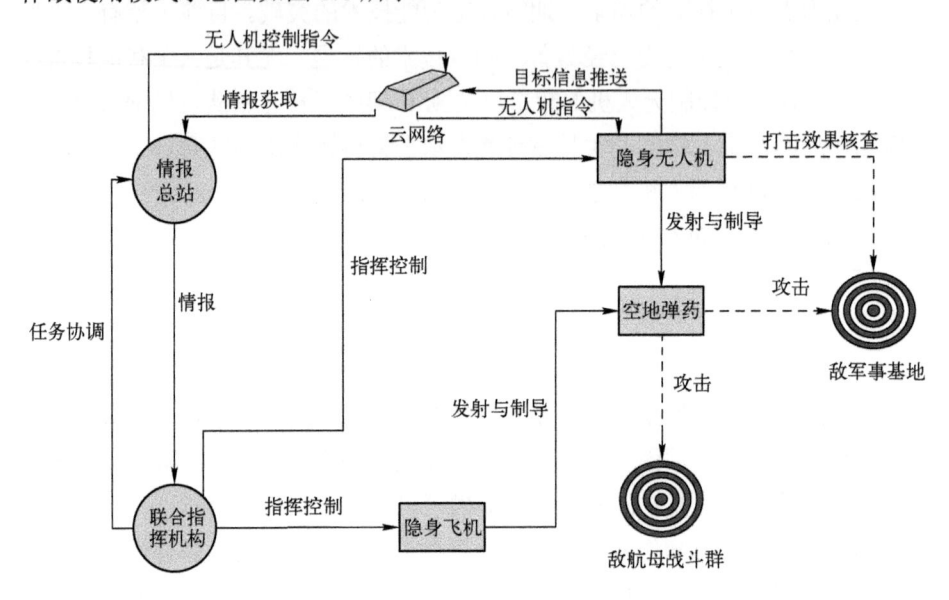

图 8.8 有人/无人机协同反舰作战使用模式示意图

2）作战能力分类

有人/无人机协同反舰作战过程中，作战能力包含多个方面，可以对作战体系中各个能力之间的具体结构或联系进行分解，如图 8.9 所示。

图 8.9 中，通过树状结构将有人/无人机协同反舰作战能力进行三级分解，主要包括作战预警、作战管理与指控、作战评估、通信传输和火力打击等能力。

在此基础上，依托能力依赖模型，进一步分析各个能力之间的依赖关系，如图 8.10 所示。

第 8 章 装备作战概念设计案例

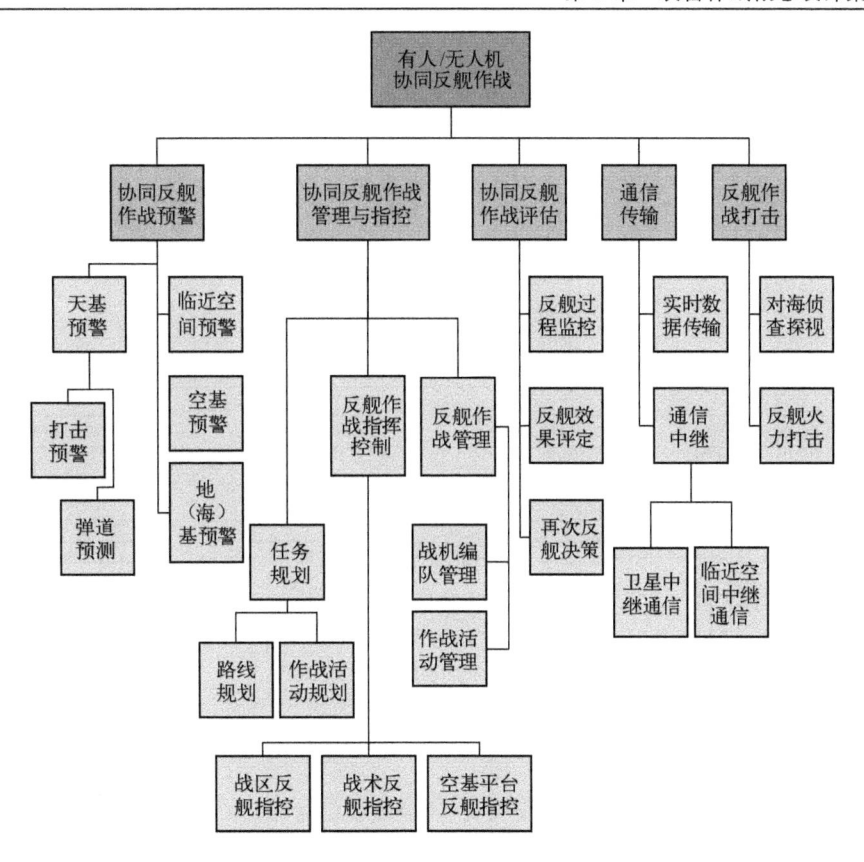

图 8.9 有人/无人机协同反舰作战能力分类

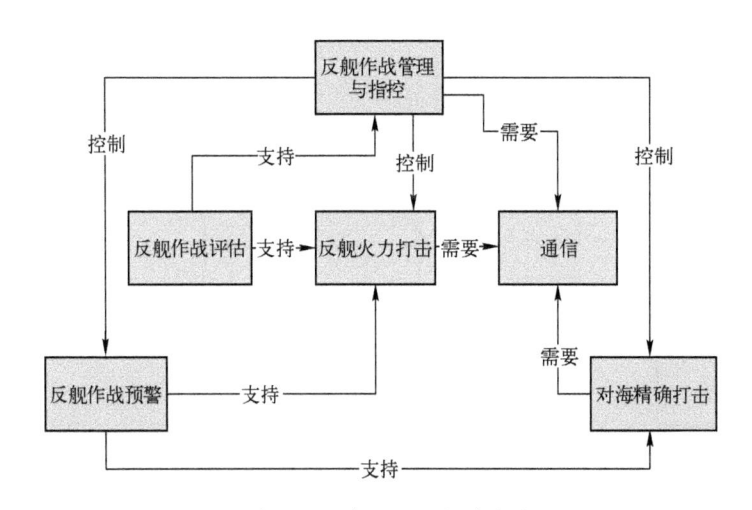

图 8.10 有人/无人机协同反舰作战能力依赖

3）作战活动分解

依据有人/无人机协同反舰作战目标、任务特点和作战环境，作战活动可分为协同态势感知、协同识别跟踪、协同攻击引导、作战效果核查四种类型，如图8.11所示。

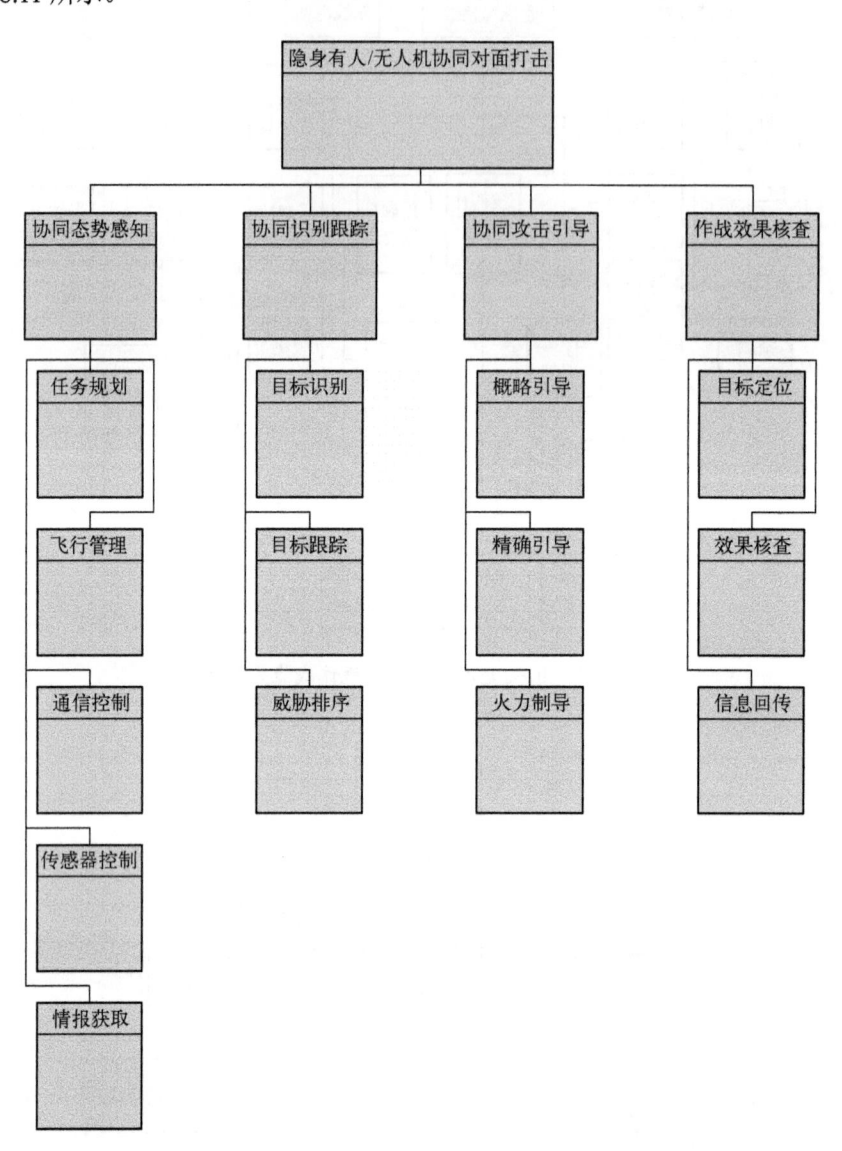

图8.11 有人/无人机协同反舰作战活动分解示意图

作战活动分解主要是以 OV-5a 为基础，按照作战活动以及与其相关的作战能力依次展开，显示实施反舰作战所需要执行的活动和各活动包含的作战行动。

8.2.2 协同反舰作战交互关系

1）作战活动间交互关系

结合各作战活动的具体信息和相互关系，建立有人/无人机协同反舰作战活动间作战交互关系，如图 8.12 所示。

其中，有人/无人机协同反舰作战各活动间的交互关系主要包括协同识别跟踪、协同态势感知、协同攻击引导以及作战效果核查等部分。

2）各作战活动的交互关系

有人/无人机协同反舰作战过程中，协同态势感知、协同识别跟踪、协同攻击引导、作战效果核查等作战活动的交互关系如图 8.13～图 8.16 所示。

图 8.13 中，协同态势感知作战交互关系主要包括任务规划、飞行管理、传感器控制、通信控制和情报获取等部分。

图 8.14 中，协同识别跟踪作战交互关系主要包括目标识别、威胁排序和目标跟踪等部分。

图 8.15 中，协同攻击引导作战交互关系主要包括概略引导、精确引导和火力制导等部分。

图 8.16 中，主要是完成对作战任务的效果核查，给出对比分析评估结果，并将评估结果进行信息回传以获得最终效果，以便及时进行调整规划。

8.2.3 协同反舰作战系统研究

1）作战系统接口描述

系统接口描述能够清晰描绘作战资源结构化的具体过程，将具体的作战过程与系统结构联系起来，如图 8.17 所示。

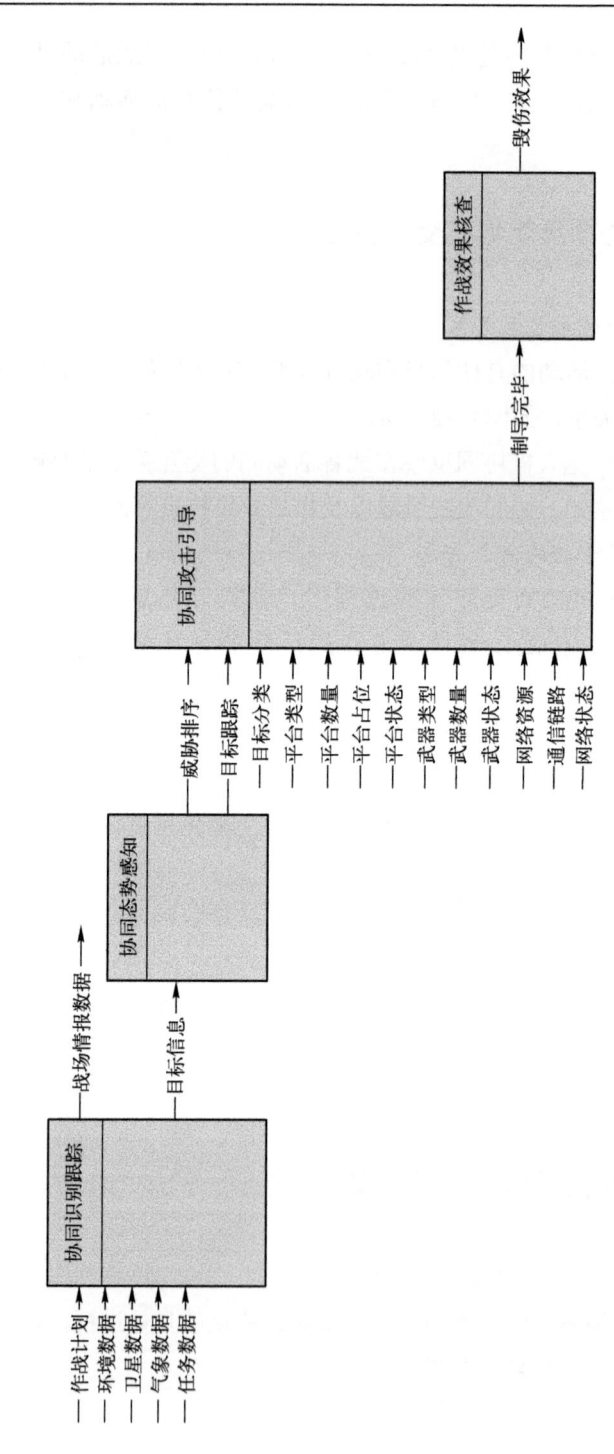

图 8.12 有人/无人机协同反舰作战活动间作战交互关系示意图

第8章 装备作战概念设计案例

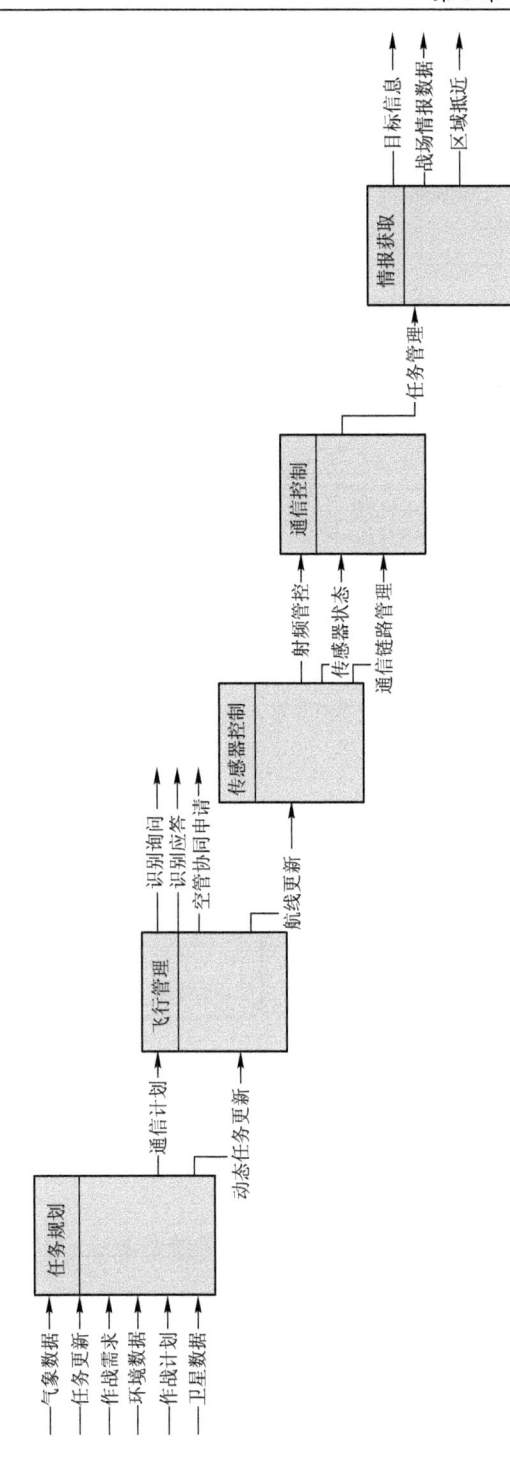

图 8.13 协同态势感知作战交互关系示意图

151

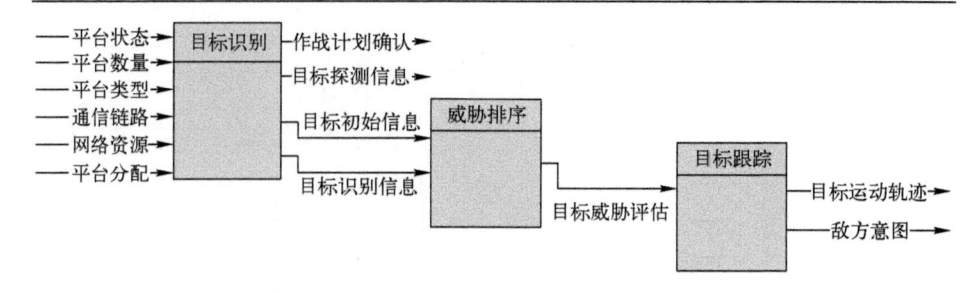

图 8.14 协同识别跟踪作战交互关系示意图

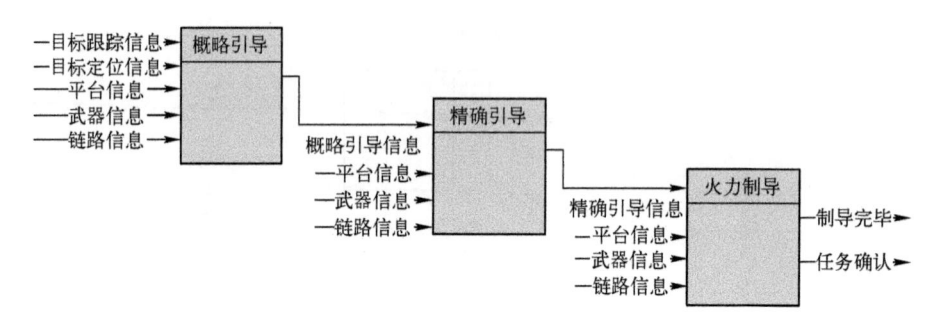

图 8.15 协同攻击引导作战交互关系示意图

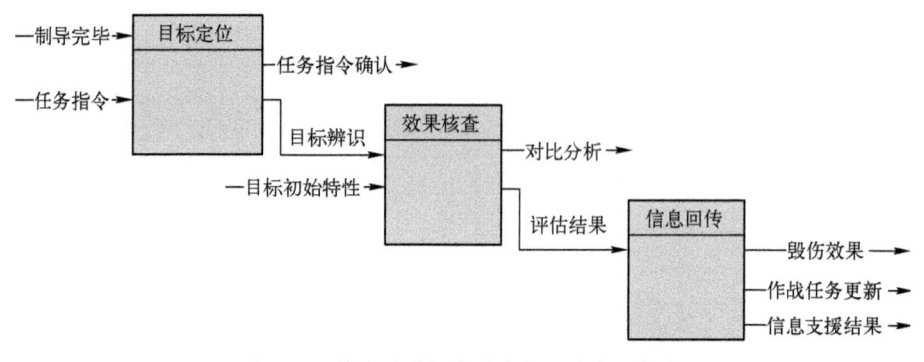

图 8.16 作战效果核查作战交互关系示意图

2）作战资源流描述

资源流描述主要是用来对目标系统之间的系统资源流，以及相互间连接时所运用的协议栈进行具体说明，如图 8.18 所示。

3）作战系统功能研究

系统功能描述主要从功能分解和系统数据流两方面进行阐述，进一步展示围绕作战任务目标所具有的各类功能，如图 8.19 所示。

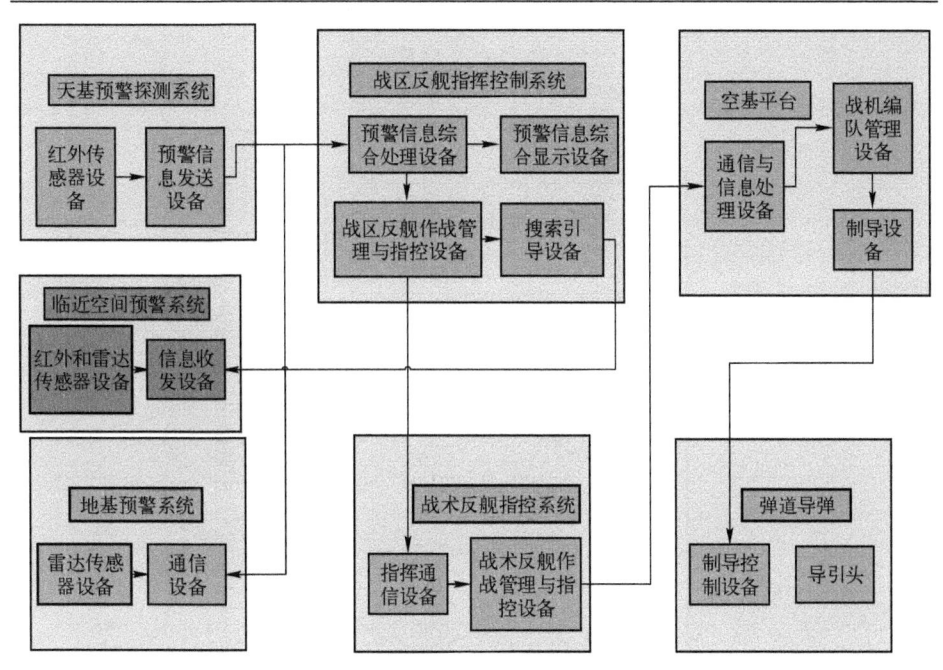

图 8.17 有人/无人机协同反舰作战系统接口描述

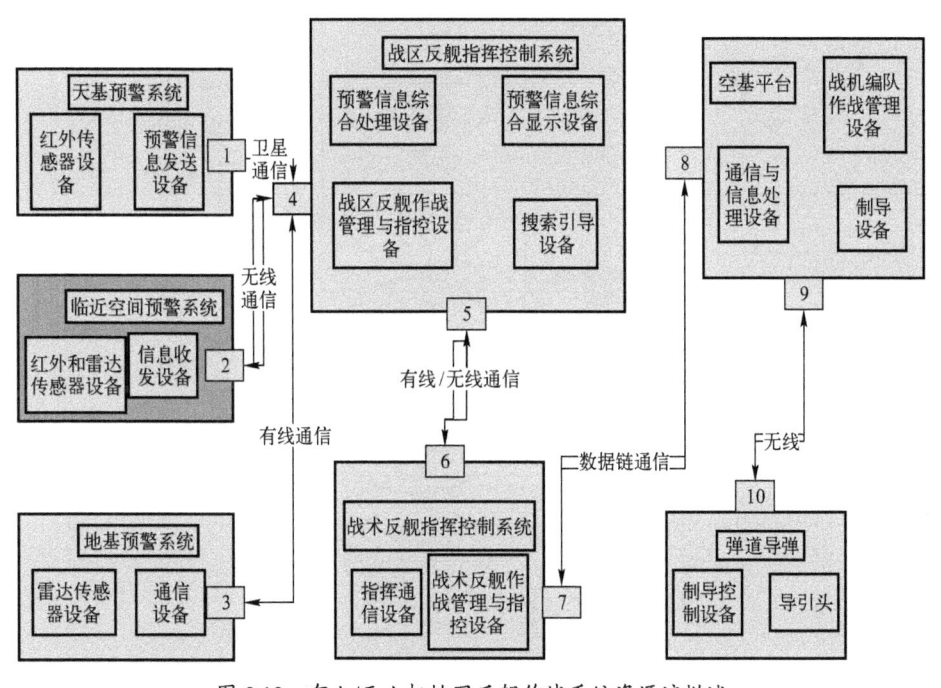

图 8.18 有人/无人机协同反舰作战系统资源流描述

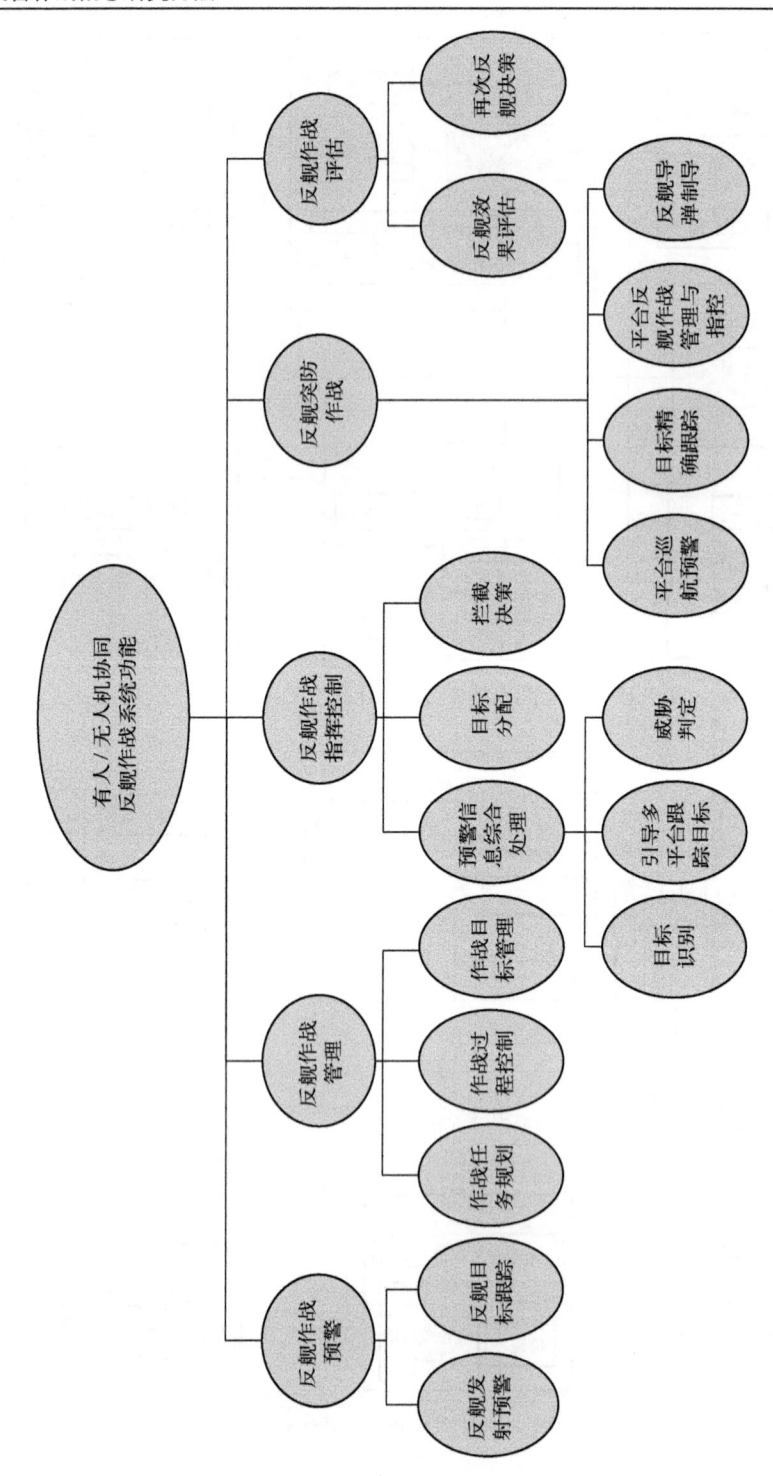

图 8.19 有人/无人机协同反舰作战功能分解模型

图 8.19 中，系统所包含的具体功能主要有反舰作战预警、反舰作战管理、反舰作战指挥控制、反舰突防作战和反舰作战评估等。在此基础上，显示目标系统的数据流走向联系，展示协同反舰作战系统各功能之间的数据流，如图 8.20 所示。

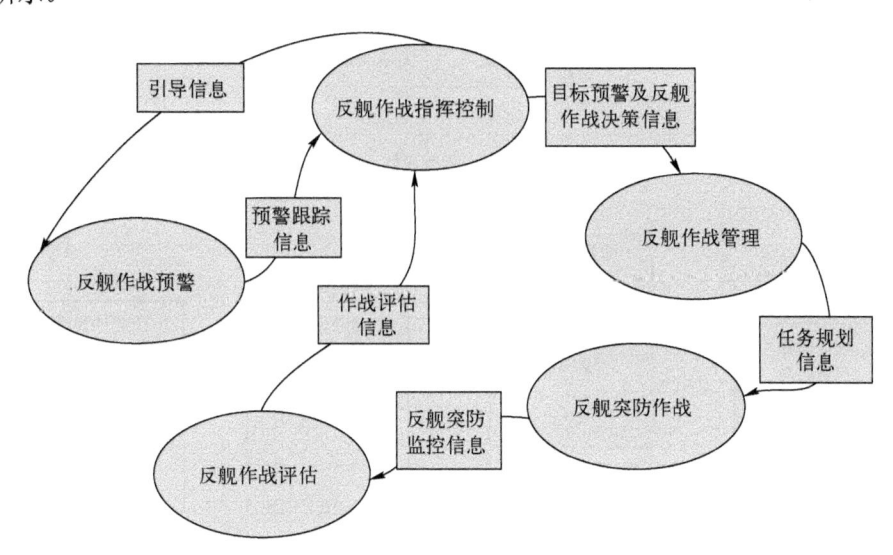

图 8.20　有人/无人机协同反舰作战系统数据流模型

8.2.4　协同反舰作战数据与信息模型研究

1）作战逻辑数据模型

逻辑数据模型主要是以 IDEF1X 语法为基础来建立描述，主要是依托图形和文本等形式对体系中各关键部分间的信息交换进行研究，如图 8.21 所示。

2）作战物理数据模型

有无协同反舰作战物理数据模型主要是定义不同系统或者有关数据的结构，对逻辑数据模型起支撑作用，如图 8.22 所示。

3）作战规则模型

为描述作战的状态转换过程和转换规则，基于 IDEF3 的过程流图（PFN）建立作战规则模型，如图 8.23 所示。

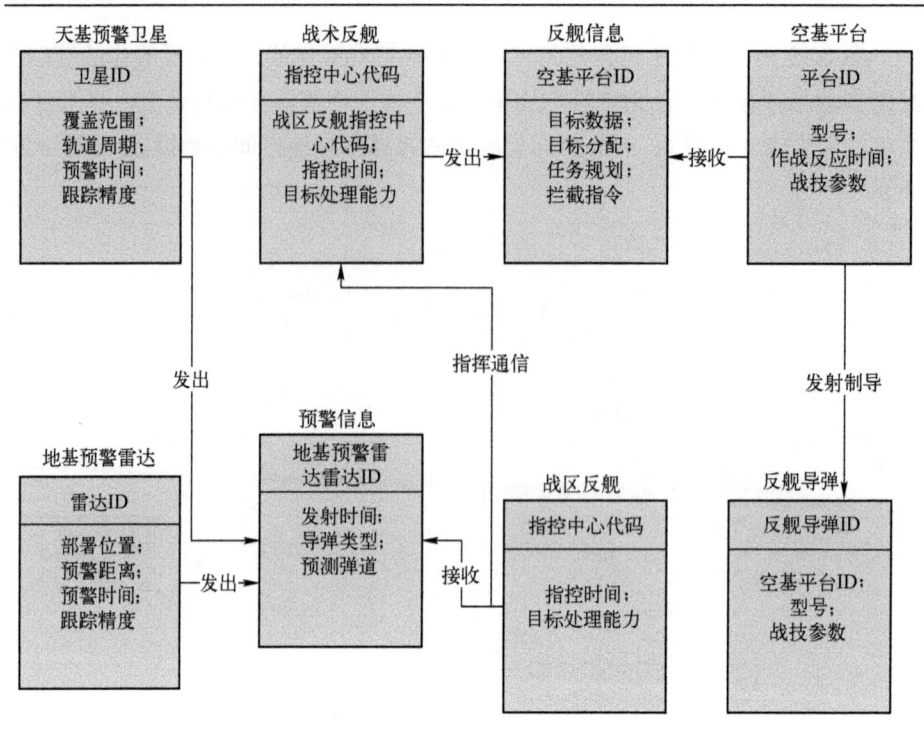

图 8.21 有人/无人机协同反舰作战逻辑数据模型

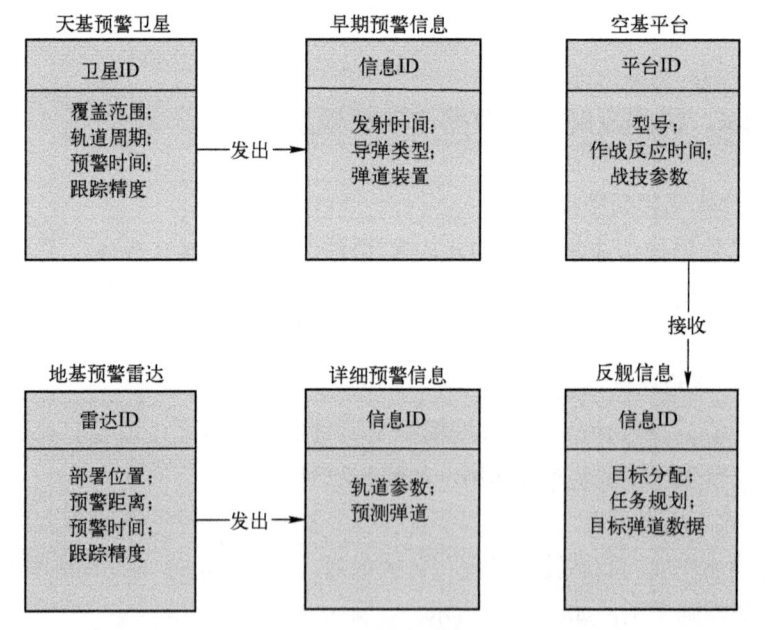

图 8.22 有人/无人机协同反舰作战物理数据模型

第8章 装备作战概念设计案例

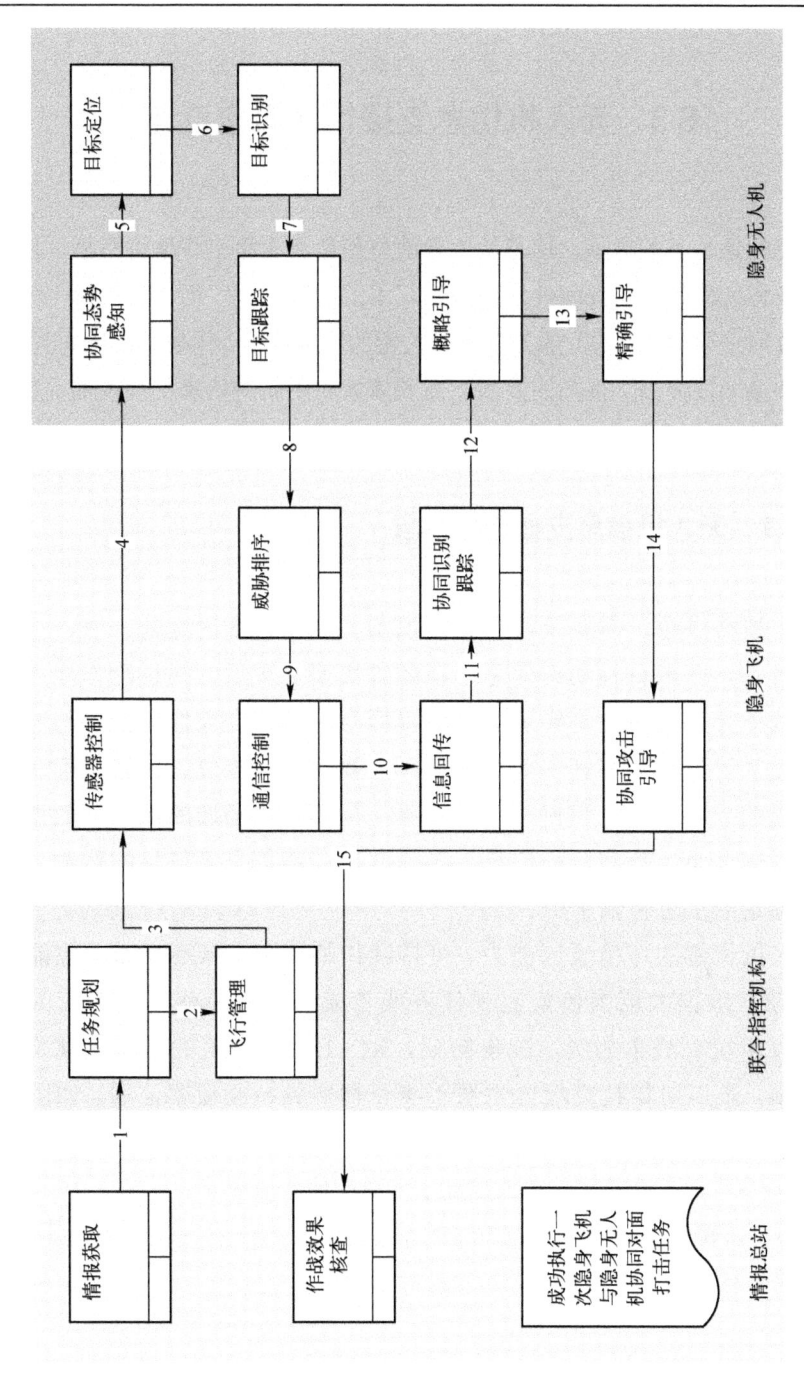

图 8.23 有人无人机协同反舰作战规则模型

8.3 无人机信息支援作战概念设计

信息化条件下的作战，信息的主导地位使信息支援工作地位凸显，信息已经突破在传统战争中的保障性地位成为基本的制胜要素，而信息支援也开始由从属地位向主导地位转变，成为直接和关键的作战要素。作战对信息的时效性、准确性和连续性提出了很高的要求，需要探索应用新的信息支援技术、装备、模式来满足作战需求。

8.3.1 无人机信息支援作战需求

从作战需求看，需要及时发现、识别、监视战场区域陆、海、空、天的各种目标，获取目标动态信息，在经过快速处理后，提供给作战指挥机构和作战单元，其目标是实现对重要目标全天时、全天候的侦察与监视，为武器提供目标指示和打击效果评估；需要对目标定位、武器精确制导提供全天候的导航、定位和授时信息服务；需要可靠畅通的通信和数据中继保障。通信信息、侦察监视信息、导弹武器铰链信息等信息的传输，都需要持续稳定的信息传输平台。

无人机优越的环境适应能力、可持续作战能力，以及快速响应能力使其能够独立承担大范围侦察监视任务或者成为已有侦察监视手段的有力补充。以伊拉克战争为例，战争初期，RC-135侦察机的侦察监视距离和范围有限，难以对伊拉克境内主要军事目标实施持续侦察监视，如图8.24所示。

"全球鹰"无人机的加入大大提高了美军的侦察监视能力，其与RC-135侦察机配合，可覆盖伊拉克境内约80%的军事目标，为作战决策提供了强有力支持，如图8.25所示。

第 8 章 装备作战概念设计案例

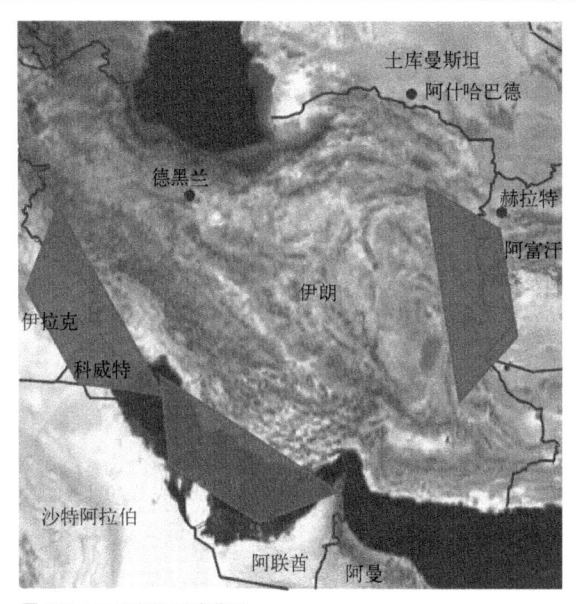

■ RC-135 侦察机覆盖范围

图 8.24 RC-135 侦察机独立执行侦察监视任务的覆盖能力（彩图见插页）

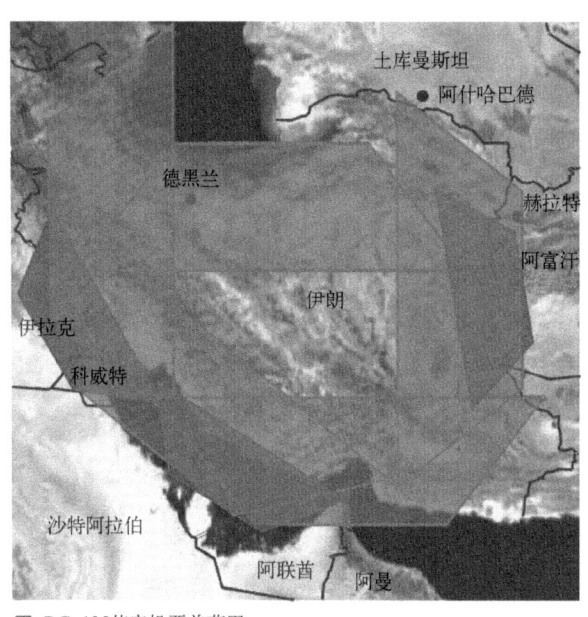

■ RC-135 侦察机覆盖范围
■ "全球鹰" Block 30 无人机覆盖范围

图 8.25 "全球鹰"无人机配合 RC-135 侦察机执行侦察监视任务的覆盖能力（彩图见插页）

伊拉克战争期间，美军用于打击伊拉克防空系统的55%以上时敏目标信息是由"全球鹰"无人机提供的。另外，"全球鹰"无人机在战争中还用来为F/A-18C"大黄蜂"战斗机传递数据，成功摧毁了伊拉克的导弹系统。

无人机具有快速到达、快速响应、细致性较高、生存力较高的能力特征，可承担预警探测侦察、定位引导攻击、作战效果评估、信息链路中继、精确火力分配、抵近压制干扰等信息支援作战任务，将能够较好解决实时细致侦察能力不足、战场生存能力不高、抵近侦察能力欠缺等问题。

8.3.2 无人机信息支援装备作战概念

1) 无人机信息支援作战模式

无人机在执行信息支援作战任务时，能够与有人机、舰艇以及弹道导弹系统配合，为武器提供必要的引导指令，提升在复杂环境下的作战能力。

无人机与有人机配合时，存在概略引导和精确引导两种典型作战模式。概略引导模式下，无人机只须提供敌方威胁目标的大致活动范围，将有人机导引到敌方目标活动区域附近，然后由有人机自行完成对目标的探测、跟踪与火力打击。该模式下需要有人机接近敌目标实施火力打击，无人机担负类似预警机的角色。

无人机与舰艇、弹道导弹系统配合作战时，主要使用火力制导模式，作战思想与上述类似。

无人机信息支援作战模式如图8.26所示。

图8.26描述了无人机执行信息支援作战的整体作战场景，给出了参与作战的各个组织及组织间的信息交互关系，直观描述了各组织相应的作战活动，是无人机信息支援作战顶层的装备作战概念描述。作战组织间的连线表示组织间的信息交互和相应的作战活动。

2) 无人机信息支援作战活动分解

无人机信息支援作战可以分解为预警探测侦察、定位引导攻击、作战效果评估、信息链路中继、精确火力分配、抵近压制干扰等具体作战活动，如图8.27所示。

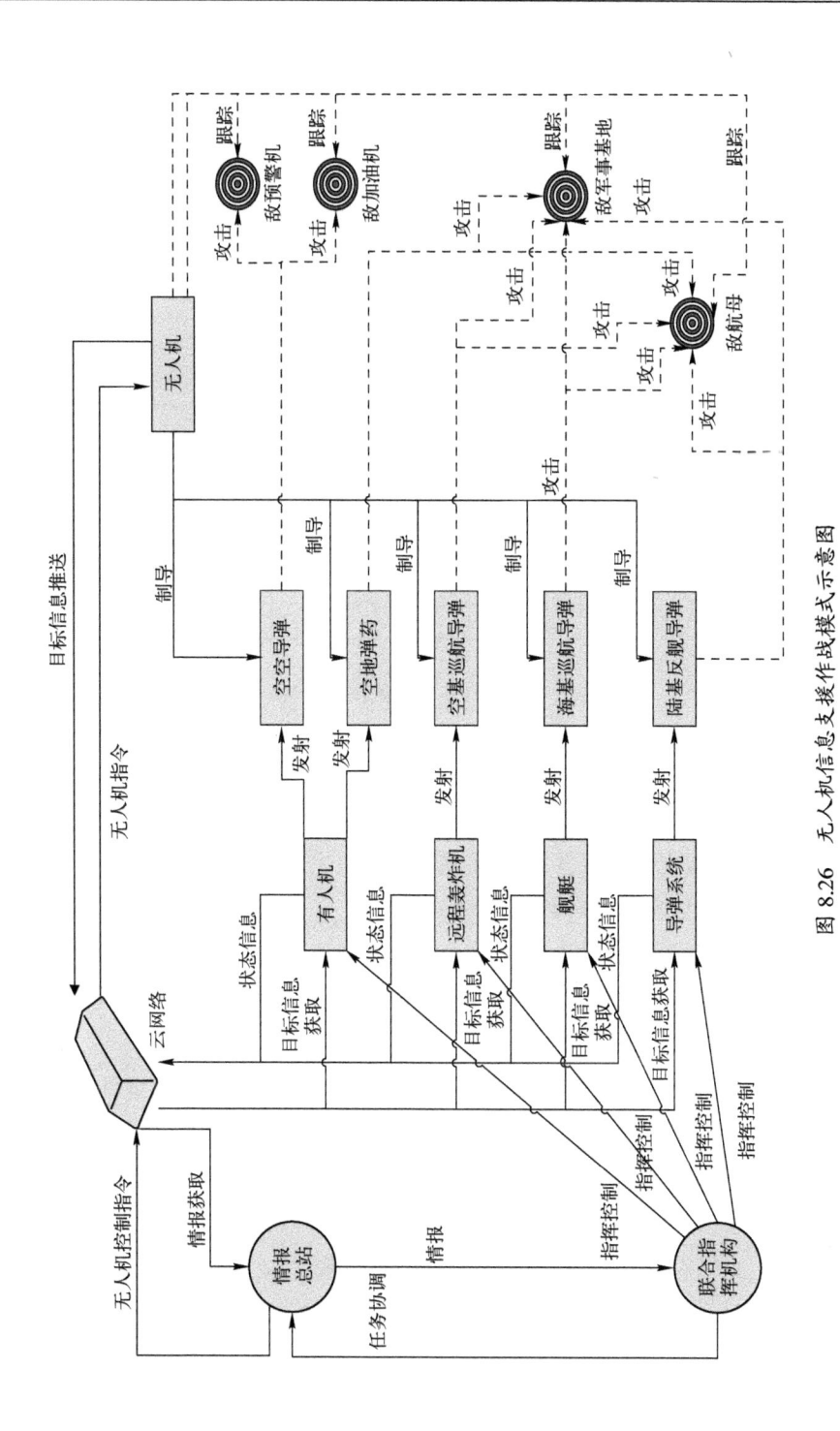

第8章 装备作战概念设计案例

图 8.26 无人机信息支援作战模式示意图

图 8.27 将无人机信息支援作战活动逐层分解为树状结构，描述了无人机执行信息支援作战任务需要进行的作战活动及作战活动间的层次关系。

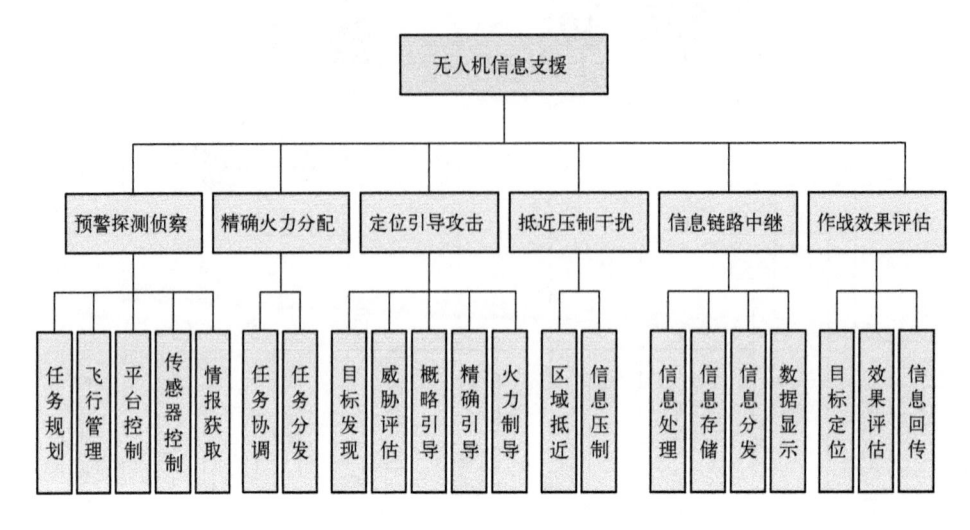

图 8.27 无人机信息支援作战活动分解

3）无人机信息支援作战交互关系

在无人机信息支援作战活动分解的基础上，基于 DoDAF2.0 建立各作战活动之间的作战交互关系，如图 8.28 所示。

4）无人机信息支援作战状态转换

基于 IDEF3 对象状态转换网（OSTN）图建立作战状态转换描述图，描述无人机作战状态随各种作战事件的转换，展现信息支援作战过程状态的转换，如图 8.29 所示。

为描述无人机信息支援作战过程的动态特征，建立作战事件跟踪描述图，如图 8.30 所示。

通过定义情报总站、联合指挥机构、地面控制站、无人机平台和无人机传感器（任务载荷）间带有顺序和时间属性的信息支援作战活动，描述了成功执行信息支援作战任务所要完成的作战活动及其时间顺序。

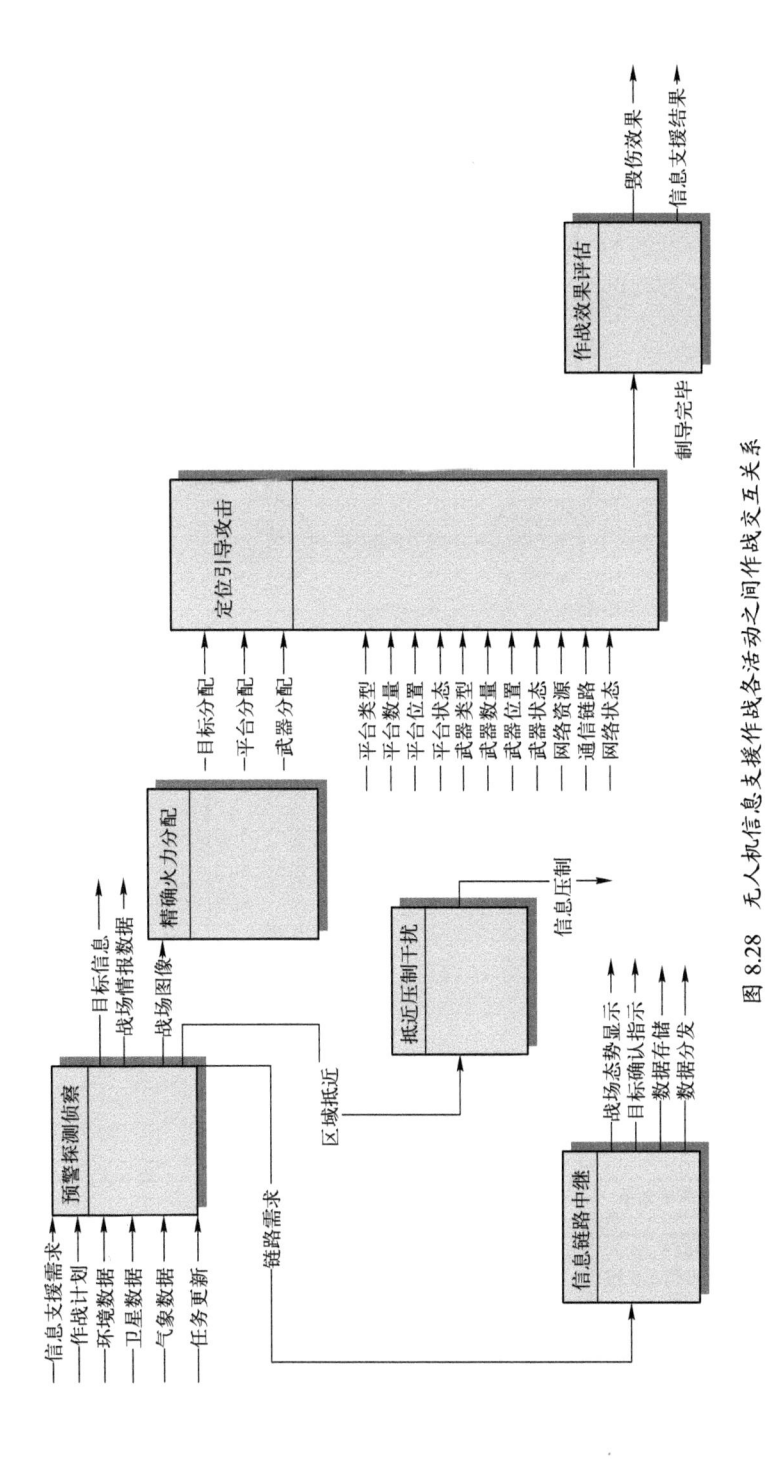

第8章 装备作战概念设计案例

图 8.28 无人机信息支援作战各活动之间作战交互关系

装备作战概念研究方法

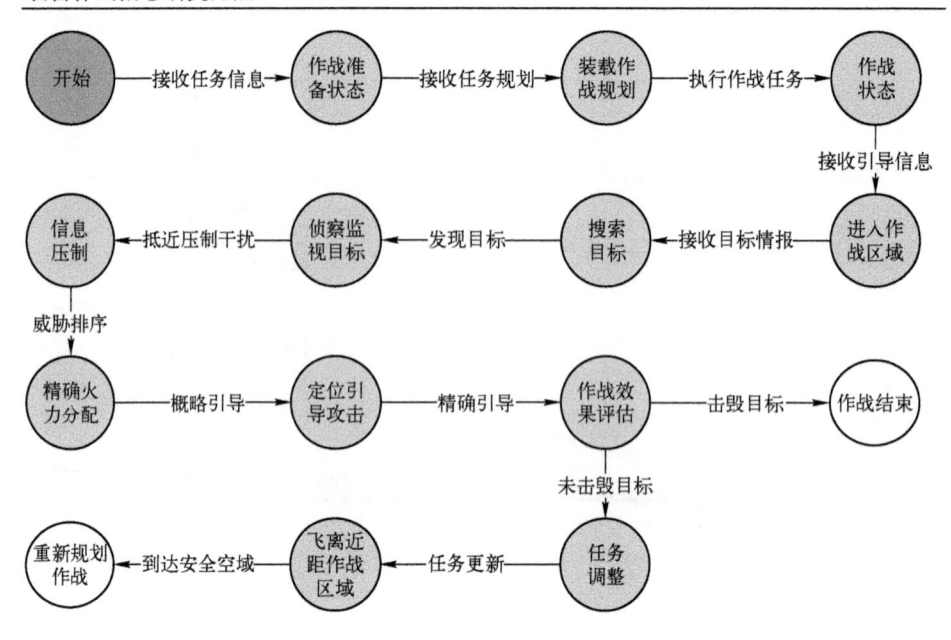

图 8.29 无人机信息支援作战状态转换描述图

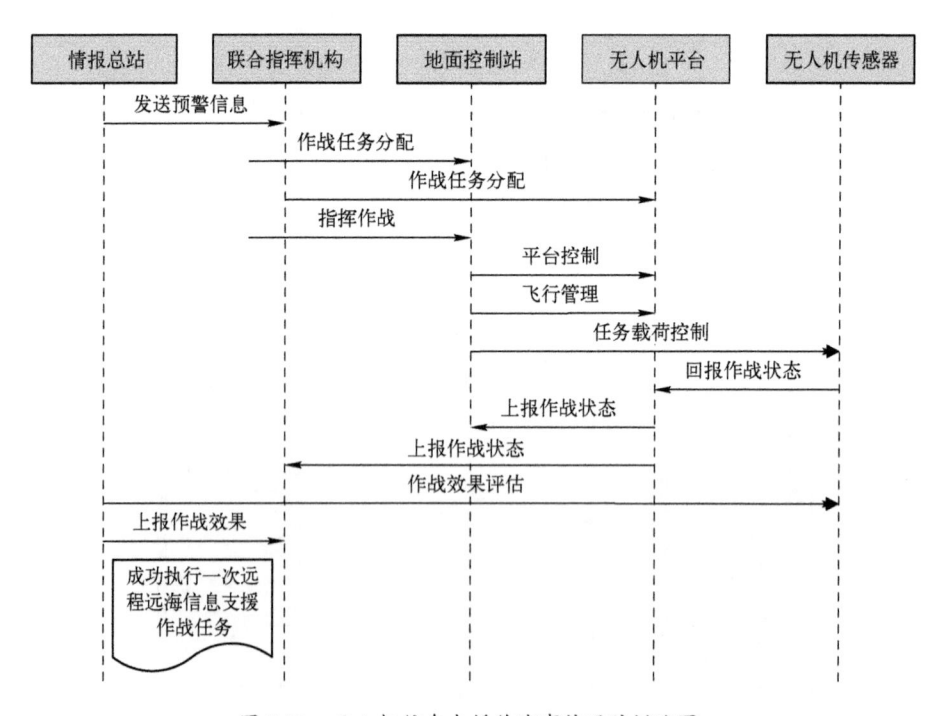

图 8.30 无人机信息支援作战事件跟踪描述图

8.4 基于 DoDAF 的空基反导作战概念设计

本节从体系角度对空基反导装备和作战需求进行概念建模。通过在 DoDAF 架构上建立空基反导作战体系结构的 OV-1、OV-2 和 SV-1 视图产品，对空基反导作战体系的使命、任务，以及战场环境、资源交互等要素进行高层抽象描述。通过作战活动模型 OV-5b、作战状态转换描述 OV-6b 和作战事件跟踪描述 OV-06c 等作战视点（OV），可以从作战的环节、状态、顺序等方面给出空基反导作战活动较为直观合理的描述。通过"自顶向下"的活动分解过程，采用 SV-4 和 OV-4 对装备体系结构进行描述，获得空基反导作战体系的系统体系结构和组织关系模型。

8.4.1 空基反导任务概念描述

空基反导以助推段飞行的弹道导弹为拦截目标，空基平台的作战区域多位于敌领空内，这样其作战使用便受到制空权的限制。因此，在作战使用上，空基反导主要用于执行区域反导任务。

空基反导任务概念应突出弹道导弹预警能力和拦截能力，拦截初始段和上升段弹道导弹将是其核心任务。同时，通过空基平台搭载的不同任务载荷，还可提供执行多种任务的支持，表 8.4 所列为空基反导任务概念描述。

表 8.4 空基反导任务概念描述

作战任务	作战对象	任务层次
弹道导弹预警和拦截	敌弹道导弹目标	核心任务
电子干扰和电子战	敌各种电子、通信系统	主要任务
空中无人监视侦察	敌军事部署和军事行动	一般任务
无人机对敌精确打击	敌重要军事目标	延伸任务

空基反导的核心任务是对助推段的弹道导弹进行预警和拦截；同时，空基平台具有隐身性、前置部署等优势，也可以遂行诸如电子干扰和电子战等主要任务，空中无人监视侦察等一般任务，无人对地精确打击等延伸任务。

空基平台执行助推段反导拦截任务可按照拦截作战过程分解为预警侦察任务、反导指控任务、火力打击任务和作战评估任务四个任务项。作战任务指标是作战任务分析的结果,是任务项各属性描述和度量的标准。每个任务项又可通过不同的任务指标进行描述和度量。不同的任务指标和作战需求指标又形成了映射(转换)关系,如表 8.5 所列。

表 8.5 空基反导"任务-组织需求"指标体系

任务项	任务指标	作战需求指标
预警侦察任务	预警时间	预警系统目标发现能力
	预警范围	预警系统覆盖范围及周期
	跟踪精度	预警系统的目标跟踪精度
反导指控任务	反导指控时间	BM/C^{3}I 系统信息处理及收发时间
	下达任务速度	目标处理、任务规划能力
火力打击任务	拦截范围	射程、射高
	目标类型	目标特性
	拦截目标数量	目标通道
	拦截时间要求	武器系统反应时间
	反导覆盖范围	滞空时间、机动性
作战评估任务	毁伤效果要求	KKV 杀伤能力
	再次拦截时间	二次拦截转换时间

8.4.2 空基反导装备体系总体结构

1)高层装备作战概念图

空基反导高层装备作战概念图 OV-1 使用图形和文字的方式描述高层装备作战概念和意图。OV-1 可以在作战层面给出空基反导的一个高层的、直观的、整体的作战描述,其中包括了作战系统的各个作战单元和作战目标,以及它们之间的信息和数据的交互情况。图 8.31 给出了无人机平台在反导体系支撑下执行助推段反导拦截作战的高层装备作战概念图。

2)作战资源流描述

空基反导作战资源流描述模型 OV-2 如图 8.32 所示,资源流不仅包括信息流,还包括人员和物资流。空基反导资源流中的资源是空基反导拦截作战中被产出或消耗的数据、信息、执行者、物资或人员类别。图中,需要线描述了作战资源的流向、起始组织和资源流的名称。通过 OV-2 可以清晰地描述不同作战组织之间信息和资源的交互关系。

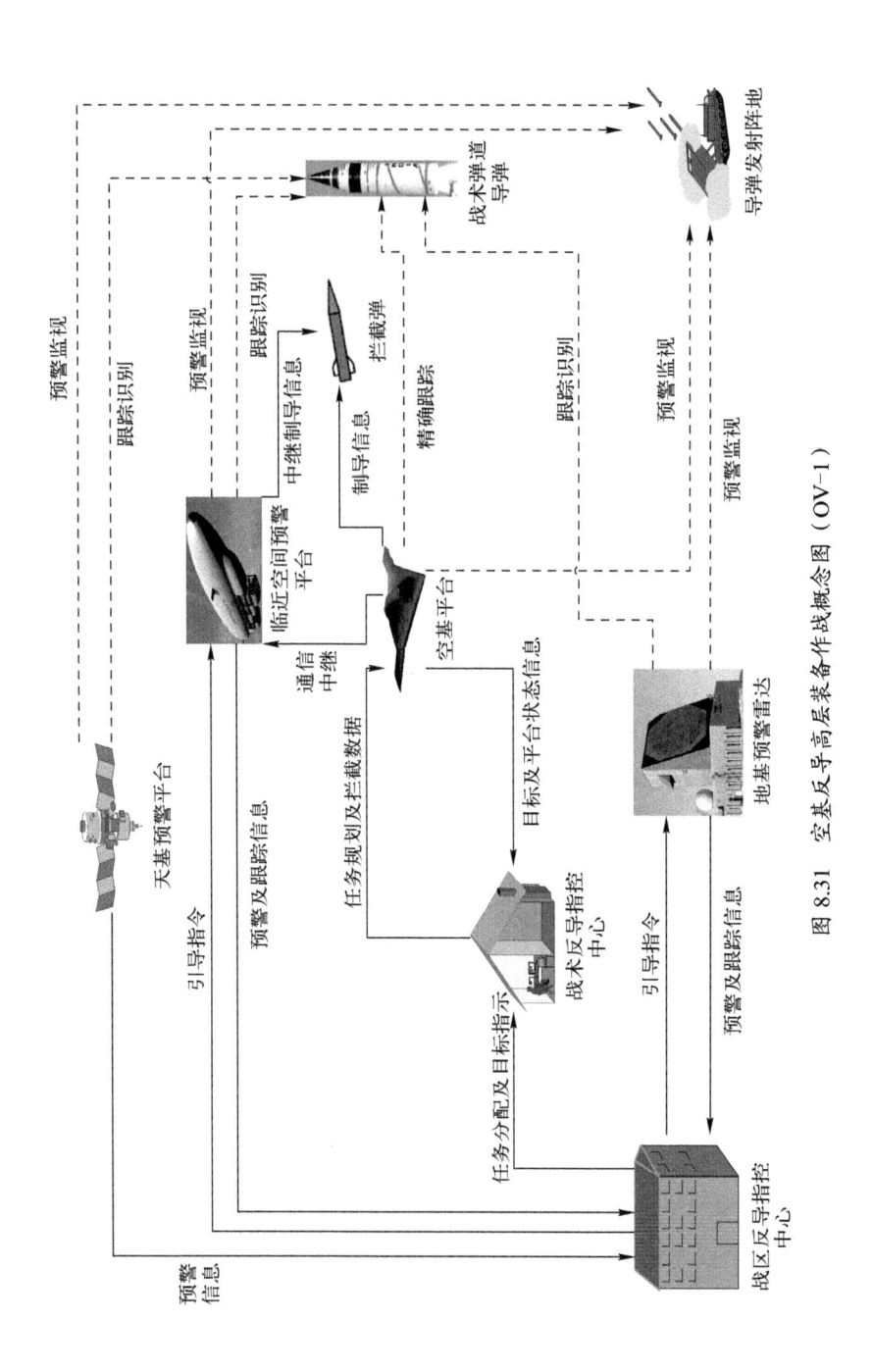

图 8.31 空基反导高层装备作战概念图（OV-1）

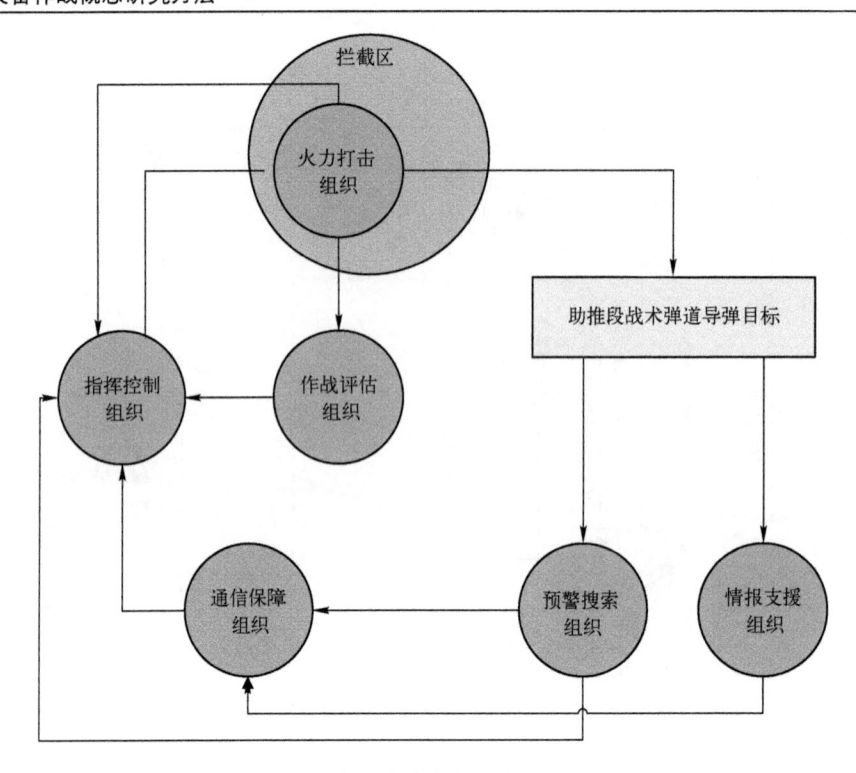

图 8.32 空基反导作战资源流描述（OV-2）

3）系统接口描述

在 OV-1 的基础上可对空基反导系统的组成、接口进行描述，建立 SV-1 系统接口描述视图，如图 8.33 所示。通过 SV-1 视图可将空基反导作战和系统的体系结构联系起来。SV-1 描述了空基反导作战体系中预警、指控、作战等各个系统及其子系统之间的接口和作战资源交互关系，并且标识它们之间的资源流。

8.4.3 基于活动的作战体系需求建模

1）作战活动模型

OV-5b 描述了作战活动之间的输入/输出流，以及体系结构描述范围之外的进出活动。OV-5b 基于 IDEF0 功能模型规则进行建模，由此可以根据 OV-1 建立空基反导作战活动模型子图，如图 8.34 所示。

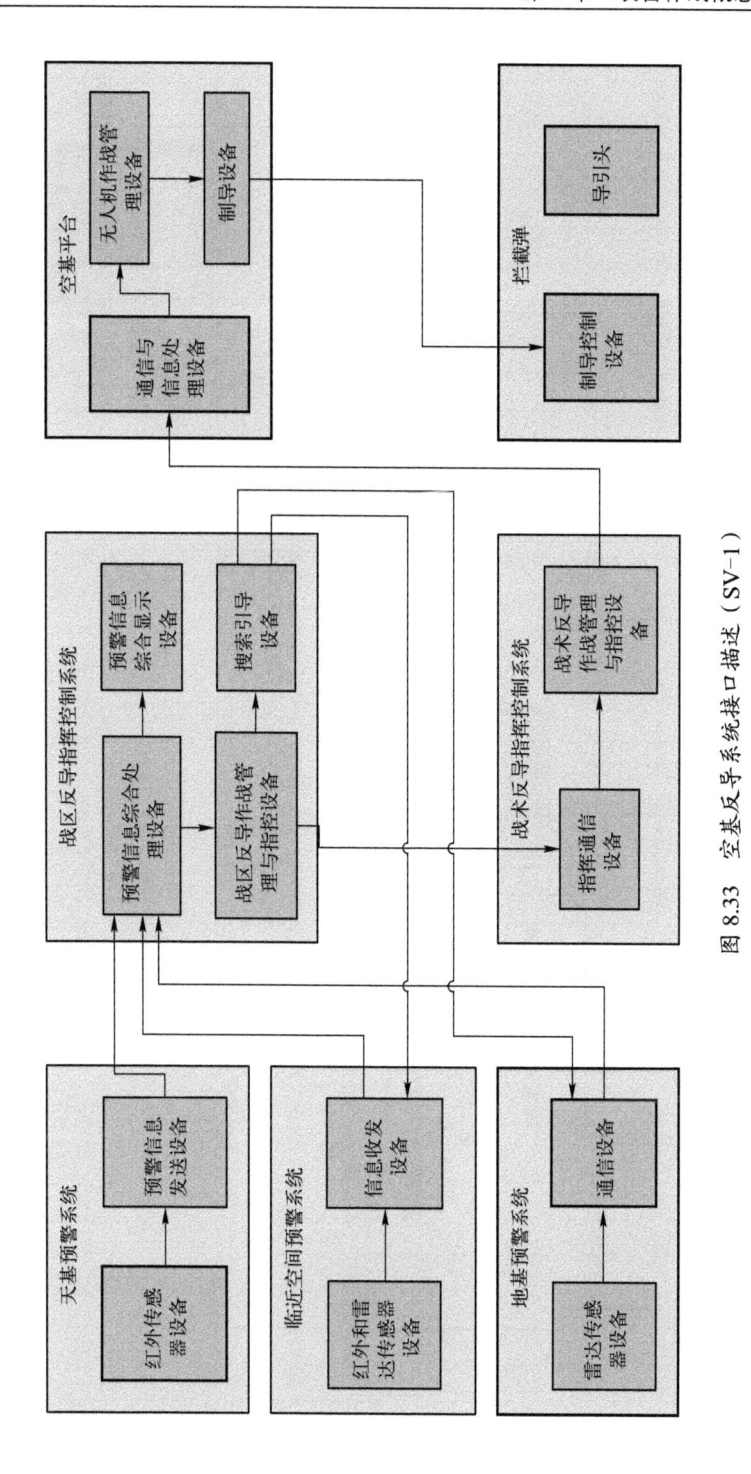

图 8.33 空基反导系统接口描述（SV-1）

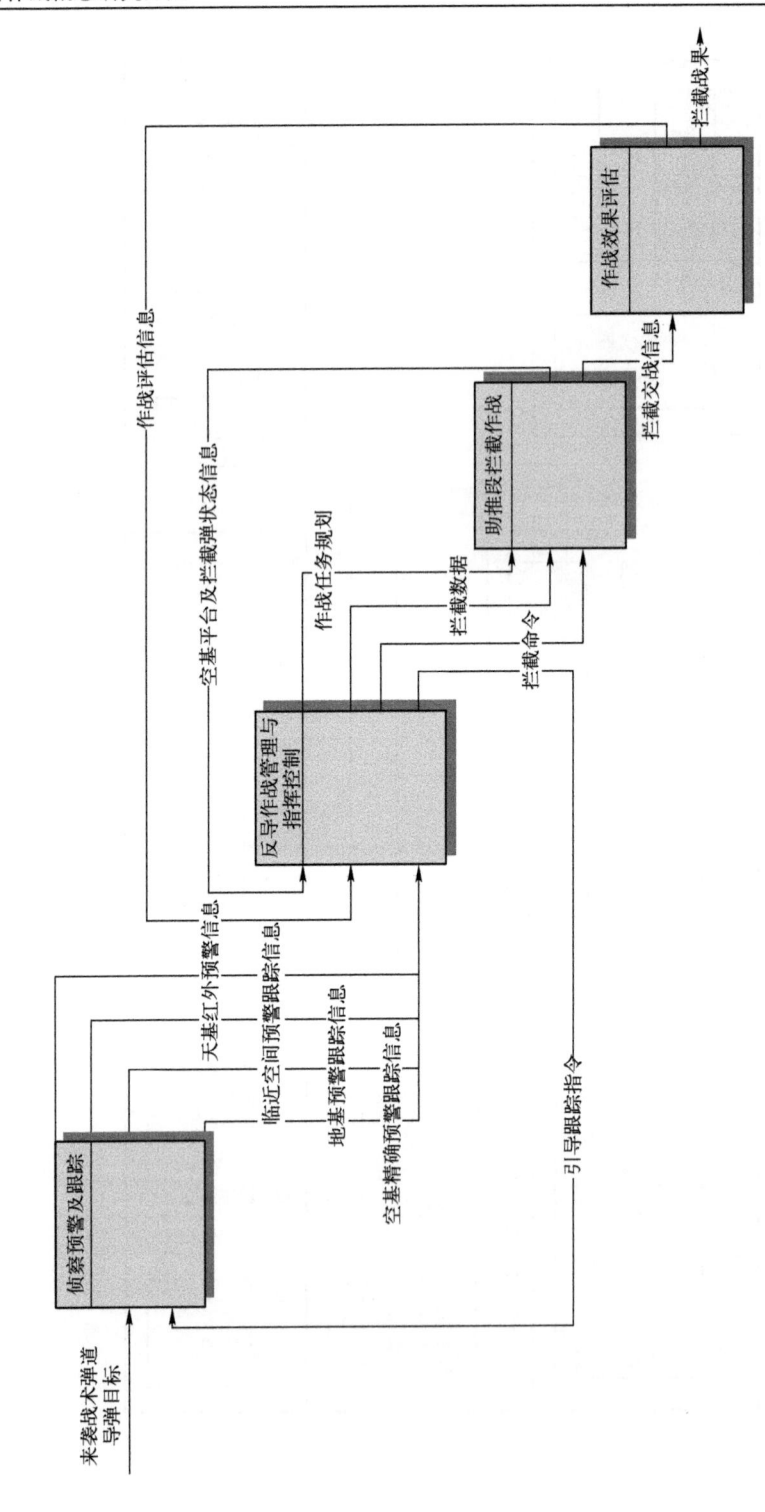

图 8.34 空基反导作战活动模型子图（OV-5b）

可以看出，空基反导的主要作战活动与常规反导作战相近，从对战术弹道导弹的预警开始，整个作战活动在反导 BM/C^{3}I 指挥下完成，最后进行拦截作战效果的评估。

2）作战状态转换描述

体系建模中，活动对事件的响应是通过采取一个行动，转移到另一个状态，每个转移都指定了一个事件和一项行动。空基平台的助推段拦截作战活动是整个作战的核心环节，是不同作战组织间各种作战活动的纽带，通过描述空基平台作战状态随各种作战事件的转换，可展现整个拦截过程状态的转换，空基平台的作战状态转换描述如图 8.35 所示。

3）作战事件跟踪描述

OV-6c 通过定义一组空基反导各作战组织间（作战组织及其之间的关系用 OV-4 描述）带有顺序和时间属性的助推段拦截作战活动，来描述"成功执行一次助推段拦截任务"所要完成的作战活动及其时间顺序。其中，还包括完成这些活动所需要的资源来描述业务活动或者作战流程的动态行为，图 8.36 所示为空基反导作战事件跟踪描述视图。

8.4.4 面向对象的装备体系需求建模

1）系统功能描述

SV-4a 采用层次图展示的方法将整个空基反导系统功能逐层分解为树状结构，如图 8.37 所示。

空基反导系统功能可分解为助推段预警功能、反导拦截作战管理功能、反导拦截指控功能、助推段拦截作战功能和反导作战评估功能，各功能按不同作战粒度要求又可进一步分解出子功能。连接各功能之间的数据流，就可得到数据流模型。

2）组织关系图

OV-4 组织关系图是用图形和文字来描述在架构中起关键作用的作战人员、组织之间的指挥结构或指挥关系，用来阐明在架构中的组织与分组织之间、内部组织与外部组织之间可能存在的各种关系。图 8.38 所示为空基反导系统组织关系图，空基反导作战组织主要包括预警搜索组织、指挥控制组织、火力打击组织、作战评估组织、情报支援组织和通信保障组织，它们的关系用连接线标出。各组织在作战活动中的顺序和资源交互用 OV-6c 来描述。

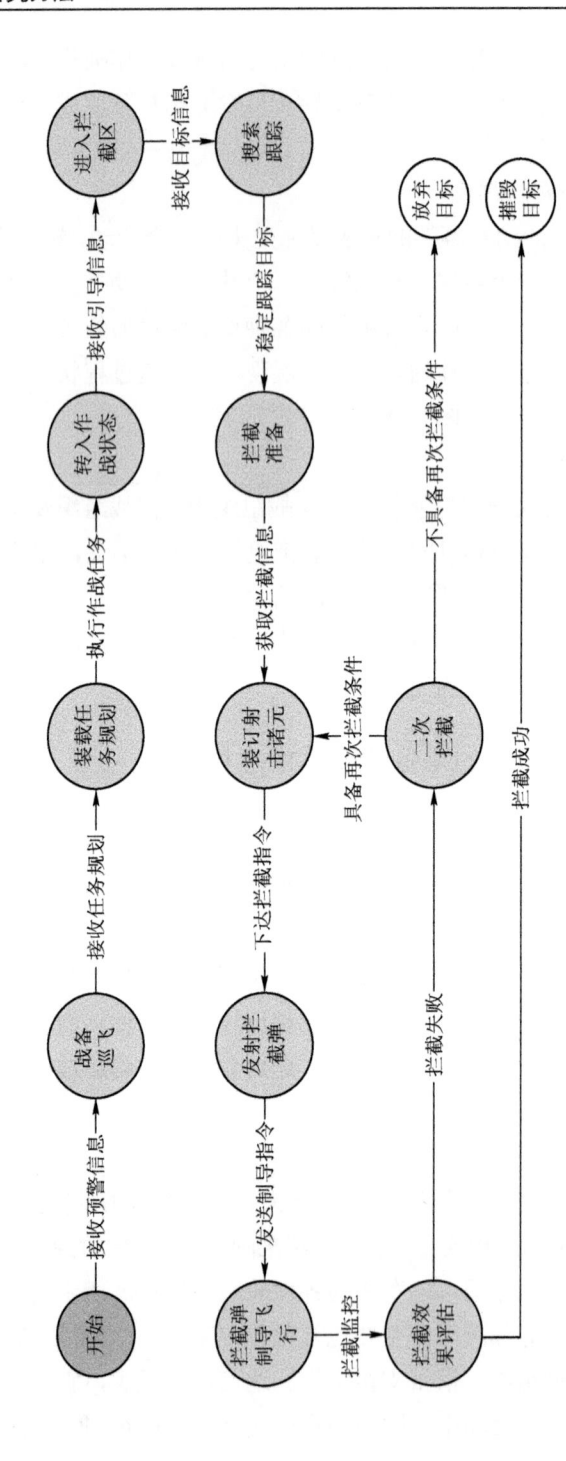

图 8.35 空基平台作战状态转换描述（OV-6b）

第 8 章 装备作战概念设计案例

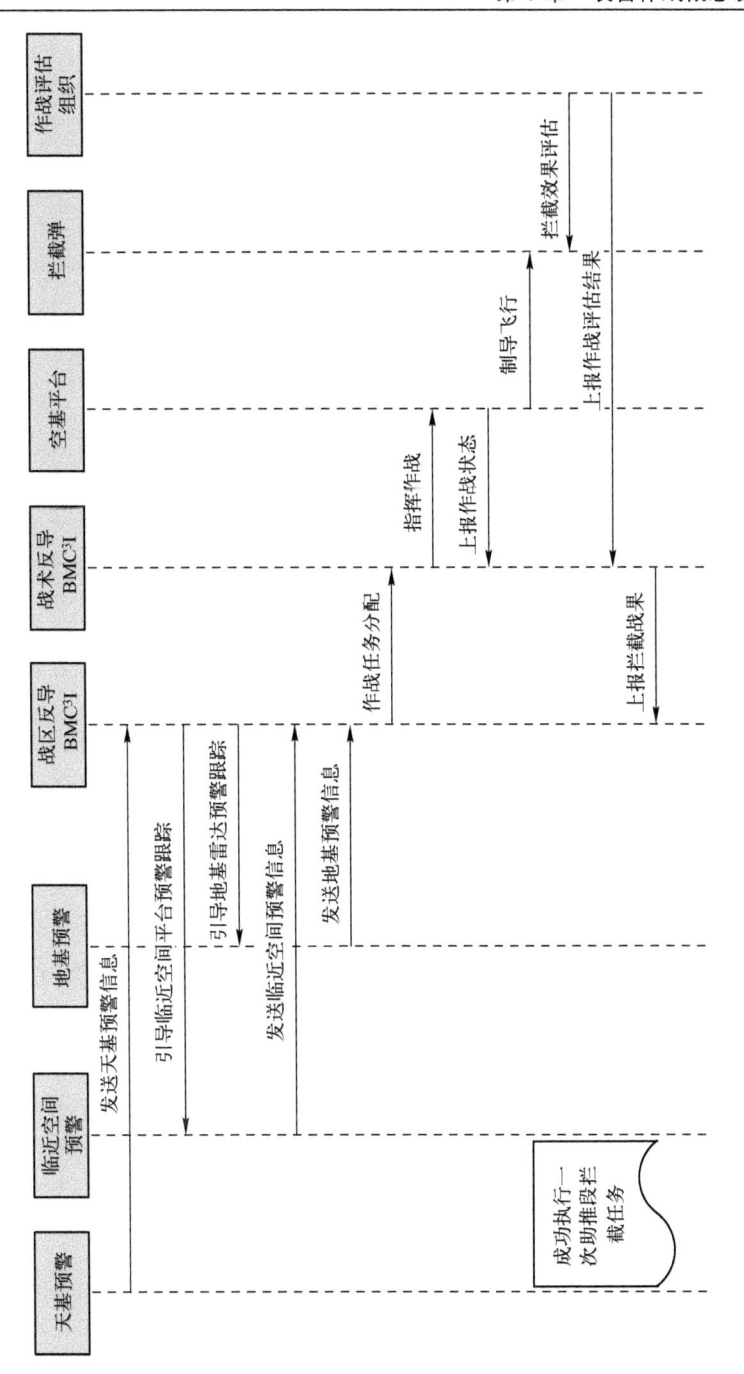

图 8.36 空基反导作战事件跟踪描述（OV-6c）

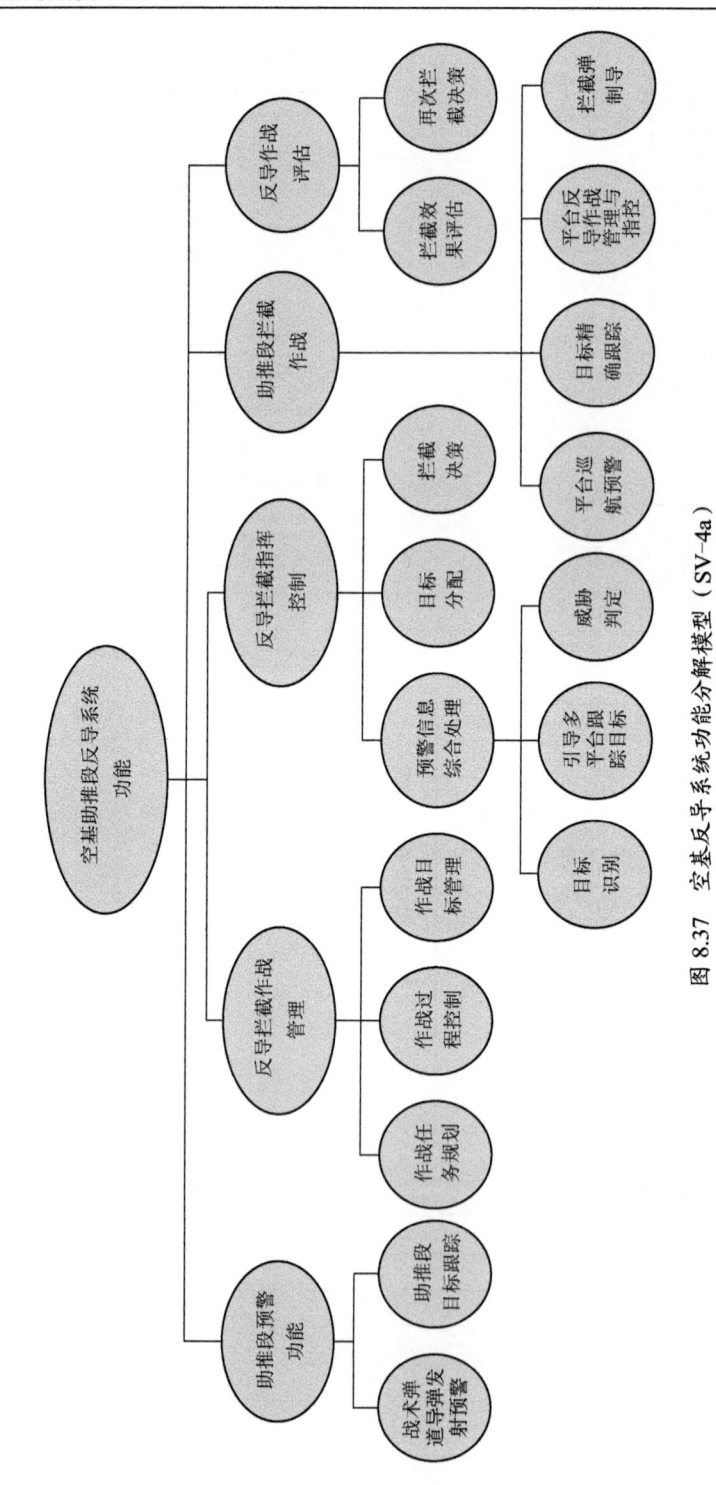

图 8.37 空基反导系统功能分解模型（SV-4a）

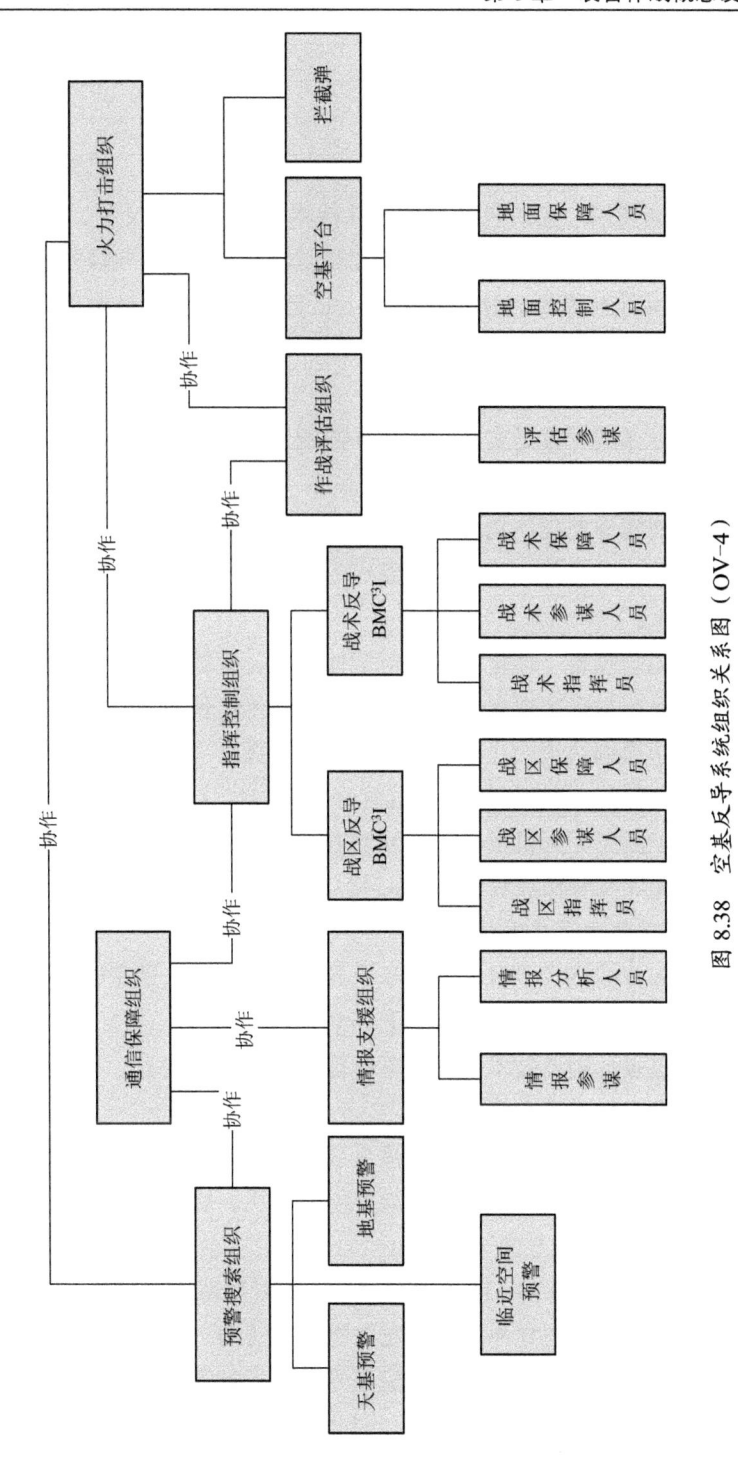

图 8.38 空基反导系统组织关系图（OV-4）

8.4.5 空基反导技术概念描述

空基反导技术概念主要描述空基反导典型技术特征，以及支撑其作战运用所需的关键技术，主要包括总体设计技术、空基平台技术、任务载荷技术、反导拦截技术、作战管理技术、智能控制技术、探测制导技术和指挥控制技术等。空基反导技术概念体系从总体上搭建空基反导的技术体系，明确所需的关键技术。

1）空基反导体系作战管理技术

空基反导作战管理是实现空基反导探测预警、跟踪、拦截打击一体的关键技术，主要包括以下几个方面。

（1）作战管理的层次划分及其关系。包括体系级（任务分配级）、系统级（火力分配级）、装备级（时序规划级）三个层次，研究各层次之间的职能结构、数据交互关系。

（2）火力与预警一体化规划。包括体系级、系统级的任务协调与优化，装备级的时序协调与资源规划，研究其规划与优化的基本理论、算法和模型。

（3）基于模糊决策的作战管理方法。在指挥员决策具有模糊性、上层规划输入具有模糊性的情况下，研究作战管理规划与优化的基本理论、算法和模型。

（4）智能隐身无人机反导作战管理方法。包括预警探测、数据传输、拦截打击在内的无人反导作战管理方法。

2）空基反导平台应用技术

智能无人作战飞机平台作为空基反导的主要载体，是完成空基反导作战部署、使用的重要环节，主要包括以下几个关键技术。

（1）飞机设计制造技术。包括总体技术、发动机技术、飞控技术、航电系统、隐身技术、材料技术等。

（2）隐身及自我防卫技术。在接近或进入敌方防空发射拦截范围时，能确保不被敌方防空系统发现和攻击，具有电子干扰、威胁告警，甚至空空作战等自我防御能力。

（3）长航时飞行技术。能实现在空中的长时间巡逻、游弋，空中无人加油，实时不间断监控敌弹道导弹武器的发射等各项活动。

（4）远程数据传输技术。由于空基平台飞行时间长、作战距离远，反导拦截作战需要数据量大、传输时限短，因此需要发展可靠的远程数据传输技术，

第8章 装备作战概念设计案例

而且由于反导作战距离敌方国家较近,因此数据传输保密性和抗干扰性要求高。

3)空基反导拦截载荷技术

(1)高加速拦截弹技术。作为空基反导的助推段拦截武器,拦截弹的飞行速度对其完成拦截任务至关重要,其关键技术是高加速拦截弹技术。

(2)探测制导设备技术。先进的红外探测和制导设备能及时、准确发现初始段和上升段弹道导弹目标,并引导拦截弹有效拦截目标。

8.4.6 空基反导装备系统概念描述

空基反导装备系统概念主要描述空基反导的装备形态、装备组成、功能关系、战术技术性能、关键技术,以及技术发展预期等。空基反导装备体系构成如图8.39所示。

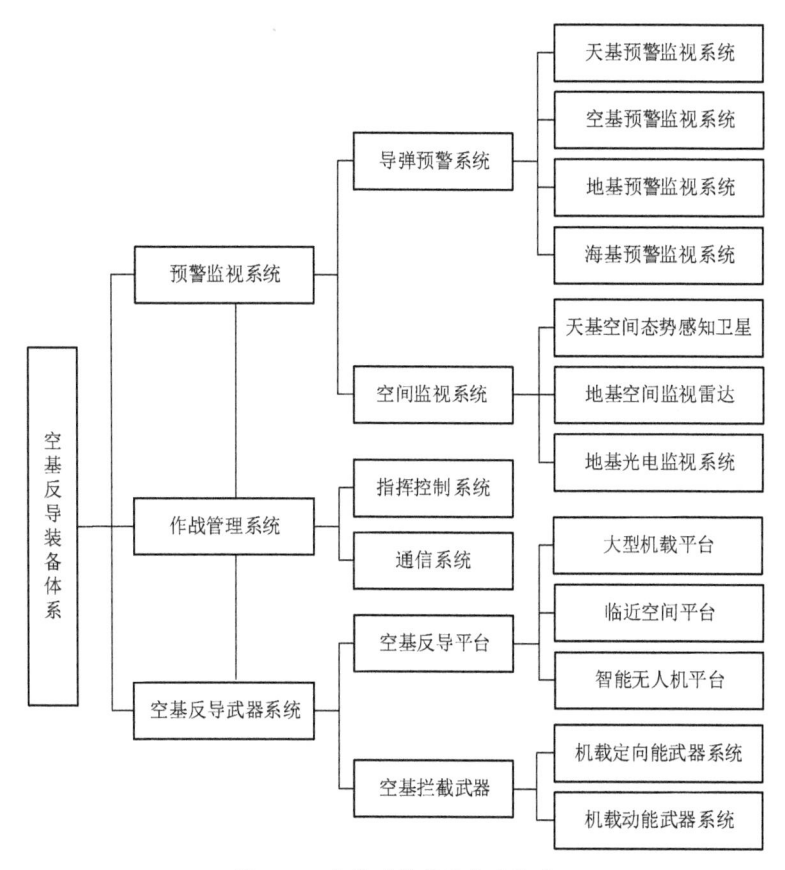

图 8.39 空基反导装备体系构成

空基反导核心装备系统概念包括以下几个方面。

（1）平台装备系统概念。具有超隐身、超高速、超机动、超长滞空能力智能隐身无人作战飞机为主的空基反导作战平台。

（2）任务载荷装备系统概念。用于初始段和上升段反导所需的预警探测识别载荷、指挥控制载荷、制导系统载荷、反导拦截武器载荷等。

（3）预警装备系统概念。以"网络中心战"思想为基础的三位一体预警指挥网络，包括低/高频段地基远程预警、跟踪识别雷达、海基预警/跟踪识别雷达、空基/临近空间红外预警跟踪平台、高/低轨红外预警卫星等。

（4）制导装备系统概念。分布式制导系统技术概念、集中式制导系统技术概念、网络中心制导系统技术概念。

（5）作战管理装备系统概念。具有作战规划、态势感知、指挥控制和通信等功能，可对各种探测预警设备和拦截武器进行集中指挥和控制。

8.5　基于 IDEF0 和 UML 的空基反导作战概念设计

IDEF0能够较直观地反映军事人员对空基反导作战过程的理解和完成拦截任务的基本需求，可以较好地从军事角度描述军事系统的功能结构和信息流，反映系统的活动及组成。UML 是一种可视化建模语言，它为系统提供了图形化的可视模型。本节将研究采用 IDEF0 和 UML 对空基反导作战进行概念建模。

8.5.1　空基反导概念模型格式化描述

完整、详细的军事概念格式化描述，包括概念定义、规则描述及数据需求三部分，以文字、图表等形式，完成任务空间、实体、结构、状态、行为及交互 6 类要素的描述，内容较为琐碎庞杂。这样，描述方法就决定了描述效果的优劣，美军的任务空间概念模型提出采用 EATI（Entity, Action, Task, Interaction）方法来描述作战系统。下面依托 EATI 方法对空基反导作战概念的形式化描述，主要对作战想定与任务空间、作战实体和活动事件三部分进行描述。

1）作战实体

实体（Entity）是指作战仿真系统中可以单独辨识的一切主体和客体，作战实体是军事概念格式化描述的核心。通过分析空基反导的典型作战想定和作战过程，可以确定参加空基反导拦截所需的作战实体有以下 3 类共 8 种。

（1）预警类：天基预警系统、临近空间预警系统和地基预警雷达。
（2）BM/C^3I 类：战区反导 BM/C^3I 和战术反导 BM/C^3I。
（3）武器类：空基平台、空基拦截弹和战术弹道导弹目标。

2）作战想定与任务空间

基于上述的讨论，以陆基发射的射程 3500 千米的弹道导弹为假想拦截作战对象。以蓝、红方代表敌、我双方，蓝方作战力量由弹道导弹组成，红方作战力量由天基预警、临近空间预警、地基预警、战区 BM/C^3I、战术 BM/C^3I 及空基拦截武器系统组成。由此，空基助推段拦截战术弹道导弹作战任务空间如表 8.6 所列，表 8.6 从顶层描述了任务名称、相关作战实体、目的、时间、地点、条件、方式等项目。

表 8.6　助推段拦截战术弹道导弹作战任务空间表

任务空间分量	取值范围
作战等级	准战役级（介于战役级和战术级之间）
体系类型	空基助推段反导作战系统
作战平台	天基预警平台、临近空间预警平台、战区 BM/C^3I、地基预警雷达、战术 BM/C^3I、拦截武器系统
作战区域	距敌方弹道导弹发射场一定距离
作战目的	对来袭弹道目标进行预警并实施空基助推段拦截，保卫空天安全
作战方式	空基助推段反导作战，攻势防御
作战时间	×年×月×日　×时×分—×时×分
作战阶段	探测预警、信息处理、目标跟踪、拦截作战、战果评估
…	…

3）活动事件

空基反导作战系统中，各种实体、活动、事件的相互作用促使系统状态发生变化，例如，作为临时实体，一个来袭的弹道导弹目标，将引起系统进行一系列活动，发生一系列事件，主要活动事件如表 8.7 所列。

表 8.7 空基反导作战主要活动事件表

活动(▲)	事件(■)
▲ 天基预警活动	■ 发现弹道目标发射，发出攻击警报 ■ 跟踪弹道目标助推段飞行 ■ 弹道目标检测、识别，获得角度测量 ■ 数据处理，发出一级预警信息 ■ 继续跟踪弹道目标助推段飞行直至拦截
▲ 临近空间预警活动	■ 发现战术弹道导弹发射，发出攻击警报 ■ 接收战区/战术 BM/C³I 引导指令，搜索弹道目标 ■ 助推段弹道目标识别、跟踪，获得弹道信息 ■ 向战区/战术 BM/C³I 发送目标跟踪数据
▲ 战区 BM/C³I 活动	■ 接收预警信息，开始进行威胁鉴定 ■ 引导临近空间、地基预警系统搜索、跟踪来袭目标 ■ 接收预警系统目标跟踪数据，确认早期预警信息 ■ 进行任务分配、指示目标 ■ 接收战术 BM/C³I 反馈目标信息，进行作战监控 ■ 接收战术 BM/C³I 上报战果
▲ 地基雷达活动	■ 接收战区/战术 BM/C³I 引导指令，搜索弹道目标 ■ 截获、跟踪战术弹道导弹，进一步预测弹道 ■ 向战区/战术 BM/C³I 发送目标跟踪数据
▲ 战术 BM/C³I 活动	■ 接收预警信息，下达状态转换命令 ■ 接收战区 BM/C³I 目标指示信息 ■ 接收指示雷达目标跟踪数据，进行目标分配 ■ 向火力单元指示目标 ■ 接收火力单元反馈目标信息，进行作战监控 ■ 接收火力单元上报战果 ■ 向战区 BM/C³I 上报战果
▲ 火力单元活动	■ 接收预警信息，进行状态转换 ■ 接收战术 BM/C³I 目标指示 ■ 截获、跟踪弹道目标，进行射击指挥决策 ■ 发射拦截弹拦截弹道目标 ■ 杀伤判定，视情再次发射，上报战果

空基反导作战军事概念模型可综合运用 IDEF0 和 UML。首先，采用 IDEF0 方法分析系统作战过程，得到 IDEF0 视图，侧重从军事角度描述系

统的功能结构和信息流；然后通过对 IDEF0 分析所得视图的理解，转换为作战仿真所需各类 UML 视图，侧重从技术开发角度描述对系统的认识和理解。

8.5.2 空基反导作战的 IDEF0 建模

采用 IDEF0 建立空基反导作战系统功能模型的过程，以顶层描述系统概念需求而始，以详细描述系统功能完成而终，由上至下逐层分解，最终得到系统全貌描述。IDEF0 基本模型是活动，通过输入、控制、输出和机制（ICOM）进行相应描述。对于空基助推段反导作战，经建模分析，得到一系列相应的 IDEF0 视图。

图 8.40 所示为空基反导的 IDEF0 模型 A-0 图，输入 I_1 为来袭战术弹道导弹目标，控制 C_1 为空基反导作战目标、任务和原则，输出 O_1 为拦截战果，机制 M_1 为空基反导拦截系统，机制 M_2 为预警系统，机制 M_3 为反导指控系统。

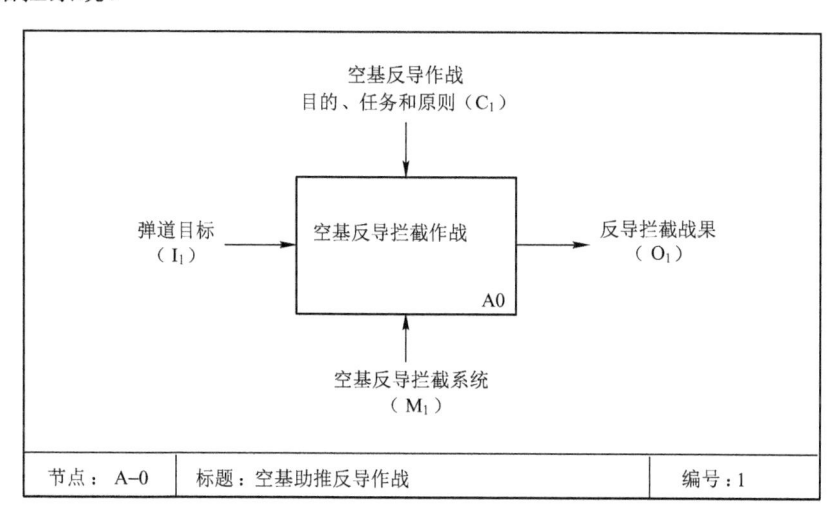

图 8.40　IDEF0 模型 A-0 视图

在 A-0 视图基础上，可进一步分解得到 IDEF0 模型第一层 A0 视图，它提供了较高程度的进程粒度，如图 8.41 所示。

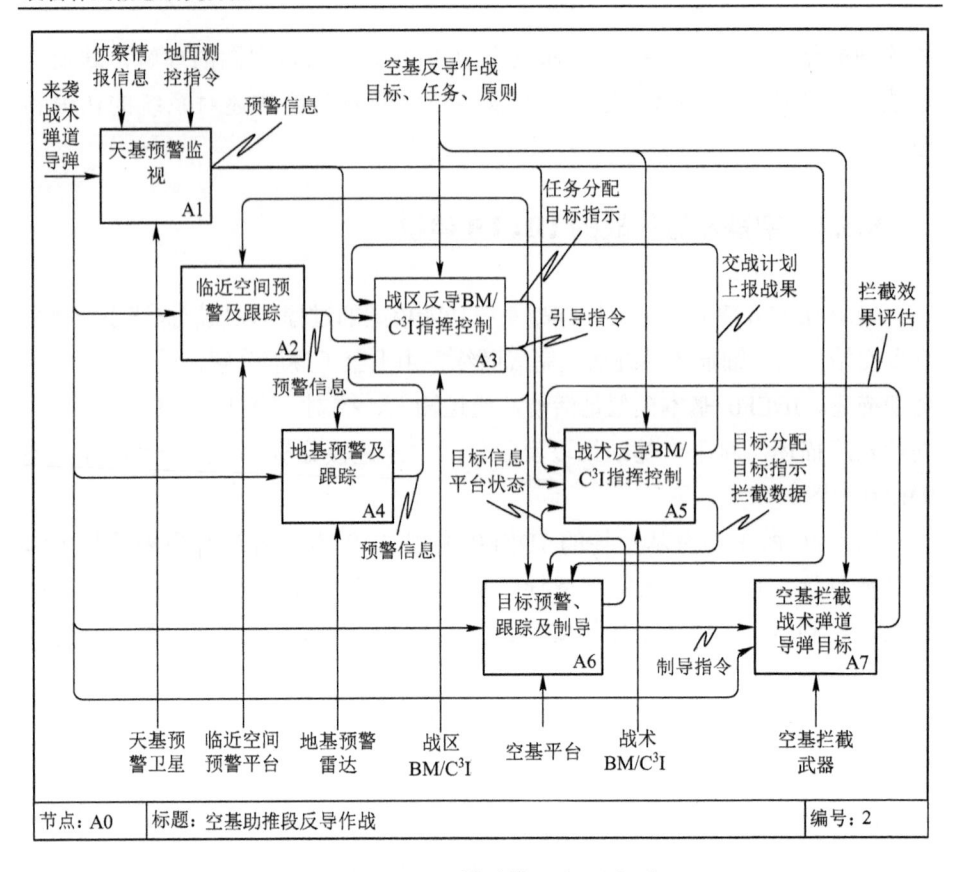

图 8.41 IDEF0 模型第一层 A0 视图

由 A0 视图开始，可选择其中任一活动进行分解以提供更为详尽的细节，得到 IDEF0 模型的第二层 Ax 视图。在 IDEF0 模型第二层视图基础上，还可再进一步分解，以得到第三层 Ax.x 视图，本书作战仿真级别为准战役级仿真，由仿真粒度将 IDEF0 模型分解至第二层视图即可满足要求。由于篇幅有限具体视图将不再赘述。

8.5.3 空基反导作战的 UML 建模

UML 的 9 类视图可从不同侧面反映系统的结构、行为和功能，但并非每个 UML 模型都必须包括所有的视图。下面对空基反导作战进行准战役级的建模，重点应用类图、用例图、顺序图及活动图，来建立空基助推段反导作战军事概念的 UML 模型。

1）系统用例分析

用例图用来描述系统边界、系统主要功能和系统组成要素。用其来描述空基反导的作战过程，可以较好地从宏观上把握军事行为空间的系统需求。用例分析是系统设计的基础，它明确了系统的需求，是确定系统范围、系统模型粒度等因素的前提条件。在明确需求（用例图）的基础上，针对具体应用，空基反导 UML 用例图如图 8.42 所示。

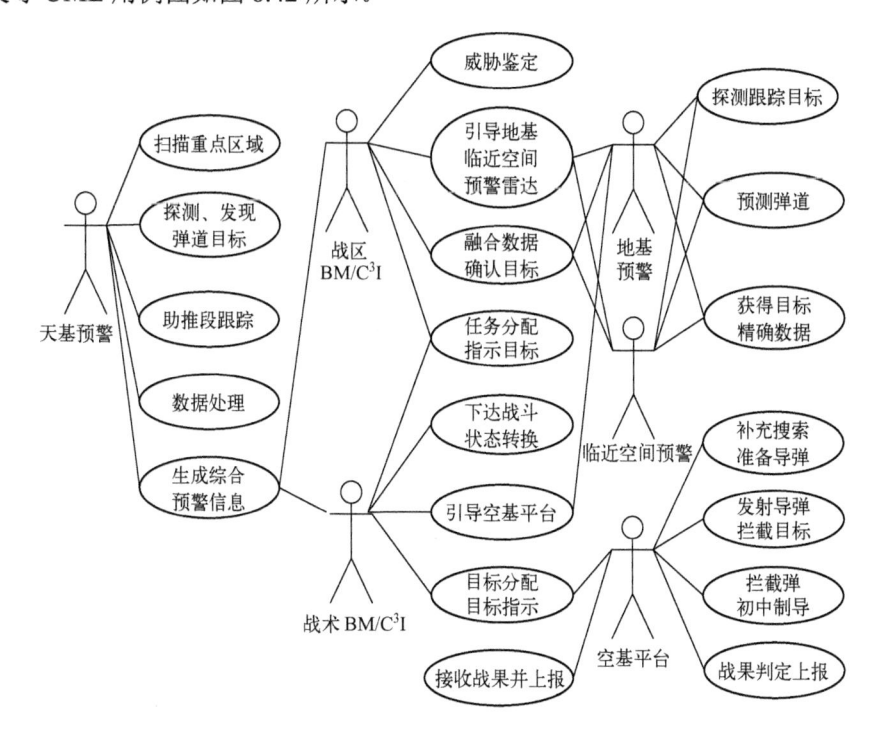

图 8.42 空基反导 UML 用例图

2）作战概念实体分析

空基反导系统的静态结构可由类图和对象图进行描述，空基反导系统包含 8 种基本作战实体，各基本实体又代表相应的类。

3）实体动作与任务分析

空基反导系统的实体动作和任务可用 UML 状态图和活动图进行描述，具体描述方法如下。UML 状态图描述实体所有可能的状态以及事件发生时状态的转移条件。空基平台是拦截实施的火力单元和拦截的核心，其他类对象的状态都是围绕空基平台的作战展开的，因此，整个反导拦截过程的状态可以在空基平台的作战状态转换中进行体现。根据空基反导作战过程，可建立空基平台的拦截作战状态图，如图8.43所示。圆角方框表示空基平台在不同情况下的作战状态，箭头表示空基平台状态转化的方向及触发状态转移的事件或者条件。

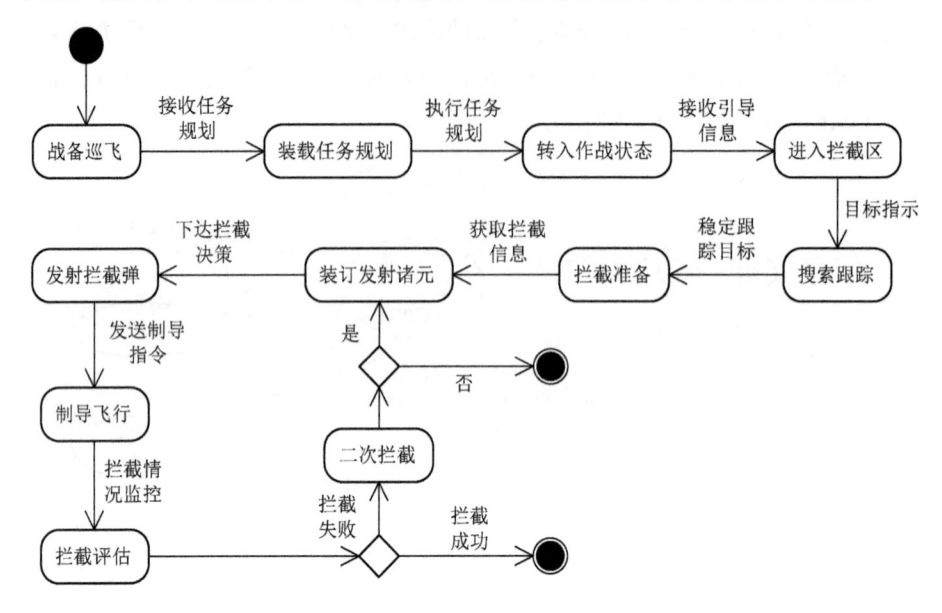

图 8.43 空基平台拦截作战状态转换图

UML活动图描述满足用例要求所要进行的活动以及活动间的约束关系。各类实体都有其独有的任务，在作战过程中表现出其具体的作战行为。例如，传感器（预警卫星、预警雷达等）的任务就是监视、搜索、发现、识别、跟踪来袭目标；指控系统 BM/C^{3}I 的任务就是充分利用和协调各种资源来完成诸如目标分配、拦截发射等指挥决策任务；拦截系统的任务则是有效地拦截来袭弹道目标。空基反导UML活动图如图8.44所示。

4）实体交互分析

实体交互可用UML中的顺序图描述。图8.45所示为空基反导UML顺序图，参加交互的对象放在图的上方，沿 X 轴方向排列，把发起交互的对象放在左边，下级对象依次放在右边。然后把这些对象发送和接收的消息沿 Y 轴方向按时间顺序从上到下放置。消息用一个对象的生命线到另一个生命线的箭头表示，箭头以时间顺序在图中从上到下排列。这样就可清晰地看到空基反导作战的控制流随时间推移的可视化轨迹。

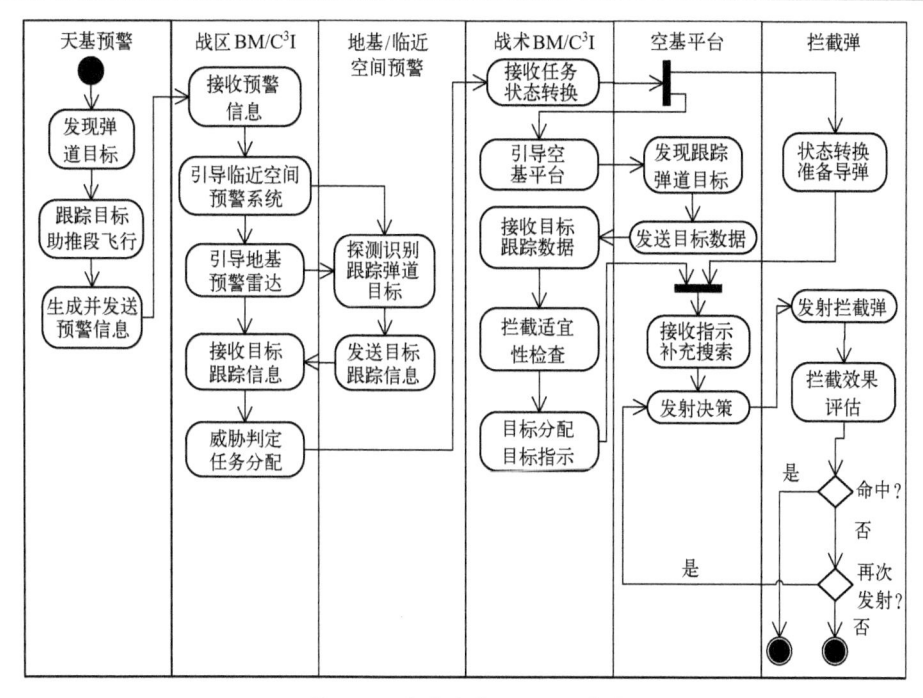

图 8.44 空基反导 UML 活动图

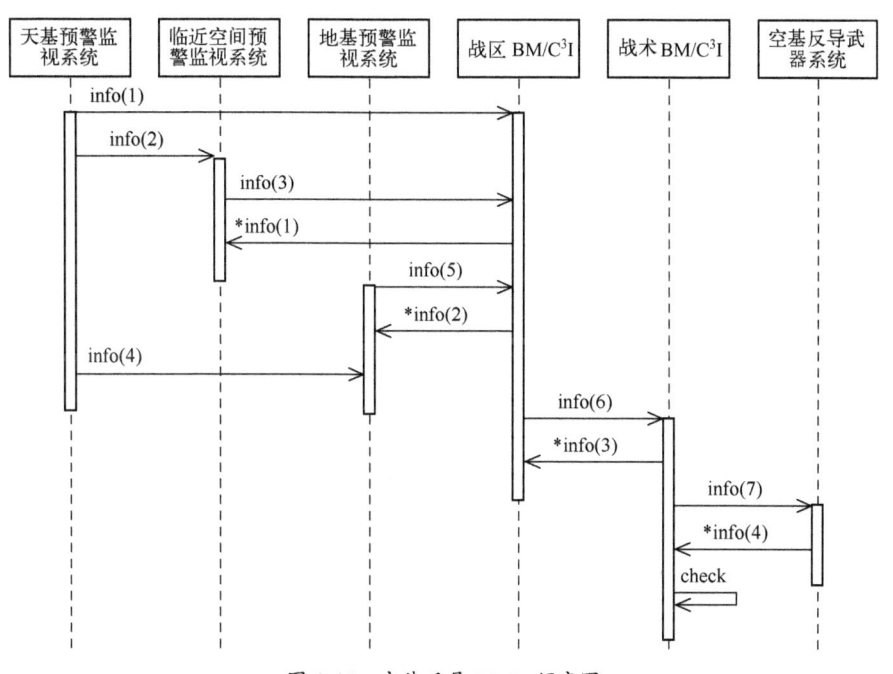

图 8.45 空基反导 UML 顺序图

图 8.45 中：info(i)表示上级平台传达给下级平台的各种作战信息，如 info(1) {弹道导弹发射预警信息、目标弹道的估算数据}，info(2, 4) {弹道导弹弹道预警信息，目标指示信息}，info(3, 5) {实时目标信息，弹道跟踪数据等}，info(6, 7) {实时目标信息，拦截导弹发射所需数据，任务分配等}；*info(j)反映下级平台反馈给上级平台的作战信息，如*info(1, 2) {目标指示信息、临近空间、地基预警系统状态信息，能量分配控制}，*info(3) {拦截可行性、发射决策、火力分配结果反馈、任务反馈信息、作战评估信息及目标指示信息}，*info(4) {拦截效果，完成作战任务反馈信息，杀伤评估信息及目标指示信息}；check 表示是否进行二次拦截。

8.5.4 基于 Petri 网的概念模型验证评估

通过对空基反导作战军事概念模型的格式化描述讨论，明确了作战系统的组织层次、静态结构和基本功能，以及执行反导作战任务过程中，系统中实体（类或对象）、活动、信息流和其间动态交互关系。在此基础上，还需要对空基反导军事概念模型的合理性、有效性进行验证。概念模型验证实际上就是进行动态模拟，对其流程逻辑进行验证。对仿真结果的可信度和可接受度来说，模型验证是一个必要但不充分条件。本书采用 Petri 网的验证功能对所建立的 IDEF0 模型进行验证。

为了对空基反导作战军事概念模型进行验证，需要将 IDEF0 模型转换为 Petri 网模型，转换的规则如下。

（1）将活动模型的每页 IDEF0 图中的每个活动转换为 Petri 网模型中的变迁。

（2）将输入控制和输出机制转换为对应的库所。

（3）将 Petri 网中的库所与变迁用有向弧连接，有向弧的方向由与库所对应的 IDEF0 图中的箭头方向决定。

按上述转换规则，得到由 IDEF0 模型转换的 Petri 网模型，如图 8.46 所示。

图 8.46 中模型的各元素含义见表 8.8 和表 8.9。整个作战过程的事件和前后条件关系如表 8.10 所列。

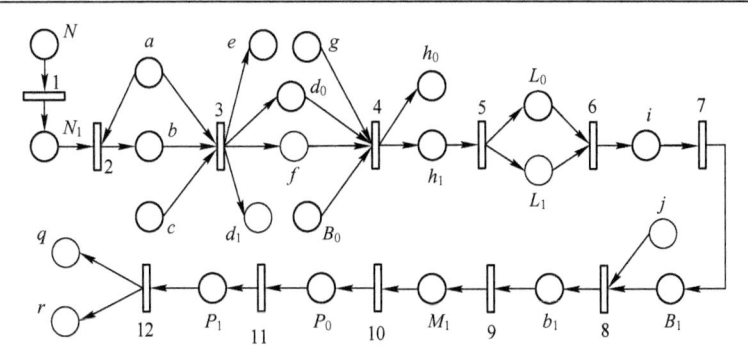

图 8.46 空基反导作战 Petri 网模型

表 8.8 Petri 网模型中变迁元素含义

变迁	含义
1	来袭弹道导弹发射
2	预警卫星发现并跟踪
3	预警卫星形成预警信息
4	将预警信息传到战区 BM/C³I，判断是否为虚警
5	引导地基/临近空间预警系统跟踪弹道目标
6	计算目标弹道和轨迹
7	将信息传到战术 BM/C³I
8	战术 BM/C³I 进行拦截决策
9	将弹道信息传送至空基平台
10	空基平台捕获目标
11	空基平台发射拦截弹
12	杀伤效果评估

表 8.9 Petri 网模型中库所元素含义

库所	含义
N	待发射的弹道导弹
N_1	处于助推段的目标
a	预警卫星
b	助推段预警数据

187

续表

库所	含义
c	是否为有威胁的信息（d_0：是；d_1：否）
e	发出预警
f	判断虚警（h_0：是；h_1：否）
B_0	战区 BM/C^{3}I
g	通信中继卫星
L_0	远程预警雷达
L_1	临近空间预警系统
i	目标弹道、飞行轨迹等
M_1	空基反导平台
b_1	精确的目标数据
B_1	战术 BM/C^{3}I
j	战术 BM/C^{3}I 决策
P_0	反导拦截弹
P_1	拦截是否成功（q：是；r：否）

表 8.10 事件与前/后条件映射

事件	事前条件	事后条件
1	N	N_1
2	N_1, a	b
3	a, b, c	d_0, d_1, e, f
4	B_0, d_0, g, f	h_0, h_1
5	h_1	L_0, L_1
6	L_0, L_1	i
7	i	B_1
8	B_1, j	b_1
9	b_1	M_1
10	M_1	P_0
11	P_0	P_1
12	P_1	q, r

通过上述分析，可以得到以下验证结果。

（1）可达标识集为有限，说明体系中各物理实体处理能力能够保证任务的执行而不至于瘫痪。

（2）在给定初始标识下，系统从初始状态可以到达最终状态，意味着体系配置可保证空基反导作战流程的顺利进行。

（3）在给定初始标识下任何转移都可以引发，即任何转移引发的概率不为0，可知所构造的 Petri 网中不存在死锁，逻辑结构是合理的。

8.6 基于 MOTE 的智能无人机装备作战概念设计

本节针对智能隐身无人机作战能力需求，提出基于 MOTE 装备作战概念描述方法。该方法通过任务概念、装备作战概念和技术概念逐层聚焦装备系统概念，再由装备系统概念、任务概念、装备作战概念和技术概念之间相互映射与迭代，从总体上对智能隐身无人机的装备作战概念进行描述。

8.6.1 智能无人机任务概念

未来空天一体作战中，无人机主要执行预警侦察、信息支援，以及对地（海）攻击任务和对空作战任务。因此，智能隐身无人机的装备作战概念应突出隐身能力和压制突防能力，以压制防空为主、以深入敌纵深区域打击关键军事目标为优势发展方向。

首先，智能隐身无人机任务概念应突出空中封锁能力和空防压制能力，压制防空系统是其核心任务。其次，参考 2009 年美空军参谋长施瓦茨向导弹防御局提出的，将 X-47B 作为理想的反导作战平台发展空基导弹防御计划，可见，智能隐身无人机还可作为助推段反导的空基平台；同时，施瓦茨还指出 X-47B 应注重电子侦察、欺骗、干扰等电子战的能力，电子战、导弹预警及拦截将是其主要任务。最后，考虑到在空战对抗中，智能隐身无人机的人工智能还难以替代经验丰富的飞行员，因此近距空中支援和空战任务仅作为一般任务和拓展任务。智能隐身无人机任务概念设计如表 8.11 所列。

表 8.11 智能隐身无人机任务概念设计

作战任务	作战对象	任务层次
防空压制与封锁	敌防空系统及纵深高价值目标	核心任务
电子战	敌各种电子、通信系统	主要任务
导弹防御	弹道导弹预警、拦截，敌低空巡航导弹拦截	主要任务
近距空中支援	敌方特殊区域	一般任务
空战	敌空中慢速机动目标	拓展任务

8.6.2 智能无人机装备作战概念

由近几次局部战争和地区冲突经验可以看出，未来的无人机将是一种具有强隐身、高感知、自主决策能力的高度智能化飞机，可在敌方领土上空飞行，而不被敌方防空系统察觉，并能携带精确制导武器对目标实施攻击，因此，智能隐身无人机（ISUAV）必须具有较大的航程和持续的战场突防能力、良好的低空作战能力，以及对目标的快速发现、识别和拦截能力。智能隐身无人机攻击空中和地面目标作战关键节点概念如图 8.47 所示。图中，L_{kt}、L_{kd}、L_{kg}（L_{dt}、L_{dd}、L_{dg}）分别代表智能隐身无人机攻击普通空中（或地面）目标的探测、定位和攻击距离。

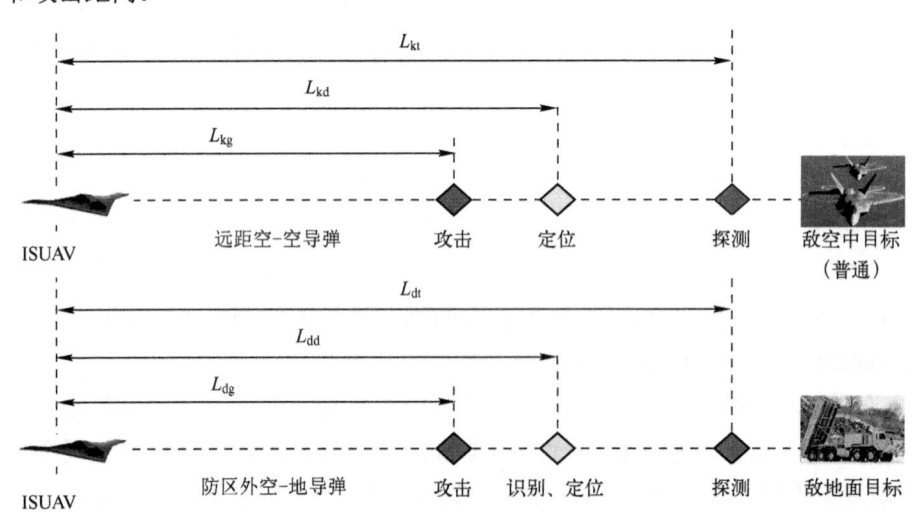

图 8.47 智能隐身无人机作战关键节点概念图

第 8 章 装备作战概念设计案例

在战术和战役使用上，智能隐身无人机应具备作战灵活性，既可独立执行作战任务，也可与有人机一起集群执行火力压制、对空（对地）打击等作战任务，还可作为空基平台携带拦截武器对助推段飞行的弹道导弹或者高超声速武器进行拦截。下面以智能隐身无人机执行"防空压制与封锁"的核心任务及"助推段反导拦截"的主要任务为例，针对智能隐身无人机的作战运用，简要描述智能隐身无人机持续压制装备作战概念和助推段反导装备作战概念。

1）持续压制装备作战概念

持续压制装备作战概念是指智能隐身无人机利用其极具优势的隐身性能、危险识别和规避能力，悄悄突防到目标附近，用精确制导武器对敌方目标进行突击和持续压制。

智能隐身无人机持续压制装备作战概念示意图如图 8.48 所示。

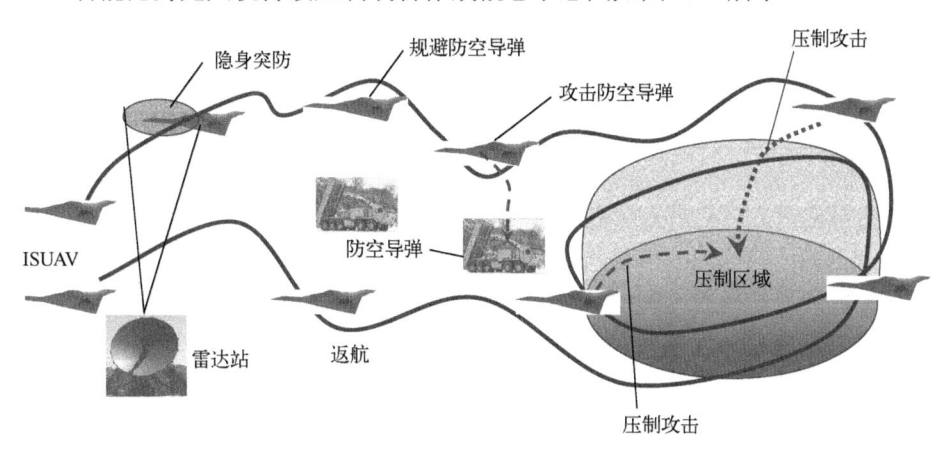

图 8.48　智能隐身无人机持续压制装备作战概念示意图

首先，智能隐身无人机突防敌雷达站的探测和跟踪，如果被敌方雷达站发现，智能隐身无人机实施干扰使其无法稳定跟踪；接着，对敌防空导弹系统及部署的位置进行识别和定位，规避前沿防空导弹阵地；然后，对重点区域的防空导弹系统进行攻击，使其丧失防空作战能力，如果受到防空导弹的攻击，智能隐身无人机施放诱饵进行干扰；最后，对重点区域和目标实施持续压制和攻击，达到既定作战目标后返航。

2）助推段反导装备作战概念

助推段反导装备作战概念是指由智能隐身无人机搭载动能拦截弹或激光武器，利用其隐身性能突前部署在敌方领空内，对敌方的弹道导弹发射活动进行监控，并在弹道导弹助推段对其实施预警、识别和拦截。一定情况下，还可对敌方弹道导弹发射阵地（车）实施攻击。

智能隐身无人机助推段反导装备作战概念示意图如图 8.49 所示。

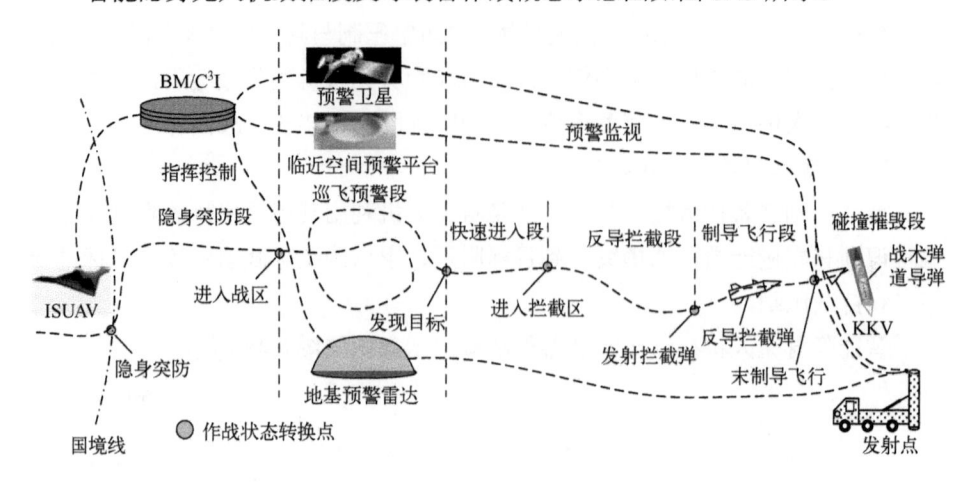

图 8.49 智能隐身无人机助推段反导装备作战概念示意图

智能隐身无人机作为空基平台，在整个反导预警和指控体系的指挥下遂行助推段拦截作战任务，由空天地一体的导弹预警网提供预警信息支持，在战区反导作战管理与指控（Battle Management and Command、Control，BM/C^2）系统和战术反导 BM/C^2 系统的指控下遂行作战任务。

8.6.3 智能无人机技术概念

技术是装备和任务的支撑，智能隐身无人机技术概念主要描述未来智能隐身无人机具备的典型技术特征，以及支撑其作战运用所需的关键技术。现有无人机的作战使用环境具有持续时间长、危险性或损伤性大等特点。而要支持表 8.11 中提出的智能隐身无人机任务需求，将其转化为技术需求，就要求提高平台续航时间、危险规避能力和生存能力。除了采用一些通用技术外，还将采用一些独特的技术，并将具备一些典型的技术特征。

综合现有先进无人机（以 X-47B、RQ-4 为例）和隐身飞机（以 F-22、F-35 为例）在主要系统技术特征和下一代主战飞机的关键技术方面，从飞行器系统设计技术上简要给出智能隐身无人机技术概念设计，如表 8.12 所列。

表 8.12 智能隐身无人机技术概念设计

典型指标	典型技术选择
总体技术	开放式系统构架技术
	人工智能和群体智能理论技术
	平台组网技术
气动结构技术	飞翼式构型一体化技术
	智能结构技术
隐身技术	背部进气道技术
	等离子体技术
动力系统技术	脉冲爆震发动机技术
	电推进系统技术
飞控系统技术	具有重构的自适应飞控技术
	自主攻击技术
	多机协同控制技术
航电系统技术	先进综合航电技术
	危险定位规避技术
	数据链技术
	智能电子攻击技术
武器技术	武协链技术
	定向能技术
	瞬间杀伤技术
AI 技术	深度自主学习
	多属性决策
	集群
	分布式组网

详细叙述如下：

（1）在总体结构上，应采用开放式系统构架和飞翼式构型。采用智能蒙皮、一体化分布式孔径、机翼内埋式弹舱及隐身进气道（S形、蚌式等）技术。

（2）在动力和飞控上，应具有远航程和持久滞空、超声速巡航和超机动能力。具有推力矢量功能和直接侧向力控制系统，可实施瞬间直接侧向机动，并具有稳定和迅捷的控制特性；采用智能光传飞控系统，具备自主飞行能力，以及多电或全电飞控技术。

（3）在航电和武器系统上，应具有分布式孔径雷达，实现宽频、多波形扫描；具有综合一体化航电，实现传感器孔径综合、管控综合，以及网络数据综合和融合能力；具有动能和定向能武器，实现瞬间"闪"杀伤。

（4）在电磁频谱战领域，应能依托高灵敏传感器生成战场电磁图谱；高灵敏威胁探测和告警、微功率灵巧干扰、智能频谱控制和高功率烧穿干扰等能力。

（5）在智能作战上，应具有战场环境下的深度自主学习和多属性决策能力；具备智能信息感知、危险识别、规避和自主集群攻击能力等。

8.6.4 智能无人机装备系统概念设计

装备系统概念主要描述智能隐身无人机的装备形态，装备组成、功能关系、战术技术性能、关键技术和技术发展预期等。智能隐身无人机以防空压制、纵深精确打击为核心任务的概念设计，需具备高隐身性、高机动性、强突防攻击能力和高自主飞行控制能力。根据现有无人机的水平和发展预期，可预想未来智能隐身无人机装备系统概念设计，如表 8.13 所列。

表 8.13 智能隐身无人机装备系统概念设计

典型指标	性能需求
气动构型	无尾的飞翼式构型
机体结构	新型复合材料使用率≥80%
正常起飞重量/kg	≥15000
最大起飞重量/kg	≥20000
载弹量/kg	≥3000
隐身性能/m^2	RCS=0.001（X 波段）
可靠性	MTBF≥7h；MTTR≤2h
维修性	每飞行小时维修工时≤4h
武器挂载方式	内埋弹舱
武器类型	具备空空、空地攻击、动能拦截武器或激光武器
防护能力	导弹告警、雷达光电干扰诱饵等
发动机推重比	>10
维修人力/架	<7

对比现有先进无人机 X-47B、RQ-4 和 F-22，可以初步设想智能隐身无人机的性能设计指标，如表 8.14 所列。

表 8.14 智能隐身无人机装备作战概念设计指标

典型指标	X-47B	RQ-4	F-22	智能隐身无人机性能需求
航程/km	6480	14000	2963	>8000
作战半径/km	2780		759	>3000
实用升限/km	12.2	20	18	20
续航时间/h	>12(不加油)	41		>12(不加油)
超声速巡航速度马赫数	0.9	0.5	1.58	2~2.5
超声速巡航时间/min			30	>50
最大过载/g	6		9	20
跟踪目标数			30（空中）16（地面）	>36
攻击目标数			8	>12
探测距离/km			>250(对空)	>300(对空) >400(对地)
最大攻击距离/km			>200(对空)	>200(对空) >300(对地)
作战运用	对地（海）面打击	侦察监视	制空作战	持续压制作战、集群作战、助推段反导作战

8.7 基于边缘指控的蜂群作战概念设计

边缘作战是从大规模战争向高技术局部战争、他组织向自组织的巨大转型，在核心思想、基本内涵、作战领域和指控方式上有着革命性的变化。网络信息时代的作战力量更加多元，多域作战资源间的联系愈发紧密，杀伤链快速闭合的重要性日益显现，一线力量和边缘要素的重要性更为突出。

8.7.1 作战过程模型

1）分布式对抗

体系中的无人机利用隐身性能，突前的无人探测机利用雷达或光电传感器搜索、发现空中目标，通过数据链路将探测信息传给有人机，有人机下达攻击指令，隐身无人导弹攻击机发射武器，对敌方空中目标实施攻击。突前的无人探测机为攻击导弹提供中制导和杀伤效果评估服务，如图 8.50 所示。

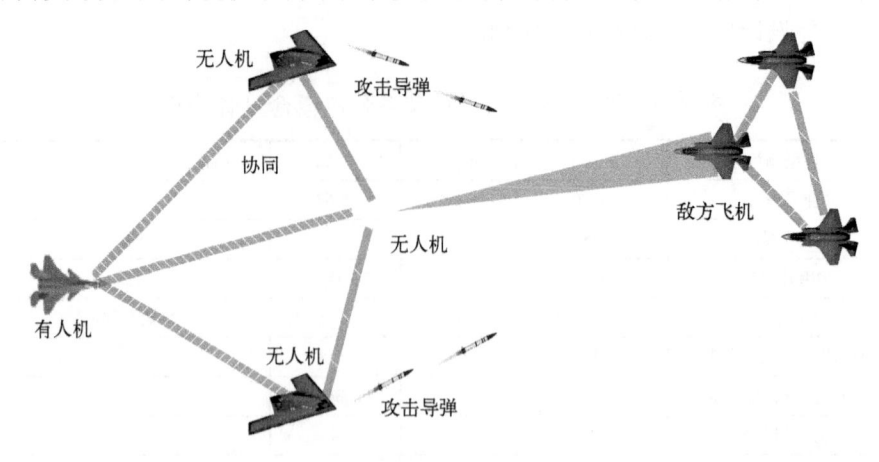

图 8.50 分布式对抗

该场景主要利用无人机的空中优势、速度优势，通过装备不同任务载荷的多种无人机，依托体系前往飞行区域执行侦察监视、电子干扰、火力打击等任务，以保障作战行动的顺利实施。蜂群可以通过传感器协同方式，对地面和空中辐射信号的目标进行有源或无源精确定位，多机协同侦察监视可以在无源方式下形成攻击态势。

2）远程纵深打击

体系中的有人机位于敌防区外，无人机采用不同的架构，担负不同的任务；空中无人边缘体系利用长基线对目标实施无源定位，或突前的无人机打开雷达对目标进行探测搜索；发现确认目标后，有人机下达攻击指令，无人机自主对目标实施火力打击和反辐射攻击，如图 8.51 所示。

该场景主要是利用具有侦察、电子战、投射火力等多种架构的无人机，隐身侦察无人机深入敌纵深进行态势感知，为有人/无人战斗机、地/海基武器系统提供目标指示、目标照射、中制导和效果评估等服务。深入纵深抵近目标的无人攻击机也可携带打击弹药，直接对目标实施攻击。抵近目标的无人电子战飞机可与体系中其他装备平台协同，对目标实施电子战。突前的无人机在有人机的控制引导下，为作战体系拦截敌方战斗机提供火力支援和电子战支援。

3）蜂群对舰攻击

与"远程纵深打击"类似，无人机自主对舰船目标实施火力打击和反辐射攻击，如图 8.52 所示。

图 8.51 远程纵深打击

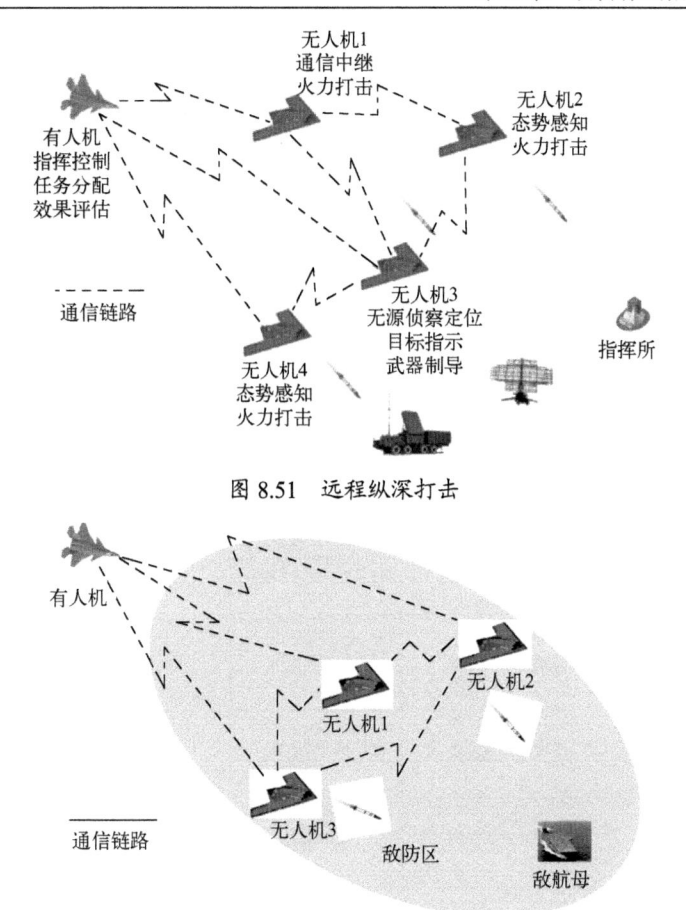

图 8.52 蜂群对舰攻击

该场景主要是利用无人机蜂群平台搭载大量个体无人机,作战时通过平台发射或部署为战斗集群,实现数据共享、飞行控制、态势感知和智能决策,使之灵活应对战场突发情况,进行集群式侦察、对抗和攻击等各项作战任务。攻击行动将覆盖侦察、控制、打击、通信、导航、电磁和网络攻防等全方位,攻击手段也将呈现出机器辅助攻击、人机协同攻击、装备自主攻击等多种样式并存,且蜂群可携带不同类型弹药,同时对敌方舰船目标实施全方位、多样式的攻击。

4)活动分解

可将空中无人边缘体系作战过程分解成若干带有顺序和时间属性的作战活动,明确空中无人边缘体系执行作战任务时,各作战活动之间的输入、输出、控制规则等作战交互关系,如图 8.53 所示。

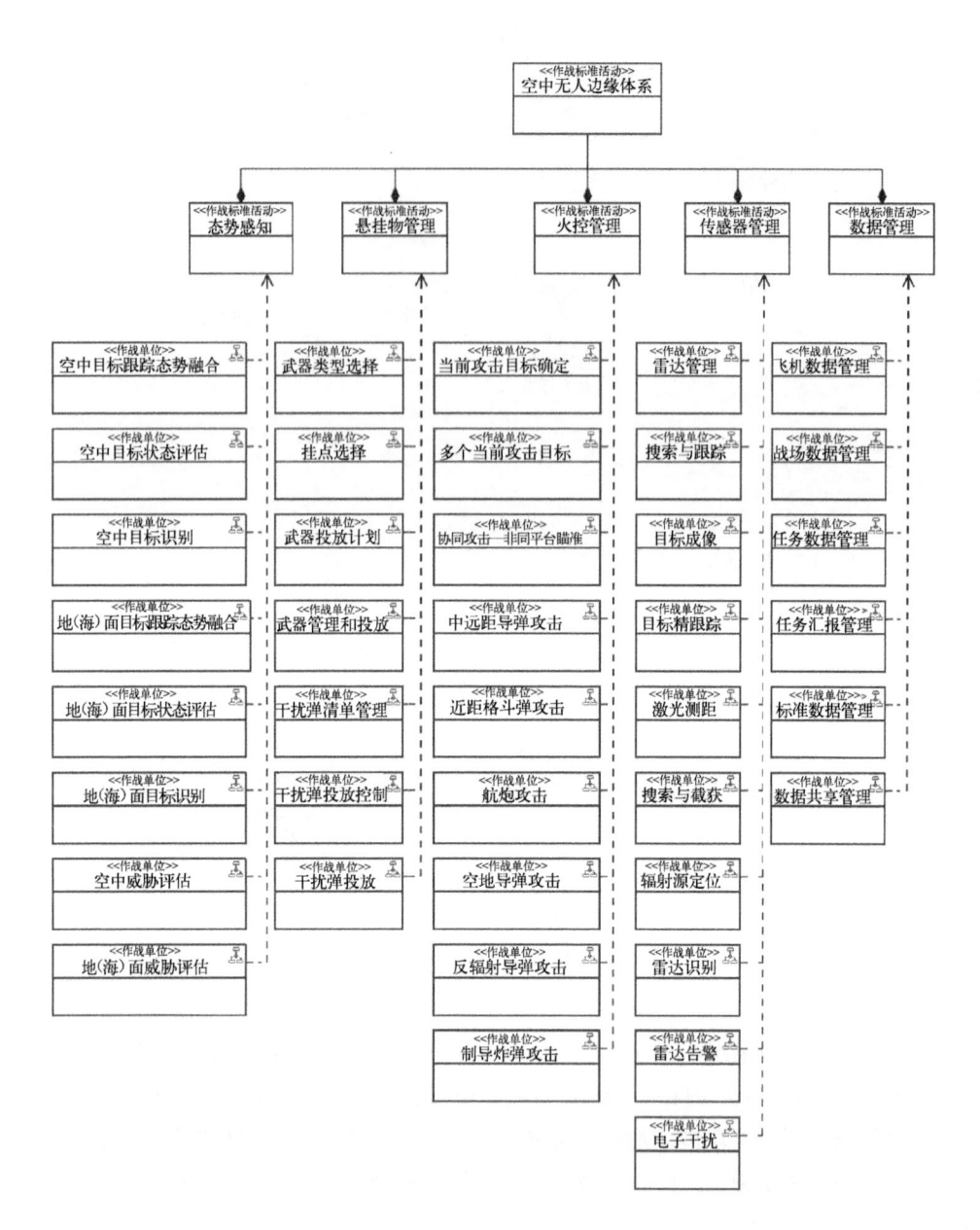

图 8.53 作战活动分解

8.7.2 指挥控制模式与关系

空中无人边缘体系指挥控制活动、方式与组织结构模型主要分析不同自主性等级水平下的无人装备指挥控制关系，研究人在回路中、人在回路上的指挥控制模式，研究各指挥控制活动及活动触发事件、转换规则等信息，实现对无人边缘体系指挥控制模型逻辑的自洽验证。

在空中无人边缘体系中，人类操作员的工作状态可分为"人在回路中"和"人在回路上"两种状态，以适应不同态势、不同操作员状态下对决策主体的需求。

（1）人在回路中。工作目标主要由操作人员完成，有人机机载智能决策系统仍在工作，起到提示操作员的功能。无人机机载决策系统负责监督无人机飞行状态和执行任务状态，并将无人机系统状态反馈给有人机。

（2）人在回路上。当无人机智能程度不足时，人类监督有人机机载智能决策系统决策无人机，无人机机载决策系统仍然只负责监督无人机飞行状态和执行任务状态。当无人机智能程度满足当前任务需求时，无人机可自主协同执行任务，将决策结果反馈回有人机，取代了有人机智能决策系统地位。

基于这两种不同的工作状态，可将空中无人边缘体系"人在回路中""人在回路上"的指挥控制关系定义如下。

（1）"人在回路中"的指挥控制。无人机由地面指挥机构或体系中有人机分配目标进行打击，构成半自主的空中无人边缘体系，无人机执行任务后待命并等待地面指挥机构或体系中有人机批准，在每个任务完成后继续被指派新任务。

（2）"人在回路上"的指挥控制。无人机能够自主攻击敌方目标，但是处于地面指挥机构或体系中有人机的监控之中，在关键时刻由地面指挥机构或体系中有人机控制。在监督自主系统中，一旦激活，体系在人工监督下执行任务，并将一直执行作战任务直到操作人员介入以停止其操作。人与武器结合方式将从多人操控一台装备转变为一人操控多台装备，人更多充当杀伤链回路的监督者（人在回路上）而非执行者（人在回路中）。

8.7.3 信息流程模型研究

在边缘体系对抗作战中，作战态势、作战任务等具有不确定性，指挥控制应能够根据作战任务、战场态势快速变化，面向任务动态调整组成与结构关系，实现体系作战快速能力集成，具备敏捷、可信、开放等特点。要实现体系自主作战，就要求建立高效、可靠的协同信息机制，从而满足大规模、高动态情况下的通信需求，也适用于解决各种复杂和特殊环境下的网络通信。

空中无人边缘体系所包含的作战活动之间的相互联系，围绕共同的作战目标协同合作，该作战活动分解模型主要是用来表示能力与作战活动在输入和输出端口处的相互关系。空中无人边缘体系的指挥控制组织结构如图 8.54 所示，根据场景的不同而有所裁剪。

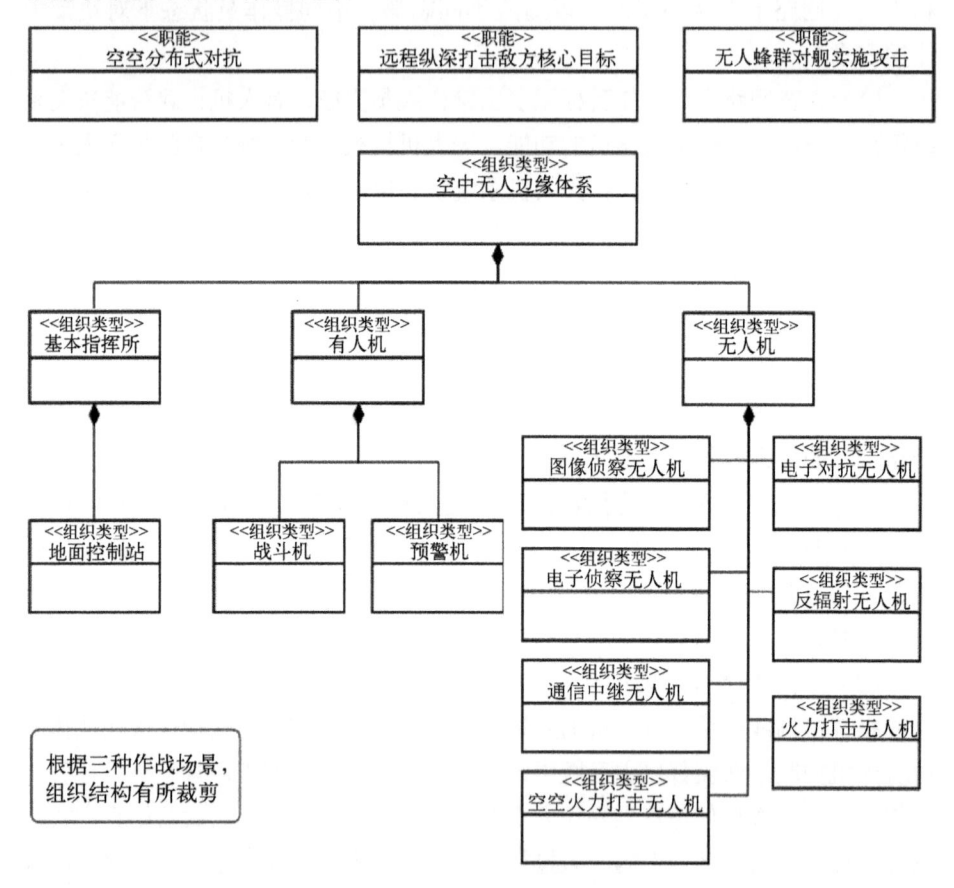

图 8.54　指挥控制组织结构

分布式对抗、远程纵深打击、蜂群对舰攻击等三种不同场景下空中无人边缘体系的指控组织结构如图 8.55、图 8.56 和图 8.57 所示。

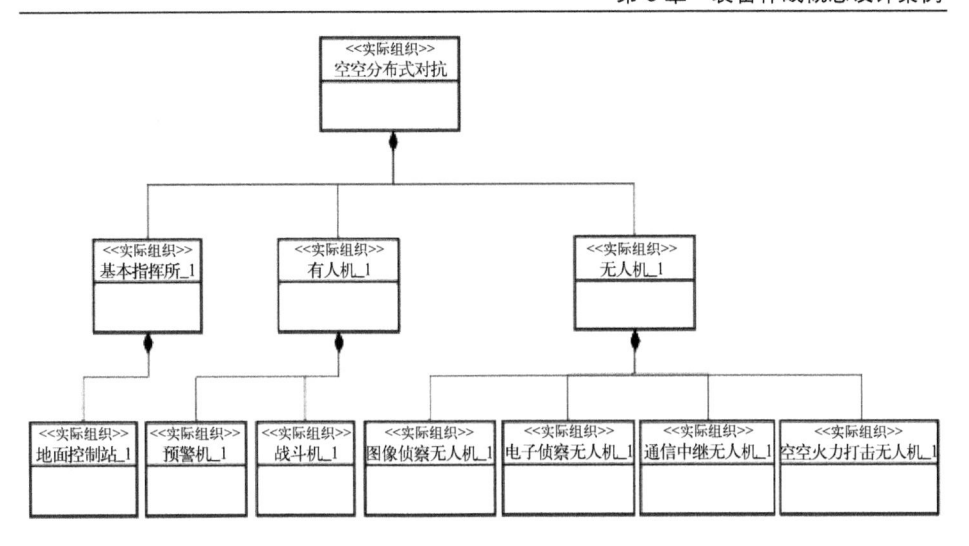

图 8.55 "分布式对抗"指控组织结构

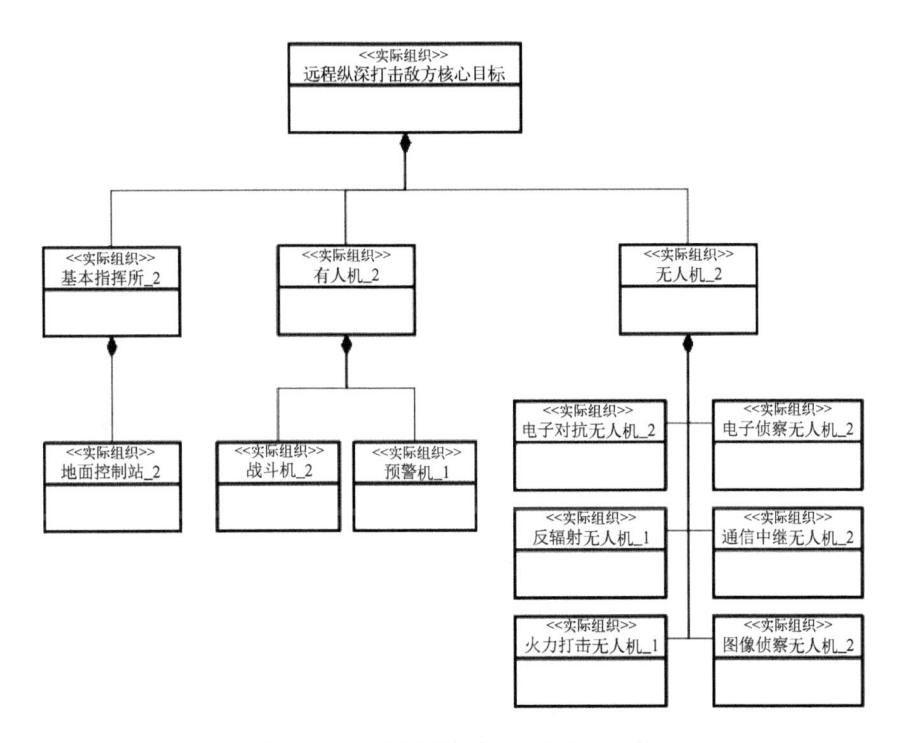

图 8.56 "远程纵深打击"指控组织结构

201

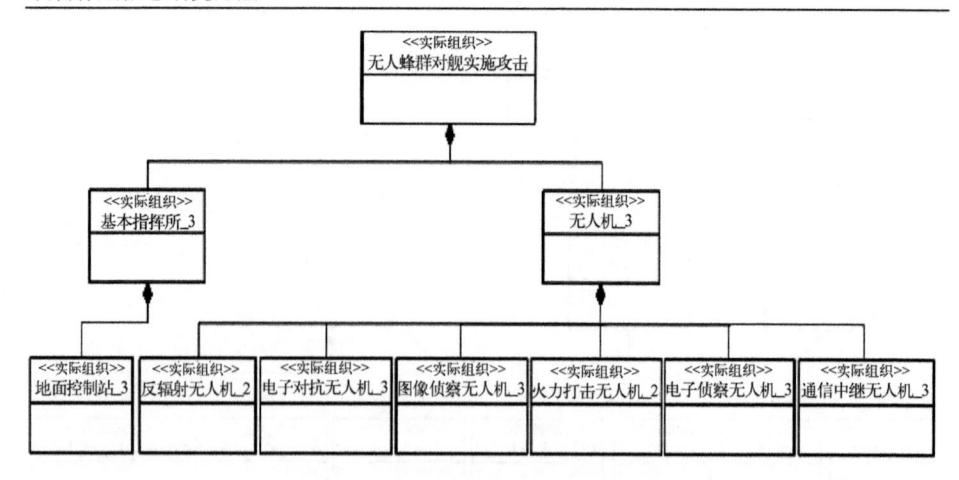

图 8.57 "蜂群对舰攻击"指控组织结构

在作战信息流程模型中，作战活动的执行者的动态行为主要是由活动模型和状态模型来描述，而活动模型主要是以作战组织架构的分析为基础，状态模型主要是以作战过程中各主要系统之间的资源流交互变化来表示。在另一层面上，作战单元借由指挥控制体系对作战活动进行控制，同时作战单元在规划好作战决策的前提下指导作战行为的发生与进行。

参 考 文 献

[1] 麻广林, 谢希权, 高明洁. 新型装备作战概念设计框架[J]. 军事运筹与系统工程, 2012,26(1): 5-13.

[2] 张宇, 郭齐胜. 基于 DoDAF 的地面无人作战系统作战概念设计方法[J]. 火力与指挥控制, 2021,46(5): 52-57.

[3] 郭齐胜, 宋畅, 樊延平. 作战概念驱动的装备体系需求分析方法[J]. 装甲兵工程学院学报, 2017, 31(6): 1-5.

[4] 陈士涛, 李大喜, 赵保军. 基于 ONM 的无人机信息支援远程体系作战能力评估[J]. 系统工程与电子技术, 2018, 40(6): 1274-1280.

[5] 陈士涛, 安烨, 李大喜. 无人机远程远海持续信息支援作战研究[J]. 空军工程大学学报(军事科学版), 2017, 17(2): 76-79.

[6] 马瑾, 穆歌, 舒正平. "智能+"概念及其在无人作战系统论证中的应用[J]. 装甲兵工程学院学报, 2018, 32(5): 1-7.

[7] 樊邦奎, 张瑞雨. 无人机系统与人工智能[J]. 武汉大学学报（信息科学版）, 2017,42(11): 1523-1529.

[8] 范彦铭. 无人机的自主与智能控制[J]. 中国科学（技术科学）, 2017, 47(3): 221-229.

[9] 李大喜, 李小喜, 陈士涛. 基于MOTE的智能隐身无人机作战概念研究[J]. 装甲兵工程学院学报, 2019, 33(1): 1-6.

[10] 刘冰. 地面有人/无人协同编组运用概念与技术研究[J]. 飞航导弹, 2018(10): 29-34.

[11] 樊洁茹, 李东光. 有人/无人机协同作战研究现状及关键技术浅析[J]. 无人系统技术, 2019(1): 39-47.

[12] 杨建军, 赵保军, 陈士涛. 空中"分布式作战"概念解析[J]. 军事文摘, 2019(2): 11-15.

[13] 槐泽鹏, 龚旻, 陈克. 未来战争形态发展研究[J]. 战术导弹技术, 2018(1): 1-8.

[14] 贺文红. 美国海军协同作战能力的几项关键技术[J]. 舰船科学技术, 2016, 38(23): 183-186.

[15] 李东兵, 申超, 蒋琪. SoSITE等项目推动美军分布式空战体系建设和发展[J]. 飞航导弹,

2016(9): 65-70.

[16] 唐胜景, 史松伟, 张尧. 智能化分布式协同作战体系发展综述[J]. 空天防御, 2019, 2(1): 6-13.

[17] 李金兰, 胡松, 刘佳. 美海军分布式杀伤作战概念推动下的重点武器项目发展分析[J]. 飞航导弹, 2018(12): 1-6.

[18] 李磊, 王彤, 蒋琪. 美国CODE项目推进分布式协同作战发展[J]. 无人系统技术, 2018(3): 59-66.

[19] 罗阳, 巩轶男, 黄屹. 蜂群作战技术与反制措施跟踪与启示[J]. 飞航导弹, 2018(8): 42-48.

[20] 吴勤. 美军分布式作战概念发展分析[J]. 军事文摘, 2016(13): 44-47.

[21] 林治远. "多域战": 美国陆军作战新概念[J]. 军事文摘, 2017(19): 4-8.

[22] 叶秋玲, 汪强. 美军发布多域作战概念最新1.5版本[J]. 军事文摘, 2019(5): 51-54.

[23] 林翳. 美国陆军"多域行动"全新作战概念[J]. 坦克装甲车辆, 2019(3): 49-50.

[24] 苑桂萍, 张绍芳. 美军穿透型制空概念及相关导弹武器发展[J]. 战术导弹技术, 2018(1): 37-41.

[25] 段鹏飞, 樊会涛. 从穿透性制空（PCA）看美军《2030年空中优势飞行规划》[J]. 航空兵器, 2017(3): 20-25.

[26] 邹立岩, 许鹏文, 武剑. 美军信息技术敏捷采办研究[J]. 装备学院学报, 2016,27(1): 57-62.

[27] 何孟良. 空对空作战趋势与空中优势的保持[J]. 现代军事, 2015(12): 98-109.

[28] 裴伦理. 美国海军启动未来空中优势计划[J]. 现代军事, 2017(2): 19.

[29] 刘翔宇, 姜海洋, 赵洪利, 等. 基于DODAF-OODA的天基信息支援作战视图研究[J]. 兵器装备工程学报, 2019,40(2): 33-38.

[30] 张阳, 王艳正, 司光亚. 集群式电子战无人机的OODA作战环分析与建模[J]. 火力与指挥控制, 2018,43(8): 31-36.

[31] 胡晓峰, 贺筱媛, 饶德虎, 等. 基于复杂网络的体系作战指挥与协同机理分析方法研究[J]. 指挥与控制学报, 2015,1(1): 5-13.

[32] 雷子欣, 李元平. 美国"马赛克战"作战概念解析[J]. 军事文摘, 2019(3): 7-10.

[33] 李景涛, 贺正洪, 周晓光. 天基信息支援下的反导BM/C^{3}I系统建模与仿真研究[J]. 现代防御技术, 2015, 43(3):66-71.

[34] 姚勇, 李智. 基于DoDAF的反导指控系统体系结构模型研究[J]. 现代防御技术, 2011, 39(5):87-95.

[35] 张杰, 宋虹兴, 傅勉, 等. IDEF 与 UML 相结合的作战任务建模方法[J]. 指挥控制与仿真, 2010, 32(3): 18-21.

[36] 李大喜, 杨建军, 许勇, 等. 基于 IDEF0 和 UML 的空基反导军事概念模型[J]. 系统仿真学报, 2014, 26(5): 969-974.

[37] 潘文林, 刘大昕. 面向事实的概念建模方法研究综述[J]. 计算机应用研究, 2010, 27(4): 1227-1230.

[38] 李紫漠, 姚剑, 黄其旺, 杨峰. 基于 OPM 的军事概念模型开发方法[J]. 指挥控制与仿真, 2015, 37(2): 1-5.

[39] 王康, 高桂清, 张晶晶, 等. 基于 EATI 的导弹作战概念建模[J]. 舰船电子工程, 2020, 40(10): 85-89.

[40] 高江林, 吴晓燕. 基于 UML 的任务空间概念模型动态行为验证研究[J]. 航天控制, 2012, 30(1): 54-58.

[41] 王超, 黄树彩. Petri 网在反导作战概念模型验证中的应用[J]. 现代防御技术, 2009, 31(7): 11-14.

[42] 罗雪山, 罗爱民, 张耀鸿, 等. 军事信息系统体系结构技术[M]. 北京: 国防工业出版社, 2010.

[43] 梁振兴, 沈艳丽. 体系结构设计方法的发展及应用[M]. 北京: 国防工业出版社, 2012.

[44] 李雪超, 张金成, 陈欢欢, 等. 基于 DoDAF 的多层弹道导弹防御系统模型研究[J]. 指挥控制与仿真. 2010, 32(5): 45-48.

[45] 简平, 邹鹏, 熊伟. 基于 DoDAF 的天基预警系统体系结构模型研究[J]. 现代防御技术, 2014, 42(4): 47-54.

[46] 胡磊, 闫世强, 许松, 等.基于 DoDAF 与 Petri 网的预警卫星系统建模分析[J]. 火力与指挥控制, 2014, 39(9): 51-55.

[47] 张少兵, 郭忠伟, 钱晓进, 等. 基于 DoDAF 的防空兵指挥信息系统作战体系结构[J]. 兵工自动化, 2011, 30(3): 18-20.

[48] 李志淮, 谭贤四, 王红, 等. 基于 DoDAF 的装备体系指标需求生成方法[J].火力与指挥控制, 2013, 38(2): 160-163.

[49] 姚勇, 李智基. 基于 DoDAF 的反导指控系统体系结构模型研究[J]. 现代防御技术, 2011, 39(5): 87-95.

[50] 王磊. C[4]ISR 体系结构服务视图建模描述与分析方法研究[D]. 长沙:国防科技大学,2011.

[51] 高昂, 王增福, 赵慧波. DoDAF 体系结构分析[J]. 中国电子科学研究院学报, 2011,6(5): 461-466.

[52] 曹晓东, 王杏林, 樊延平. 概念建模[M]. 北京：国防工业出版社，2013.

[53] 樊浩, 黄树彩. 基于 Petri 网的概念模型验证方法研究[J]. 计算机应用研究, 2010，27(3): 999-1005.

[54] 郭齐胜, 田明虎, 穆歌. 装备作战概念及其设计方法[J]. 装甲兵工程学院学报, 2015,29(2): 7-10.

[55] 田明虎, 樊延平, 郭齐胜. 模型驱动的装备作战概念设计方法[J]. 装甲兵工程学院学报, 2015,29(4): 1-6.

[56] 张宏军, 黄百乔, 鞠鸿彬. 美军联合作战顶层概念分析[J]. 舰船知识, 2020(1): 49-52.

[57] 张宏军, 黄百乔, 鞠鸿彬. 美国国防部体系架构(DoDAF)框架解读[J]. 舰船知识, 2020(4): 35-38.

[58] 张宏军, 黄百乔, 鞠鸿彬. 美国国防部体系工程指南解读[J]. 舰船知识, 2020(6): 38-41.

[59] 李大喜, 杨建军, 孙鹏. 空基反导作战需求分析及概念研究[J]. 现代防御技术, 2015, 43(2): 17-21.

[60] 熊健, 陈英武, 王栋. 装备体系结构可执行模型[J]. 系统工程与电子技术, 2010, 32(5): 966-970.

[61] 肖金科, 王刚, 刘昌云. DoDAF 的末段反导 C^2BM 系统需求分析[J]. 火力与指挥控制, 2013, 38(8): 13-17.

[62] 李大喜, 杨建军, 赵保军. 基于 X-47B 平台的空基反导作战需求分析[J]. 空军工程大学学报（军事科学版），2013, 13(1): 36-39.

[63] 李大喜, 张强, 李小喜, 等. 基于 DoDAF 的空基反导装备体系结构建模[J]. 系统工程与电子技术, 2017, 39(5): 1036-1041.

[64] 潘星, 尹宝石, 温晓华. 基于 DoDAF 的装备体系任务建模与仿真[J]. 系统工程与电子技术, 2012, 34(9): 1846-1851.

[65] 谢文才, 于晓浩, 朱鹏飞. 基于模型转换的 C^4ISR 体系结构可执行模型构建[J]. 系统工程与电子技术, 2014, 36(8): 1537-1543.

[66] 王淼, 杨建军. 战术弹道导弹助推段拦截方法研究[J]. 飞航导弹, 2009(5): 54-57.

[67] 冯书兴, 侯妍. 空间力量应用军事概念模型[M]. 北京：国防工业出版社，2010.

[68] 胡剑文, 胡晓峰, 朱莉莉. 装备体系概念建模与分析验证[J]. 系统仿真学报，2006, 18(12): 3630-3633.

[69] 范勇, 李为民. 军事概念建模形式化描述语言比较分析[J]. 火力与指挥控制, 2006, 31(6): 19-22.

[70] 卜英勇, 黄剑飞, 叶玉全. 基于 IDEF 与 UML 的系统建模方法及映射规则研究[J]. 微计

算机信息, 2010, 26(6-3): 16-18.

[71] 刘向阳, 杜晓明, 严凤斌. 基于 UML 的装备指挥概念模型研究[J]. 计算机与数字工程, 2011, 39(1): 64-66.

[72] 纪梦琪. 面向作战能力需求分析的作战概念建模推演方法研究[D]. 长沙: 国防科技大学, 2018.

[73] 彭斯明, 肖刚, 林金. 基于 UML 的分布式防御作战概念描述方法[J]. 火力与指挥控制, 2020, 45(12): 132-136.

[74] 杜国红. 模型驱动的作战概念工程化设计方法[J]. 国防科技, 2020, 41(6): 122-128.

[75] 杜国红, 陆树林, 郑启. 基于 MBSE 的作战概念建模框架研究[J]. 指挥控制与仿真, 2020, 42(3): 14-20.

[76] 万宜春, 赵震. 陆军作战概念设计方法[J]. 国防科技, 2019, 40(6): 16-18.

[77] 姜志杰, 张拥军, 吴建刚, 等. 美国海军分布式杀伤作战概念发展与启示[J]. 飞航导弹, 2020(1): 83-85.

[78] 王伟. 美空军敏捷作战概念形成及影响分析[J]. 军事文摘, 2020(8): 59-62.

[79] 张旭东, 吴利荣, 肖和业, 等. 由美军作战概念出发的有人机/无人机智能协同作战解析[J]. 无人系统技术, 2020, 3(4): 91-96.

[80] 肖吉阳, 康伟杰, 陈文圣. 无人机集群反高超声速武器作战概念设计[J]. 飞航导弹, 2018(10): 18-23.

[81] 郭行, 符文星, 闫杰. 浅析美军马赛克战作战概念及启示[J]. 无人系统技术, 2020, 3(6): 92-106.

[82] 何昌其, 赵林, 朱风云. 全域作战: 美军作战概念大融合[J]. 军事文摘, 2021(3): 60-65.

[83] 焦亮, 祁棋. 美军作战概念创新发展问题分析[J]. 军事文摘, 2021(3): 54-59.

[84] 王文飞, 茹乐, 陈士涛, 等. 基于元模型的有人/无人机协同空战概念研究[J]. 电光与控制, 2022, 29(12): 51-57.

[85] 高悦, 茹乐, 迟文升, 等. 基于体系结构设计的空战系统任务元模型建模[J]. 系统工程与电子技术, 2021, 43(11): 3229-3238.

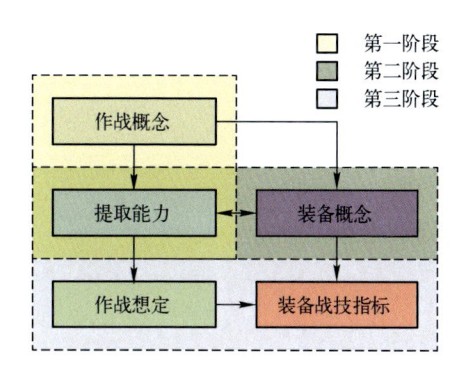

图 3.4 装备作战概念设计方法——三段

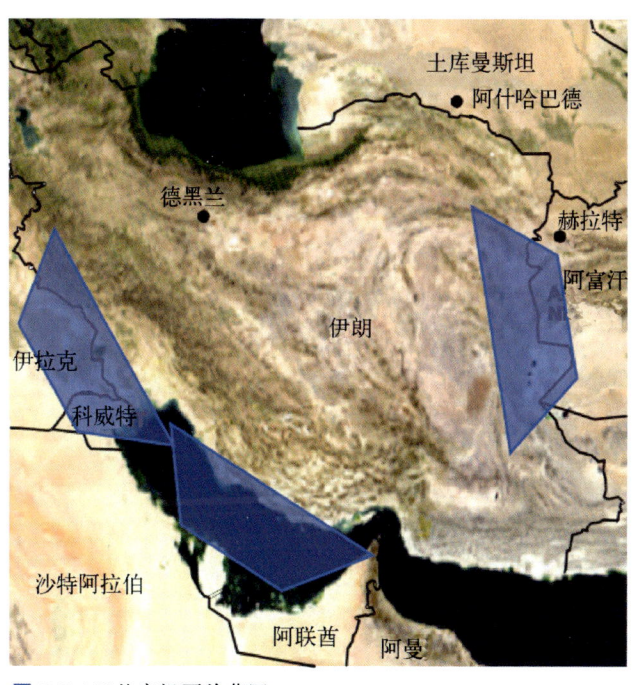

图 8.24 RC-135 侦察机独立执行侦察监视任务的覆盖能力

彩 1

■ RC-135侦察机覆盖范围
■ "全球鹰"Block 30无人机覆盖范围

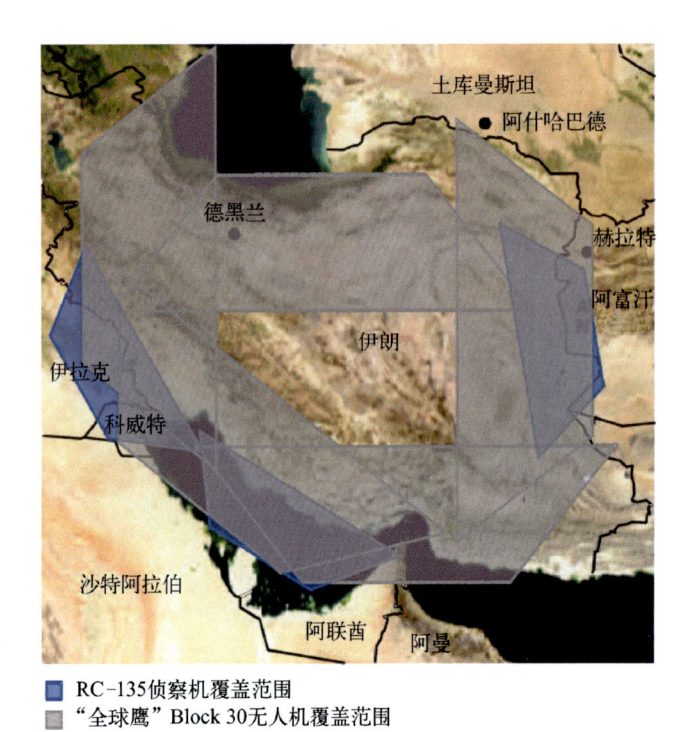

图 8.25 "全球鹰"无人机配合 RC-135 侦察机执行侦察监视任务的覆盖能力